水利工程与建筑经济

孟 迎 孟 斌 钟胜才 主编

江西科学技术出版社

图书在版编目（CIP）数据

水利工程与建筑经济 / 孟迎，孟斌，钟胜才主编
. -- 南昌 : 江西科学技术出版社, 2023.4
ISBN 978-7-5390-8554-8

Ⅰ. ①水… Ⅱ. ①孟… ②孟… ③钟… Ⅲ. ①水利工程②建筑经济 Ⅳ. ①TV②F407.9

中国国家版本馆 CIP 数据核字(2023)第 051097 号

国际互联网（Internet）地址：
http://www.jxkjcbs.com
选题序号：KX2023152

水利工程与建筑经济 孟迎 孟斌 钟胜才 主编
SHUILI GONGCHENG YU JIANZHU JINGJI

出版发行 江西科学技术出版社
社址 南昌市蓼洲街 2 号附 1 号
邮编：330009 电话：(0791) 86624275 86610326(传真)
印刷 济南文达印务有限公司
经销 各地新华书店
开本 710mm×1000mm 1/16
字数 363 千字
印张 23.25
版次 2024 年 5 月第 1 版
印次 2024 年 5 月第 1 次印刷
书号 ISBN 978-7-5390-8554-8
定价 98.00 元

水利工程与建筑经济
编委会

主　编　　孟　迎　孟　斌　钟胜才　何　虹

副主编　　王晓丰　郭伟森

前　言

水利工程的施工是按照设计提出的工程结构、数量、质量及环保等要求，研究从技术、工艺、材料、组织管理等方面采取的相应施工方法和技术措施，建筑经济化可以确保工程建设质量，经济、快速地实现水利工程的实施。本书紧紧围绕水利工程管理和建筑经济的实用性，按照突出技术应用、有利于实践能力培养的要求进行编写的，并根据实际需要，结合当前水利工程施工技术发展的实际情况和新规范、新技术的应用，反映国内较先进的水利工程技术。本书在内容编排上简单明了，在语言上深入浅出，努力实现理论性、知识性和应用性的有机统一。

本书力求加深广大移民干部、项目管理人员、监理工程师对项目管理信息化的认识，进一步提高整个移民项目的管理水平，增强项目管理人员运用信息技术与利用信息资源的能力。为了在有限的篇幅内比较系统地阐述移民项目信息管理的基本理论和实践经验，本书试图通过对移民项目信息管理的背景、概念、过程介绍，使读者从以下几方面受益：

（1）了解水利水电工程移民项目信息管理的背景知识和重要概念。

（2）驾驭移民项目管理信息化的整体过程。

（3）解决移民机构信息化过程中的疑难问题。

（4）胜任移民项目管理信息化工作。

同工程项目的信息管理理论与实践相比，移民项目的信息管理起步较晚，而且正处在快速的发展变化之中，我们对其内在规律的认识还是初步的，有许多理论问题还需要在实践中不断探索。

目　录

第一章　水工建筑物与水库

第一节　概　述

人类在生活和工农业生产中，水是一刻也离不开的宝贵资源。为了利用、开发、调控水资源，必须兴修水利工程。水利工程的根本任务是除水害和兴水利。除水害主要就是防止洪水泛滥和沥涝成灾；兴水利则是从多方面利用水利资源为人民造福，主要包括灌溉、发电、供水、航运、养殖等。水利事业包括的范围是十分广泛的，而作为重新分配径流、调节洪枯水量的主要手段就是兴建水库，把部分洪水或多余的水量暂时存蓄起来，一则控制下泄水量，减轻洪水对下游的威胁，即防洪除水害，再则可做到蓄洪补枯，以丰补缺，为发展灌溉、水电、供水、航运和养殖等兴利事业创造必要的条件。当然，防洪工程除建水库外，还有加固下游河道堤防、增设分洪道、利用洼淀湖泊蓄洪以及河道整治等措施。另外，从丰水地区向干旱缺水地区调水，即所谓跨流域调水工程，也是一种兴利的工程措施。

根据水利工程的任务不同，主要有以下几种类型。

一、防洪工程

洪水灾害是我国自然灾害中最猖獗的一种，兴修水利工程可以有效地防止洪灾。为防止洪灾而建造的工程称为防洪工程，主要包括分洪闸和水库等。分洪闸的作用是将超过某河段安全泄洪量的部分洪水引向别处，以保证该河段的安全。水库是利用库容量积蓄一部分洪水，削减下泄水流的流量，等洪峰过后，再将滞留在水库中的洪水下泄，以免下游遭受水灾。

二、农田水利工程

农田水利工程主要包括水闸工程、沟渠工程和抽取地下水的打井工程等。

三、水力发电工程

利用河道坡度，建立高坝，集中落差，开发水能资源用于发电。

四、供水排水工程

城市人民生活用水、工矿企业生产用水都要靠建设水源地取水工程和输水工程等来保证；城市人口的生活弃水和工厂企业的生产废水都要通过排水工程、废水处理工程排至容泄区。

五、航运工程

内河航运要有河道疏浚、运河工程、码头工程等予以配合才能顺利实施。海洋运输要有港口工程和海岸工程等。

不同的用水部门有不同的用水方式。灌溉、给水是耗用水量，水力发电是利用水能，发电之后的水流仍然可以用于灌溉和养殖等事业。可见，水资源可以重复、综合利用。

第二节　水利枢纽与水工建筑物

一、水利枢纽

由于防洪、灌溉、发电、供水、航运和养殖等各个部门对治理和开发河流所提出的要求不尽相同，既有统一，又有矛盾。在制定流域规划时必须遵循综合利用水利资源这一基本原则，根据河流的自然条件，结合近期与远期国民经济发展的需要统筹安排，做到以最少的投资，最合理地利用水利资源，尽可能满足国民经济各个部门的需要，从而得到国民经济的最大效益。为此，需要修建不同类型的水工建筑物，用来控制和支配水流。这些水工建筑物的综合体就称为水利枢纽。

通常，一个水利枢纽包括几种不同类型的水工建筑物，各种建筑物的型式、尺寸大小及其相互位置可以根据当地的地形、地质、水文及施工等条件做出多个比较方案，设计时应对各种可能的方案进行技术经济比选，从中选定最优方案，使这些建筑物各自发挥作用，又彼此协调，最经济、有效地实现枢纽的综合效益。

长江三峡工程就是一个具有防洪、发电、航运等综合效益的巨大的水利枢纽工程，主要的水工建筑物包括大坝、水电站、通航建筑物三大部分。拦河大坝为混凝土重力坝，坝轴线全长2309.47m，坝顶标高185m，最大坝高175m。泄洪坝段居于河床中部，长483m，设23个深孔和22个表孔，用于泄洪和冲砂。水电站采用坝后式，分设左、右两组厂房，共安装32台单机容量70×10^4kW的机组，总装机容量为2240×10^4kW，年平均发电量为846.8×10^8kW·h，为世界上最大的水力发电站。通航建筑物包括船闸和升船机。船闸为双线五级船闸，可通过万吨级船队；升船机为单线一级垂直提升式，一次可通过一条3000t的客货轮。

在进行枢纽布置时，一般应着重考虑下列因素：①坝址、坝型选择和枢纽布置应与施工导流、施工方法和施工期限结合考虑，要在较顺利的施工条件下尽可能缩短工期；②枢纽布置要满足各个建筑物在布置上的要求，保证各建筑物在任何工作条件下都能正常工作；③在满足建筑物的强度和稳定条件下，做到枢纽总造价和年运转费用都低；④集中安排枢纽中同工种建筑物，减少连接建筑物；⑤尽可能使枢纽中的部分建筑物早日投产，提前生效；⑥枢纽的外观应与周围环境相协调，在可能的条件下注意美观。

二、水工建筑物

为了综合利用水利资源，达到防洪、灌溉、发电、给水、航运等目的，修建的用于控制、支配、利用江河水流的建筑物，称为水工建筑物。

（一）水工建筑物的分类

水工建筑物按其用途可分为一般性建筑物与专门性建筑物。

1.一般性建筑物

不只为某一项水利事业服务的水工建筑物称为一般性建筑物。根据它们的功能，以其在枢纽中所起的主要作用又可分为以下几种：

（1）挡水建筑物。用以拦截河流，形成水库或壅高水位，如各种坝、水闸以及为抗御洪水用的堤防等。

（2）泄水建筑物。用以在洪水期间或其他情况下宣泄水库（或渠道）的多余水量，以保证坝（或渠道）的安全，如各种溢流坝、溢洪道、泄洪隧洞和泄洪涵管等。

（3）输水建筑物。为灌溉、发电、供水等，从水库（或河道）向库外（或下游）输水用的建筑物，如引水隧洞、引水涵管、渠道和渡槽等。

（4）取水建筑物。是输水建筑物的首部建筑，如为灌溉、发电、供水用的进水闸、扬水站等。

（5）整治建筑物。用以改善河流的水流条件、调整水流对河床及河岸的作用以及为防护水库、湖泊中的波浪和水流对岸坡的冲刷而修筑的建筑物，如丁坝、顺坝、导流堤和护岸等。

2.专门性建筑物

凡仅为一项水利事业服务的水工建筑物称为专门性建筑物。根据其服务的对象，可分为如下几种：

（1）水电站建筑物。包括水电站的压力管道、压力前池、调压塔和电站厂房等。

（2）灌溉、排水建筑物。包括灌溉渠道上的节制闸、分水闸和渠道上的建筑物等。

（3）水运建筑物。为保证河流通航及浮运木材而修建的建筑物，如船闸、升船机、筏道、码头等。

（4）给水、排水建筑物。包括自来水厂的抽水站、滤水池和水塔，以及排除污水的下水道等。

（5）渔业建筑物。为了使河流中的鱼类通过坝、闸而修建的鱼道、升鱼机等。

例如甘肃省白龙江碧口水电站工程，它是一座以发电为主，结合防洪、灌溉、养鱼等综合利用的大型水利水电工程，工程中的主要建筑物有心墙土石坝（用以截断水流，挡水蓄水）、溢洪道（用以溢泄水库中多余的洪水）、泄洪洞（作用与溢洪道相似，但可提前泄水）、排沙洞（用以将库内部分淤沙排至下游）、电站建筑物、过坝设施（用以向下游运送原木）等。其中心墙土石坝、溢洪道、泄洪洞属于一般性建筑物，其他的则属于专门性建筑物。

应当指出的是，有些水工建筑物在枢纽中所起的作用并不是单一的。例如：溢流坝既是挡水建筑物，又是泄水建筑物；水闸既可挡水，又能泄水，还能作为灌溉、发电及供水用的取水建筑物。

（二）主要的水工建筑物

主要的水工建筑物包括：

1.坝

坝是主要的水工建筑物，而且是第一位重要的水工建筑物。这首先因为它是形成水库的基础，是整个水库枢纽中工程量最大、造价最高的建筑物。一旦坝遭到破坏，带来的后果将特别严重。坝的功能是截断水流，如果上游没有较大水域，则可以抬高水位，如果上游有较大水域，不但可以抬高水位，还能形成水库，调节水量。

坝的类型多种多样，按筑坝材料可分为土（石）坝、混凝土坝、浆砌石坝、钢筋混凝土坝、橡胶坝等；按坝体受力特征可分为重力坝、拱坝、支墩坝等；按是否泄水可分为非溢流坝、溢流坝。

2.水电站

水电站可分为堤坝式水电站和引水式水电站两种。

（1）堤坝式水电站。河道上修建坝（或闸）拦蓄河水，一方面调节水流使发电有可靠的水量，另一方面抬高水位，形成水头。用输水管或有压隧洞把水库里的水引入厂房，通过水轮发电机组发电，这种方式就是堤坝式水电站。根据水电站厂房的位置，又可分为河床式与坝后式两种水电站。河床式水电站厂房直接建在河床或渠道上，厂房本身是坝体的一部分，与坝一样承受水压力。坝后式水电站厂房位于坝后，即坝的下游，厂房建筑与坝分开，不承受水库的水压力。水头比河床式水电站高。有时厂房与坝相距较远，几十米至几百米，在坝岸岩体中开凿有压隧洞，于适当地点再用压力水管或有压隧洞引入厂房。这比在坝身埋管引水好，可避免因水管漏水而危及坝体安全。

（2）引水式水电站。引水式水电站通过引水道来集中水头，在大的河湾且纵坡降较大时，常用壅水坝适当抬高水头，增加水深，调节流量，然后引水至发电厂房，可获得很大的落差，故称为引水式水电站。引水式水电站可分为无压引水式水电站和有压引水式水电站。前者以渠道或无压隧洞等引水；后者多以有压隧洞引水，水流为有压水流。

水电站的引水建筑物（渠道、有压隧洞）应有良好的工程地质条件，沿途岸坡稳定，岩土体性质良好。电厂的地基必须是稳定的，要避免在软弱土层上修建厂房。

3.溢洪道

土坝枢纽中的大坝，除专门设计的溢流土坝之外，是不允许漫顶的。为此须在河谷岸边修建溢洪道，以保证洪水时期水库中过多的水流能够顺畅地向下游或邻谷渲泄。这种修建在河岸上的溢洪道称为河岸溢洪道，它和混凝土坝及浆砌石坝利用溢流坝段（建在河床上）的河床式溢洪道完全不同。

由于水文资料的不足，许多中小河流上修建的土坝常因溢洪道不能满足溢洪的要求而漫顶破坏，使下游遭受水害，造成生命财产的损失。为此，修建土坝、支墩坝等一定要慎重研究溢洪的问题。

溢洪道的类型很多，采用最广的是开敞式正槽溢洪道，通常所称的河岸溢洪道即指此而言。这种溢洪道一般由引水渠、溢流堰、泄水渠及出口消能段4个部分组成。洪水经喇叭口进入引水渠。溢流堰位于溢洪道的最高处，起控制溢洪道泄流量的作用，有的设闸门，有的不设闸门。泄水渠的作用是将经过溢流堰的洪水安全地泄入下游河道，由于水流在渠内高速下泄，冲刷力很强，所以在出口设消能段，其作用主要是消除下泄水流的动能，防止水流冲刷坝脚，并保证溢洪道自身的安全。消能的方式有两种：一种是消力池，适用于土质地基和溢洪道出口距坝脚较近的情况；另一种是挑流消能。

溢洪道位址应充分利用有利的地形地质条件。最好离坝远些，以免冲刷坝脚。如果与相邻沟谷间有马鞍形垭口，其高程又接近水库正常高水位，邻谷通向原河道下游或其他河道，岩性和构造条件又较好，那是最理想的。这样，溢洪道既不危及大坝，开挖量又比较小。

4.水闸

水闸是一种设有活动闸门的低水头水工建筑物，具有挡水和泄水的双重作用，关门时能挡水，开门时能泄水。水闸有着广泛的用途，按其具体担负任务的不同，可分为进水闸、节制闸、排水闸、分洪闸和挡潮闸等。引水枢纽往往由具有不同作用的水闸组合而成，所以水闸是引水枢纽中不可缺少的建筑物。水闸可以单独发挥作用，也可以作为水库枢纽中的泄洪建筑物，这种泄洪建筑物可以通过闸门控制水流量。水库枢纽中的取水建筑物也是一种水闸。水闸一般用混凝土或钢筋混凝土建造。

5.水工隧洞

水工隧洞是指为水利工程服务的隧洞，供引水用的称为引水隧洞，供泄水用的称为泄水隧洞。它们在枢纽施工阶段都可以作为导流隧洞使用。

水工隧洞有无压的，也有有压的。前者称无压隧洞，通水时洞内水流并不充满全断面，在水流上面保持着和大气相接触的自由水面；后者通水时水流充满全洞，而且洞内还受到一定水头所引起的压力，称有压隧洞。

（三）水工建筑物的特征

水工建筑物与其他建筑物相比，具有以下特点：

（1）水的作用使建筑物的工作条件复杂化。水工建筑物在水中工作，水对它产生巨大的作用和影响。水的作用型式有静水压力、浮托力、渗透压力、波浪压力、冰压力、动水压力等。有时是几种作用同时存在，这使得水工建筑物的工作条件比其他建筑物更为复杂。如挡水重力坝在其运行期，由于上、下游的水位差，建筑物要承受巨大的水平推力。为此，它必须有足够的抗推力，以维持自身的稳定。此外，坝基及坝体内水的浮托力和渗透压力也对建筑物的稳定性产生不利的影响。对于水域宽阔、水深较大的水体来说，在风的作用下，波浪对建筑物的破坏作用有时也相当大。过水建筑物的冲刷和淘蚀也往往引起建筑物失事。此外，大型水利枢纽还常诱发水库地震。

（2）水工建筑物具有较大的个别性。水工建筑物的型式、结构、尺寸和工作条件与建筑物所在地区的地形、地质及水文条件有密切关系。由于各个地区的情况不同，加上自然条件多变，因而水工建筑物具有较大的个别性。为此，修建大型水利枢纽总是伴随着崭新的科研工作进行，都必须充分运用理论与实践相结合的方法，研究具体的地形、地质和水文条件，进行审慎的设计。此外，还会遇到一些不可预见的问题，需要在施工中和建成后跟踪观察和研究，不断改进改善。对于中小型建筑物，尽管可以使用定型设计，也要根据具体情况选择采用。

（3）施工条件复杂。水工建筑物的施工首先要解决的一个问题就是施工导流。要求在整个施工期间，在保证建筑物安全施工的前提下，让河水改道并顺利下泄。这是一项重要而艰巨的工作，处理不好势必影响施工、延误工期。其次，水工建筑物的工程量一般较大，建筑物往往需要开挖一定深度的基坑，进行一些较复杂的基础处理。第三，洪水对施工有很大威胁，一般要在洪水到来之前完成关键性工程，这使施工常感到紧迫。所有这些，带来了水工建筑物施工的复杂性、艰巨性和紧迫性。

（4）对国民经济和自然地质环境的影响大。水利工程特别是大型水利枢纽的兴建，对发展国民经济具有重要作用，它所产生的效果及影响的范围都很大。例如，刘家峡水电站装机容量116×10^{4}kw，库容60.9×10^{8}m^3，对我国西北地区的甘肃、宁夏以及华北地区的内蒙古等省区的工农业发展都起到了巨大作用。

大水库就是人工湖，水库蓄水后，一方面可以调节当地的气候条件，美化周围环境，同时，由于库水位抬高，在库区内造成淹没损失，需要迁建居民点，同时引起库区周围地下水位升高，对矿井、房屋、耕地产生不利影响，还常常产生库岸再造、诱发地震等地质灾害。此外，一旦工程失事，带来的后果也特别严重。因此，在规划、设计、修建水利工程时，必须科学分析，既要做到最有利地开发水利资源，又要确保工程安全。

（四）水利水电工程与水工建筑物的等级

水利水电工程的等级划分及设计标准，关系到工程及下游人民生命财产和经济建设的安全，也关系到工程造价和建设速度等各个方面，是设计中体现经济政策和技术政策的一个重要环节。为了使工程的安全可靠性与其造价的合理性统一起来，水利水电工程及其组成建筑物要分等分级。首先，按工程的规模、效益及其在国民经济中的重要性，将水利水电工程分等，然后再将其中的不同建筑物按其作用和重要性分级。水工建筑物的级别不同，对它们的规划、设计、施工和运行管理的要求也各异，级别高的要求高，级别低的则可适当降低要求。

1.水利水电工程等别

《水利水电工程等级划分及洪水标准》（SL 252－2000）依据工程规模、效益及在国民经济中的重要性，将水利水电工程划分为五等，如表1-1所示。

表1-1中水库总库容系指水库最高水位以下的静库容；治涝面积和灌溉面积均指设计面积。对于综合利用的水利水电工程，如按表中指标分属几个不同等别时，整个工程的等别应按其中最高的等别确定。

表 1-1　水利水电工程分等指标

工程等别	工程规模	水库总库容（×10⁸m³）	防洪		治涝	灌溉	供水	发电
			保护城镇及工矿企业的重要性	保护农田面积（×10⁴亩）	治涝面积（×10⁴亩）	灌溉面积（×10⁴亩）	供水对象重要性	装机容量（×10⁴kW）
Ⅰ	大（1）型	≥10	特别重要	≥500	≥200	≥150	特别重要	≥120
Ⅱ	大（2）型	10～1.0	重要	500～100	200～60	150～50	重要	120～30
Ⅲ	中型	1.0～0.10	中等	100～30	60～15	50～5	中等	30～5
Ⅳ	小（1）型	0.10～0.01	一般	30～5	15～3	5～0.5	一般	5～1
Ⅴ	小（2）型	0.01～0.001		<5	<3	<0.5		<1

2.水工建筑物的分级

（1）永久性水工建筑物的级别。水利水电工程的永久性水工建筑物的级别，根据其所在工程的等别和建筑物的重要性分为 5 级，如表 1-2 所示。

失事后损失巨大或影响十分严重的水利水电工程的 2～5 级主要永久性水工建筑物，经过论证并报主管部门批准，可提高一级；失事后造成损失不大的水利水电工程的 1～4 级主要永久性水工建筑物，经过论证并报主管部门批准，可降低一级。

水库大坝按表 1-3 规定为 2 级、3 级的永久性水工建筑物，如坝高超过表 1-3 的指标，其级别可提高一级；当永久性水工建筑物的基础工程地质条件复杂或采用新型结构时，对 2～5 级建筑物可提高一级。

表 1-2　永久性水工建筑物级别

工程等别	主要建筑物	次要建筑物
Ⅰ	1	3
Ⅱ	2	3
Ⅲ	3	4
Ⅳ	4	5
Ⅴ	5	5

表 1-3　库大坝提级指标

级别	坝型	坝高（m）
2	土石坝	90
	混凝土坝、浆砌石坝	130
3	土石坝	70
	混凝土坝、浆砌石坝	100

（2）临时性水工建筑物的级别。水利水电工程施工期使用的临时性挡水和泄水建筑物的级别，应根据保护对象的重要性、失事后果、使用年限和临时性建筑物规模，按表 1-4 确定。若按表 1-4 各指标分属不同级别时，其级别按其中最高级别确定。但对于 3 级临时性水工建筑物，符合该级别规定的指标不得少于 2 项。利用临时性水工建筑物挡水发电、通航时，经技术经济论证，3 级以下临时性水工建筑物的级别可提高一级。

表 1-4　临时性水工建筑物级别

级别	保护对象	失事后果	使用年限（年）	临时性水工建筑物规模	
				高度（m）	库容（×10^8m^3）
3	有特殊要求的 1 级永久性水工建筑物	淹没重要城镇、工矿企业、交通干线或推迟工程总工期及第一台（批）机组发电而造成重大灾害和损失	＞3	＞50	＞1.0
4	1、2 级永久性水工建筑物	淹没一般城镇、工矿企业或影响工程总工期及第一台（批）机组发电而造成较大灾害和损失	3～1.5	50～15	1.0～0.1
5	3、4 级永久性水工建筑物	淹没基坑。但对工程总工期及第一台（批）机组发电影响不大，经济损失较小	＜1.5	＜15	＜0.1

第三节　水　库

水库是拦蓄河川水流而成的人工蓄水湖泊，可在河流的适当地点筑坝挡水，在坝体上游形成人工蓄水湖，如我国新安江水库（总库容 $220\times10^8m^3$）、龙羊峡水库（总库容 $247\times10^8m^3$）以及三峡水库（总库容 $570\times10^8m^3$）等；或在湖泊出口附近建造的水利枢纽，控制出水量，变天然湖泊为水库，如我国东北的镜泊湖水库（总库容为 $18.24\times10^8m^3$）和举世闻名的非洲卡里巴水库（总库容 $1603.68\times10^8m^3$）等。

大多数水库建在河流上。

一、水库的作用与类型

（一）水库的作用

水库的作用主要有：①拦蓄洪水以防止水涝灾害；②按用水部门需要，有计划地分配径流；③抬高水位，为有关部门（发电、航运、灌溉）服务。

水库与天然湖泊的不同之处在于水库的水位和水量不仅取决于水库上游的天然来水量，也取决于人们的控制和调度。因而，兴建水库是人类开发利用水利资源和水能（水电）资源的重要手段。

（二）水库的类型

按水库在河流上的位置，可以把水库划分为山谷水库与平原水库。①山谷水库。指山谷丘陵区的水库，包括峡谷水库与丘陵水库。峡谷水库流域面积小，水量少，河床坡降大，河谷横断面多呈“V”形。丘陵水库在河流中、上游，流域面积较大，水量较充沛，河床坡降较缓，横断面多为“U”形，往往是河流开发的重点，可以起到防洪、发电、灌溉和改善航运条件等作用。②平原水库。位于河流的中、下游，河床坡降最小，河面宽阔，淤积严重，横断面变化较大。一般为低水头水利枢纽。

按水库调节周期的长短，可以把水库划分为日（或周）调节水库、年调节水库与多年调节水库。

1.日或周调节水库

指在一日（或一周）之内按用水量调节一次的水库。水电站的用水量可以在一日（或一周）之内进行调节。某个时段电力负荷大，用水量也大，某些时段用电量少，用水量也少。

2.年调节水库

由于不同季节河流量变化较大，通常水库在汛前泄空到一定高程，汛期蓄存一部分洪水，以防止下游洪灾的发生，或提高同年枯水期的河川流量，进行一年内的水量重新分配。大多数中、小型水库均属于此种类型。

3.多年调节水库

这类水库库容一般都很大，将丰水年的多余水量蓄存起来，以补枯水年水量的不足，进行多年内的水量重新分配。这类水库同时也可年、周或日调节。

二、水库的特征水位与特征库容

水库的作用或功能是多方面的，各种功能都必须有具体指标，这些指标的形式就是具有各种含义的特征水位与特征库容。

（一）设计低水位与垫底库容

水库在正常用水调节条件下，所能允许泄空的最低水位，称为设计低水位或死水位。该水位以下的水量一般不许动用。为了维持水库的正常运行，死水位由河流泥沙淤积高程（在水库有效使用年限内）、自流灌溉孔口高程、水电站保证电力所需水头、上游航运所需的水深、养殖业的要求等方面的条件来决定。最低水位以下的库容称垫底库容，也称死库容。

（二）正常高水位与兴利库容

为满足各用水部门在枯水期或枯水年的需水量，水库要在丰水期或丰水年积蓄一定的水量，以保证除损耗外能满足水库正常运行。这部分库容称为兴利库容或有效库容。有效库容蓄满后的水位称为正常高水位或设计蓄水位。

（三）汛前限制水位与结合库容

为使水库在汛期发挥调节洪水的作用，规定在洪水到来之前，把水库的蓄水下泄到某一水位，腾空一部分库容，以备拦蓄洪水。这一水位称为汛前限制水位。从汛前限制水位至设计蓄水位之间的库容称为结合库容。

（四）设计洪水位与防洪库容

水库的预定防洪目标称设计洪水位，体现防洪目标的设计参数是设计洪水位与防洪库容。设计洪水位要按照水工建筑物的级别，采用规范规定的设计洪水累积频率或重现期进行设计洪水调节计算。进行设计洪水调节计算时出现的最高水位称为设计洪水位。自汛前限制水位到设计洪水位之间的库容称为调洪库容或防洪库容。

（五）校核洪水位与非常拦洪库容

按发生校核洪水累积频率的洪水进行水库蓄洪调节计算，将能达到的最大高度称为校核洪水位。这是水库非常运行情况的最高水位。校核洪水位高于设计洪水位。自汛前限制水位到校核洪水位之间的库容称为非常拦洪库容。它对洪水可以起暂时拦蓄和削减洪峰流量的作用。自设计洪水位到校核洪水位之间的库容称为超高库容。

（六）水库的总库容

校核洪水位以下的库容称为水库的总库容。

第四节　各种类型的坝及对地质条件的要求

一、重力坝

重力坝是用浆砌石或混凝土材料修筑而成，主要依靠坝体重量在坝体与坝基接触面产生的摩擦力来抵抗库水推力，以达到稳定。当坝的上游面适当倾斜时，还可利用坝面上一部分水的重量来维持坝的抗滑稳定。

重力坝的修建已有悠久的历史。早先重力坝是用石灰浆一类的黏结料浆砌块石筑成，自从有了水泥，大型重力坝大多数用混凝土修筑，中小型工程中的重力坝也有很多是用水泥砂浆、浆砌块石修建。重力坝结构简单，工作可靠，至今仍是被广泛采用的一种挡水建筑物。

它的主要特点是：①它有巨大的体重。正是利用自身重量的作用维持坝体的稳定；②因为要适应温度和地基等情况的变化，大体积混凝土必须用缝分开，整个坝长要分成若干坝段，每个坝段都要独立地保持稳定；③由于混凝土的抗拉强度低，抗压强度高，要求坝体断面能保证在满负荷条件下，坝体内不出现拉应力或者不出现不允许的拉应力值。

重力坝可以设计成溢流坝，也可采用非溢流坝。坝体内还可布置泄水孔或水电站的引水管道。

重力坝可以分为实体重力坝、宽缝重力坝、空腹重力坝等。宽缝重力坝与实体重力坝的不同是，在坝顶以下的中间部位加大了宽缝的宽度。高达105m的新安江重力坝就是其中的一例。空腹重力坝是指在坝内设置大型纵向空腔的重力坝，可将水电站厂房布置在坝内空腔中。由于重力坝是依靠坝身重力来维持稳定的坝，各种荷载（坝身自重、水压、泥沙压力等）都直接作用到坝基上，因此对坝基的要求较高。

主要体现在以下几个方面：①坝基要有足够的强度，以承受坝体的重量和各种荷载。一般情况下，70m以上的高坝应修建在坚硬的岩石上；坝高30～70m的中等高度的坝，应修建在坚硬或中等坚硬的岩石上；在软弱岩石上只能修建低坝，否则应对坝基进行处理，以提高其承载力。但对于一些较低的溢流重力坝（例如，高度在30m以下）也可修建在土基上。②坝基应有足够的整体性和均一性，应尽量避开断层带、软弱带、节理密集带等不良地质条件，或采用处理措施，以防止不均匀沉陷、渗透变形或集中渗漏而破坏坝基的稳定。③坝基应有足够的抗剪强度，以保证坝体的抗滑稳定性。若坝基内存在不利于稳定的滑动面，如软弱夹层、卸荷裂隙、缓倾角结构面等，应采取抗滑加固措施。④坝基渗透性要弱，否则蓄水后可能导致严重的渗漏或形成过大的扬压力而影响坝基的抗滑稳定性。⑤要求坝头及两岸边坡稳定，在施工中和蓄水后不致发生塌方及滑坡。

重力坝在满足抗滑稳定及无拉应力两个主要条件时，坝体内的压应力通常不大，筑坝材料的强度往往不能充分发挥，这是重力坝的一个主要缺点。

为了提高坝基抗滑稳定性，一般可采取以下措施。

（一）采用合理的坝型及断面尺寸

当坝底与基岩的摩擦系数较小时，为了利用水重来增加坝的稳定，可将坝的迎水面做成倾向上游。尤其是宽缝重力坝，因宽缝减轻了坝体重量，要求上游坝面做得缓些，以维持坝的稳定。

（二）将坝基开挖成倾向上游的面

对于地基为水平层状的岩体，坝的抗滑稳定性由坝基软弱层面控制的情况，可将坝基开挖成向上游倾斜的面，可以提高坝体的抗滑稳定性。

（三）在坝踵下设置齿墙

当基岩层面向下游倾斜时，为了增加坝体的抗滑稳定性，可在坝踵下设置齿墙。

（四）填碴加重

为了增加坝基岩层层面的抗滑稳定性，在空腹重力坝的空腔内可回填石碴加重。

（五）排水措施

为了增加坝体的有效重量，除做好防渗排水措施、减小渗透压力外，还可以在坝基面设置排水系统，定期排水，减小坝基浮托力。

（六）采取预加应力措施

在坝的上游底面，采用深孔预应力锚杆（或钢索）压坝，可以增加坝体的抗倾及抗滑稳定性，同时还可消除坝底面的拉应力。

二、拱坝

拱坝是一个空间壳体结构，在平面上形成拱向上游的拱圈。坝体所承受的水压力及泥沙压力等荷载，大部分通过拱的作用，压向两岸基岩。表示拱坝的垂直剖面，坝底与基岩固接。坝体在横向外荷载作用下犹如一系列的悬臂梁，因此一部分荷载还可通过梁的作用传到坝底基岩。坝体在水平向外荷载作用下的稳定性主要是依靠两岸拱端的反力作用，并不全靠坝体自重来维持稳定，这是拱坝的一个主要工作特点。

由于拱是一种推力结构，在外荷载作用下主要是承受轴向压力，有利于发挥混凝土或浆砌石材料的抗压强度。拱的作用利用得越充分，材料的强度特点就更能发挥，坝体厚度可以减薄，坝的体积减小，可以节省工程量。对于同一坝址，拱坝体积比同一高度的重力坝大约可以节省 1/3～2/3，所以，在经济意义上，拱坝是一种很优越的坝型。

利用拱结构的特点，拱坝能将外荷载产生的巨大推力传到两岸。当两岸有坚实岩体的可靠支承时，坝体在受压情况下是稳定的。在抗震性能上，由于拱坝是整体性的空间结构，坝体比较轻韧，弹性较好，只要基岩稳定，拱坝抗震能力是比较高的。

修建拱坝在很大程度上要受到坝址地形和地质条件的影响。拱坝要求河谷比较狭窄，最好是左右两岸大致对称，岸坡平顺无突变。在地形上，以向下游收缩的峡谷段最适于修建拱坝，坝端下游有足够的岩体支承，可以保证坝体的稳定。

河谷断面形状的影响也很大。左右对称的“V”形河谷最适于发挥拱的作用，靠近底部水压强度虽大而拱跨最短，因此，底拱的厚度仍可较薄。“U”形河谷靠近底部，拱的作用显著降低，大部分荷载由梁作用来承担，所以坝的底部厚度一般较大。梯形河谷的情况则介于这两者之间。同时，河谷两岸的基岩必须能承受由拱端传来的巨大推力，在任何工作情况下都能保持稳定，不致危及坝体的安全。理想的地质条件是基岩比较均匀、坚固完整，有足够的强度，透水性小，而且抗风化能力强。如果岩体节理裂隙发育或局部有断层破碎带，必须进行严格的加固处理。

拱坝对地质条件的要求最高，除考虑重力坝对地基的要求外，还应注意以下几点：①要求有较高的承载力。由于拱坝断面小，基础压应力大，因此，要求坝基岩体的强度要高。如果存在软弱夹层、断层破碎带等不利结构面，应进行专门的处理；②要有足够的整体性和均一性。拱坝是整体结构，因此两岸及河床岩体要完整，弹性模量要均一，以免发生不均匀变形。对于重力坝来说，局部的不均匀沉陷只影响某些坝段，而对于拱坝，局部的不均匀沉陷会影响整个坝体，产生附加应力，导致坝体破坏；③两岸坝肩要有足够的稳定性。拱坝两岸坝肩承受着拱端传递来的巨大水平推力，因此，要求坝肩岩体稳定性要高。特别注意两岸与河谷平行的断层、节理、层理、卸荷裂隙等构成的滑动面，并要求拱端有较厚的稳定岩体。

法国马尔帕塞拱坝的溃决，极好地说明了与推力方向一致的软弱结构面存在的危险性。该坝高 60m，底宽 6.26m，顶宽 1.5m，建于片麻岩上。水库蓄水后，坝上游岩体因不均匀变形而产生拉应力，导致陡倾软弱结构面逐渐被拉开达 10～22mm，使大坝发生相对于坝顶的旋转，并使空隙水压力增大。张裂向深处发展，使其与缓倾软弱面相连，二面上空隙水压力急剧增高，坝基滑移加速发展，结果使坝体发生绕坝顶和绕右坝肩的双重旋转，在坝体中部的坝基位移达 82mm。坝基的不均匀位移和松动使坝体内应力重分布而形成一个有效拱。左坝肩岩体中有密集的裂隙带发育，由于承受不了由有效拱传递来的巨大推力而被压裂，引起该处混凝土基墩的滑动，最终导致 1959 年 12 月 2 日当库水接近满库时的突然溃坝。

三、土石坝

土石坝是由土料、石料或土石混合料经抛填、碾压而成的坝体。这是一种最古老的也是世界各国广泛采用的一种坝型。截至1986年，全世界坝高超过15m的坝有36235座，其中29974座为土石坝，中国有17475座，占58.3%。全世界250m以上的大坝9座，土石坝5座，占55.6%。土石坝溃坝失事也最多，占总溃坝的70%。截至1980年，中国土石坝溃坝2976起。

土石坝具有如下优点：①筑坝材料就地取用，能大量节约钢材、水泥和木材；②对地形、地质条件的要求相对较低；③构造简单，施工技术易于掌握，工序少，便于组织机械化快速施工；④工作可靠，管理简便，便于维修和加高、扩建。

土石坝的主要缺点是坝顶不能溢流（溢流量小的低坝采取专门措施者除外），必须另开溢洪道；施工导流不如混凝土坝便利；黏性土料的填筑受气候条件的影响较大。

表1-5　土石坝失事原因一览表

<table>
<tr><th colspan="2">溃坝原因</th><th>溃坝数量（座）</th><th>所占比例（%）</th></tr>
<tr><td colspan="2">漫坝</td><td>1534</td><td>51.5</td></tr>
<tr><td rowspan="5">地质原因</td><td>坝体渗漏</td><td rowspan="5">1146</td><td rowspan="5">38.5</td></tr>
<tr><td>坝体滑坡</td></tr>
<tr><td>基础渗漏</td></tr>
<tr><td>溢洪道渗漏、质量</td></tr>
<tr><td>输水洞渗漏、质量</td></tr>
<tr><td colspan="2">管理不当</td><td>124</td><td>4.2</td></tr>
<tr><td colspan="2">其他原因</td><td>136</td><td>4.6</td></tr>
</table>

由于土石坝采用土石料修筑而成，为了维持稳定，其断面有较缓的边坡，比重力坝断面宽大得多，因此它不致发生如重力坝那样整体被水推跑的“稳定性破坏”，而可能发生坝坡塌滑，导致土石坝失稳破坏，这是土石坝失稳的

独特形式。土石坝如设计不当或施工未达到设计要求，都可能造成坝坡或坝坡连同一部分地基的坍滑破坏。统计国内外土石坝破坏事故，其中约 1/4 是由此造成的。

另外，对于土石坝，绝不允许水流漫顶，否则有导致溃坝的危险。例如，1975 年 8 月 5～7 日河南驻马店地区 3 天降雨达 1600mm，8 日 0:30 石漫滩水库漫溢决口溃坝，决口宽 446 m，至 6:00 水库泄空，下泄水量 $1.67\times10^8m^3$。几乎同时，在 8 日 1:00 板桥水库漫溢决口，1:30 溃坝，决口宽 372m，至 9:00 水库泄空，下泄水量 $7.1\times10^8m^3$。两处水流汇合形成南北宽 150km、东西长 300km 的淹没区，水深都在 2m 以上，导致驻马店、南阳、许昌、周口、平舞等 5 个地区 26 个县（市）遭受严重水灾，受灾人口 1029.5 万人，450 万人处在洪水围困之中，倒塌房屋 524 万间，106 万人一贫如洗、一无所有。仅驻马店地区灾民就有 540.6 万人，伤亡 120626 人，其中淹死 22564 人。京广铁路 102 km 受淹，有 31 km 线路和 40 座桥梁被毁，中断运行 18 天，影响运输 47 天。据世界银行评估，整个灾害直接经济损失达 30 亿美元，全部经济损失达 100 亿美元。

根据筑坝施工方法的不同，土石坝主要可分为碾压式土石坝、抛填式堆石坝、定向爆破堆石坝、水中倒土坝、水力冲填坝和水坠坝等。其中应用最广的是碾压式土石坝。按土料在坝体内的配置和防渗体的位置，碾压式土石坝又可分为以下几个主要类型。

（一）单种土质坝（均质坝）

坝体剖面的全部或绝大部分由一种土料填筑，其优点是材料单一、施工简单。但如果坝身材料黏性较大，雨季或冬季施工较为不便。当坝址附近有适宜土料时，是较常采用的坝型之一，特别是中小型水库采用得较多。

（二）塑性心墙坝

用透水性较好的砂或沙砾料作坝壳，以防渗性较好的黏性土作防渗体，设在坝剖面的中间部位，这种型式比均质坝剖面小，工程量少。由于心墙土方量在总方量中所占比重不大，施工受季节影响也相对小些。缺点是施工时要求心墙与坝壳大体上同时填筑，容易互相干扰。

（三）塑性斜墙坝

由于外墙和坝壳两者施工干扰相对较小，在调配劳动力和缩短工期方面比心墙坝有利。当地基防渗采用水平铺盖时，便于斜墙和铺盖的连接。斜墙坝下游坡的稳定性也比心墙坝好，但它的上游坡较缓，黏土和总工程量可能较心墙坝大些，其抗震性和对不均匀沉陷的适应性也都不如心墙坝。

（四）多种土质坝

这类坝是由几种性质不同的土料筑成的。当坝址附近有多种土料且各自数量又有限时，可采用多种土质坝。按坝体材料透水性分布规律不同，可分为斜墙多种土质坝和心墙多种土质坝。

（五）土石混合坝

如坝址附近砂和沙砾不足，而石料（包括挖方石料）较多，上述多种土质坝的一些部位以石料代替砂料，即成为土石混合坝。当前国内外高土石混合坝日益增多，分别是心墙、斜墙土石混合坝。为改善坝体应力状态，近代修建的高土石坝常做成斜墙土石混合坝。

由于土石坝是塑性坝，允许变形较大，基础面积大，地基承担的应力较小，因此各类坝型中土石坝对坝基的要求最低，对坝基的适应性较强。但由于土石坝大部分是建在不太坚硬的地基上，因此，绝不能忽视对地质问题的研究和处理。

土石坝对坝基有以下几方面的要求：①要有足够的承载力，使坝基不致产生过大的沉陷和不均匀沉陷；②要有足够的抗剪强度，使土石坝保持稳定。坝基中不应有可以引起滑动的软弱面；③坝基透水性要小，要有足够的抗渗透变形能力，不致产生显著的渗漏和渗透变形；④就近要有足够的合乎质量的建筑材料；⑤要有修建溢洪道等建筑物的地形、地质条件。因为土石坝坝身不能溢流，必须应有适宜修建溢洪道等建筑物的地形、地质条件。

四、支墩坝

支墩坝是由一定间距的支墩及其所支撑的挡水盖板所组成，水压力由盖板传给支墩，再由支墩传给坝基。由于盖板向上游倾斜，所以它受到的水压力有水平分量和垂直分量。后一种分量有助于坝体的抗滑动稳定性，所以，这种坝型的工程量比重力坝的工程量小。根据挡水盖板的样式不同，一般把支墩坝分为平板支墩坝、大头支墩坝和连拱支墩坝。平板支墩坝的挡水盖板采用钢筋混凝土平板，大头支墩坝的支墩的上游部位加大加厚，做成弧形或多边的头部，相互连接起来挡水，不需另加挡水盖板；连拱支墩坝的挡水盖板在平面上为凸向上游的拱圈。

一般情况下，大头坝和平板坝可以设计成溢流坝，而连拱坝一般不溢流。支墩坝一般用混凝土和钢筋混凝土材料建造。在小型工程中，除平板坝的盖板外，还可采用浆砌石材料。

支墩坝与重力坝相比有下述几个特点：①因支墩间留有空隙，渗水排出通畅，作用在支墩底面上的扬压力很小，加之上游边坡较缓，可以充分利用水重帮助坝体稳定，因此支墩坝比重力坝节省30%～50%的混凝土方量。②由于支墩可以根据受力情况调整厚度，因此能做到充分利用混凝土的允许抗压强度。连拱坝则进一步把盖板做成拱形压力结构，充分发挥了材料的强度。③支墩因本身单薄又互相分立，侧向刚度比纵向（上下游方向）刚度低。受到地震作用时，在顺坝轴线方向抗震能力明显低于重力坝，容易侧向倾倒或开裂。另外，支墩是一块单薄的受压板，当作用力超过临界值时，尽管应力分析所得支墩内应力未超过材料的强度，但支墩却将因丧失纵向弯曲稳定性而破坏。④由于支墩的应力较高，对地基的要求较重力坝严格。尤其是连拱坝，因为是整体结构，不能适应不均匀的地基变形，对地基要求更加严格。平板坝因其面板与支墩是铰支的，较易适应地基不均匀沉降，甚至在土基上也可修建不高的平板坝（支墩底设有底板）。20世纪50年代建成的双江口平板坝，坝高42m，坝身溢流，两岸设重力坝段。若在土基建坝时，应设置基础板和排水孔，把荷载分散在地基上，以免各支墩产生不均匀沉陷，以及由此引起挡水盖板上的扭曲应力；同时可加长渗径，减小水力梯度。

支墩坝宜建于较宽阔的河谷中，且要求两岸山坡较平缓。若两岸山坡较陡，靠岸须做一段重力坝接头来过渡。

挡水盖板的倾斜度与坝基岩土体的摩擦系数有直接关系，摩擦系数越小，则盖板倾斜度越小，以增加垂直压力的分量，提高坝基抗滑稳定性。若坝基岩土体的摩擦系数较大，挡水盖板的倾斜度也可适当增大。

第二章　河流地质作用与地下水

第一节　概　述

水是地球表面分布最广的物质。海洋、河流、湖泊、沼泽、地下水、冰川和大气水分等共同构成地球上的水圈。海洋、陆地水和大气中的水随时随地都通过相变和运动进行交换，这种交换过程称为地球水分循环。例如，从水体、地面和植物叶面蒸发或蒸腾的水，以水蒸气的形式上升到大气圈中，在适宜条件下又会凝结成雨、雪、霜等形式降落到地面或水面上。降到地面上的水，一部分形成地表水，一部分渗入地下形成地下水，还有一部分再度蒸发返回到大气中。而地下水渗流一段距离后，又可能溢出地表，流入江、河、湖、海中，形成地表水。

地表水流和地下水流是最广泛、最强烈的外力地质作用因素，它们在向湖、海等地势低洼的地方流动的过程中，不断进行着侵蚀、搬运和沉积作用。由于此过程与内力地质作用的共同影响，塑造了各种各样的地貌形态，形成各种类型第四纪松散沉积物，同时也可促使形成一些不良的地质作用，如崩塌、滑坡、泥石流、岩溶以及使岩石软化、泥化、膨胀等。

河流作为地表水的主要活动场所，塑造出复杂的河谷地貌形态，为水利水电工程的建设提供了重要的场址，是水利水电开发的重点。在水圈中对于水利水电工程影响最大、最直接的就是建库河流段及与之有联系的地下水。大坝建成后，水库水位升高，受影响最大的也是该河流段以及与之有联系的地下水。河流存在侵蚀和沉积等地质作用，塑造出各种类型的河谷地貌，在河流内堆积形成结构复杂的第四系地层，这些都是修库建坝的基础条件，对于水利水电工程的影响巨大。同时，水利水电工程中也易于出现一系列与地下水有关的地质问题，如渗透变形、渗漏等。因此，本章重点介绍河流地质作用以及地下水的相关知识。

第二节　河流的地质作用

由降水或由地下涌出地表的水汇集在地面低洼处，在重力作用下经常地或周期性地沿流水本身造成的河谷流动，即河流。河流的地质作用分为侵蚀作用、搬运作用和沉积作用 3 种形式。

河流的侵蚀与沉积作用是改变地形最重要的地质作用之一，侵蚀与沉积作用的相互消长，促使河床不断演化。当侵蚀与沉积作用处于暂时平衡状态时，河流的地质作用则以搬运为主。从另外的角度，也可以将河流的变化与发展视为水流与河床相互作用的结果。水流特征包括河水水位、流量、流速场、水流结构（流态）以及含沙量等；河床特征则包括河床河岸组成物质特征、河床坡度及河床平面、断面几何形态等。水流作用于河床，使河床发生变化，河床又反作用于水流，使水流结构发生变化，二者既相互依存又相互作用，从而推动着河流不断地变化和发展。

河流的变迁直接或间接地对工程建筑物产生不利的影响，影响着建筑物的安全和正常使用。河流的侵蚀作用，直接威胁着河流工程（如桥墩、堤坝）的稳定性，泥沙的淤积经常使河床升高，有时形成地上悬河，对两岸的人民生活造成巨大威胁，最著名的例子就是黄河。在河流上修建水工建筑，由于改变了河流的侵蚀、搬运、淤积规律及其他环境因素，便会产生不同程度的环境地质问题。特别是一些大型水工建设所产生的环境地质问题，对工程的适宜性和生态环境将产生巨大的影响。

一、侵蚀作用

河流的侵蚀作用包括机械侵蚀和化学溶蚀两种，前者较为普遍，后者只是在可溶岩地区才比较明显。河流的侵蚀按侵蚀作用方向分为下蚀作用和侧向侵蚀作用等形式。

（一）下蚀作用

河流的下蚀作用是指河水及其所挟带的砂砾对河床基岩撞击、磨蚀，对可溶性岩石的河床还进行溶解，致使河床受侵蚀而逐渐加深。河流下蚀作用的强弱是由多种因素决定的，如河床岩石的软硬、河流含沙量的多少和河水的流速等。其中，后者是更重要的因素。山区河流由于地势高差大，河床坡度陡，故水流速度快，下蚀作用强；平原河流流速缓慢，一般下蚀作用微弱，甚至没有。

对于所有入海的河流，其河床下蚀的深度趋于海平面时，河水就不再具有位能差，流动趋于停止，因而河流的下蚀作用也就停止。显然，海平面大致是河流下蚀作用的极限，通常称其为终极侵蚀基准面。此外，还有许多其他因素控制河流的下蚀能力，如主流对支流，湖泊、水库对流入其中的河流的控制等。由于这些因素本身是变化的，只是局部或暂时起控制作用，故称为暂时或局部侵蚀基准面。

侵蚀基准面只是一个潜在的基准面，并不能完全决定河流下蚀作用的深度。特殊情况下，某些河段能下蚀得比它低很多。另外，地壳升降对侵蚀下切的深度和位置也有很大影响。

下蚀作用在河流的源头表现为河谷不断地向分水岭方向扩展延伸，使河流增长。这种现象称为向（溯）源侵蚀。侵蚀能力较强的水系，可以把另一侧侵蚀能力较弱的水系的上游支流劫夺过来，称为河流袭夺。

（二）侧向侵蚀作用

侧向侵蚀作用是指河水对河岸的冲刷破坏。河水冲刷河岸边坡的下部坡脚，使岸坡陡倾、直立，甚至下部淘空形成反坡，然后岸坡坍塌破坏，河岸后退、河谷变宽、河道增长，或形成河曲等。河水以复杂的紊流状态流动，其主流常是左右摇摆的呈螺旋状前进的曲线流动，或称环流。环流的表面水流流向凹岸，致使凹岸不断被冲刷淘空、垮落，侵蚀下来的物质又被环流底层的水流带向凸岸或下游堆积起来。随着侧蚀作用持续进行，凹岸不断后退，而凸岸则向河心逐渐增长，结果致使河谷越来越宽，越来越弯，形成河曲。

极度弯曲的河道称为蛇曲。当河曲发展到一定程度时，同侧上下游两个相邻的弯曲之间的距离越来越小，洪水冲开狭窄地带，使河流裁弯取直。而被废弃的河道则逐渐淤塞断流，成为与新河道隔开的牛轭湖，遗留的河床称为古河床。如长江的下荆江河段，河曲极为发育，从藕池口到城陵矶的直线距离仅 87km，却有河曲 16 个，致使两地间河道长度达 239km，对船只航行十分不利。这段河道经过多次变迁，由天然裁弯取直形成的牛轭湖也很多。

河流的下蚀作用和侧蚀作用常同时存在，即河水对河床加深的同时，也在加宽河谷。但一般在上游以下蚀作用为主，侧向侵蚀微弱，所以常常形成陡峭的“V”形峡谷。而河流的中、下游则侧向侵蚀加强，下蚀作用减弱，所以河谷宽、河曲多。

二、搬运作用

河水在流动过程中搬运着河流自身侵蚀的和谷坡上崩塌、冲刷下来的物质，其中大部分是机械碎屑物，小部分为溶解于水中的各种化合物。前者称为机械搬运，后者称为化学搬运。

机械碎屑物质在搬运过程中可以沿河床滑动、滚动和跳跃，也可以悬浮于水中，相应的搬运物质分别称为推移质和悬移质。河流的机械搬运能力和物质被搬运的状态受河流的流量特别是流速的控制。据试验得知，被搬运物质的质量与流速的 6 次方成正比，即流速增加 1 倍，被搬运物质的质量将增加至 64 倍。并且，当流速增加时，原来水中的推移质可以变为悬移质。反之，流速减小时，悬移质也可以变为推移质。

河流的机械搬运量除与河流的流量和流速有关外，还与流域内自然地理及地质条件有关。例如，流经黄土地区的河流，往往有着很高的泥沙含量。黄河在建水库前，在陕县测得的平均含沙量达 36. 9kg/m^3。

三、沉积作用

当河床的坡度减小或搬运物质增加而引起流速变慢时，则使河流的搬运能力降低，河水挟带的碎屑物质便逐渐沉积下来，形成层状的冲积物，称为沉积作用。

河流的沉积作用主要发生在河流入海、入湖和支流入干流处，或者在河流的中、下游，以及河曲的凸岸，且大部分都沉积在海洋和湖泊里。河谷沉积只占搬运物质的少部分，而且多是暂时性沉积，很容易被再次侵蚀和搬走。

由于河流搬运物质的颗粒大小与流速有关，所以，当流速减小时，被搬运的物质就按颗粒的大小或比重依次从大到小或从重到轻先后沉积下来。故一般在河流的上游沉积较粗的砂砾石土，越往下游沉积的物质越细，多为砂土或黏性土，并可形成广大的冲积平原及河口三角洲。更细的胶体颗粒或溶解质多带入湖、海中沉积。这称为机械分异作用，或称分选作用。

碎屑颗粒在搬运过程中，由于相互间或与河床之间的摩擦，导致颗粒棱角逐渐消失，最后颗粒被磨成球形、椭球形，称为磨圆作用。

河流形成的大量沉积物可能改变河床的形态和水流状况，淤浅河床，影响航运。水库淤积影响库容，以及闸门、渠道的运用等。

第三节　河谷地貌

地貌，即地球表面的形态特征。地貌与地形的区别在于后者只是指单纯的地表起伏形态，而地貌除指地表起伏形态外，还包含其形成原因、时代、发展和分布规律等特征。地貌形态是各种内、外地质营力相互作用的结果，大型的地貌主要是由内力地质作用形成的，如大陆、海洋、山岳、平原等。小型的地貌则主要是外力地质作用所形成的，如山峰、山脊、冲沟、河谷等。

河谷是河流挟带着沙砾在地表侵蚀、塑造的线状洼地。河谷由谷底和谷坡两大部分组成。谷底通常包括河床及河漫滩。河床是指平水期河水占据的谷底，或称河槽；河漫滩是河床两侧洪水时才能淹没的谷底部分，在枯水时则露出水面。谷坡是河谷两侧的岸坡。谷坡下部常年洪水不能淹没并具有陡坎的沿河平台称为阶地，但不是所有的河段均有阶地发育。谷肩（谷缘）是谷坡上的转折点，它是计算河谷宽度、深度和河谷制图的标志。

一、河谷类型及特征

（一）根据地形划分

河谷可划分为山区（包括丘陵）河谷和平原河谷两种基本类型，两种河谷的形态有很大差异。平原河谷由于水流缓慢，多以沉积作用为主，河谷纵断面较平缓，横断面宽阔，河漫滩宽广，江中洲发育。河流在其自身沉积的松散冲积层上发育成河曲和汊道。山区河谷与水电工程关系密切。

（二）根据横断面形态划分

1. 峡谷

河谷的横断面呈“V”形，谷地深而狭窄，谷坡陡峭甚至直立，谷坡与河床无明显的分界线，谷底几乎被河床全部占据。两岸近直立，谷底全被河床占据者也称隘谷，如长江瞿塘峡。隘谷可进一步发展成两壁，但仍很陡峭，谷底比隘谷宽，常有基岩或砾石露出水面以上的障谷。峡谷的河床面起伏不平，水流湍急，并多急流险滩。如金沙江虎跳峡，峡谷深达3000m，江面最窄处仅40～60m，一般谷坡坡角达70°。长江三峡也是典型的峡谷地段。

峡谷的形成与地壳运动、地质构造和岩性有密切关系。地壳上升和河流下切是最普遍的成因。古近纪以来地壳上升越强烈的地区，峡谷也越深、越多。如位于喜马拉雅地区的雅鲁藏布江大峡谷，是世界上最大、最深的大峡谷。位于横断山脉的澜沧江、怒江以及金沙江也都形成很深的峡谷。峡谷多形成在坚硬岩石地区，尤其在石灰岩、白云岩、砂岩、石英岩地区最为多见。如长江三峡是地壳上升地区，大部分流经石灰岩、白云岩分布的地段均形成峡谷，而由庙河经三斗坪坝址区至南沱则为花岗岩地段，河谷较宽阔，岸坡较缓，河漫滩也常有分布。这与花岗岩的风化特征有关。

峡谷地段水面落差大，常蕴藏着丰富的水能资源。如金沙江虎跳峡在 12km 的河段内，水面落差竟达 220m，另外，在其下游的溪洛渡峡谷地段也有很大落差，现正建设一座 278m 高的混凝土拱坝和装机容量为 1260×10⁴kW 的水电站。当在峡谷地段发育有河曲时，更可获得廉价的电能。如雅砻江锦屏大河湾段，只需建一低坝拦水，开凿约 17km 长的引水洞，便可得到 300m 的落差，设计装机容量为 320×10⁴kw。永定河自官厅至三家店为峡谷地段，在约 110km 长的河谷中，有 300 多米的落差，因有多处河曲，20 世纪 50 年代即已在珠窝、落坡岭修建低坝（坝高分别为 30 多米和 20 多米），而在下马岭和下苇甸分别获得约 90m 和 70m 的水头，修建了引水式水电站。

2. 浅槽谷

浅槽谷又称“U”形河谷或河漫滩河谷。河谷横剖面较宽、浅，谷面开阔，谷坡上常有阶地分布，谷底平坦，常有河漫滩分布，河床只占谷底的一小部分。河流以侧蚀作用为主，它是由“V”形谷发展而成，多形成于低山、丘陵地区或河流的中、下游地区。

3. 屉形谷

屉形谷横断面形态为宽广的“一”形，谷坡已基本上不存在，阶地也不甚明显，只有浅滩、河漫滩、江中洲、汊河等发育。其中浅滩为高程在平水位以下的各种形态的泥沙堆积体，包括边滩、心滩、沙埂等。心滩不断淤高，其高程超过平水位时即转为江心洲。河流以侧蚀作用和堆积作用为主。多分布在河流下游、丘陵和平原地区。

（三）根据河流与地质构造的关系分类

1. 纵谷

纵谷是指河谷延伸方向与岩层走向或地质构造线方向一致。河流是沿软弱岩层、断层带、向斜或背斜轴等发育而成。据地质构造特征，又可分为向斜谷、背斜谷、单斜谷、断层谷、地堑谷等。

2. 横谷

横谷是指河谷延伸方向与岩层走向或地质构造线方向近于垂直，河流横穿褶皱轴或断层线。当穿过向斜轴或较大的断层破碎带时，往往形成河谷开阔的宽谷；穿过背斜轴时则常为狭窄的峡谷。

3. 斜谷

斜谷是指河谷延伸方向与岩层走向或地质构造线方向斜交，其特征介于纵谷与斜谷之间。

（四）根据两岸谷坡对称情况划分

根据两岸谷坡对称情况，可分为对称谷和不对称谷，前者两岸谷坡坡度相近，后者则一岸谷坡平缓、一岸陡峻，谷坡平缓的一岸常有河漫滩分布，河水主流常靠近陡坡一侧流过。拱坝要求两岸地形尽量对称，当不对称时，容易产生不均匀变形。

二、河床地貌特征

山区河流，其河床的最大特征是不平整性，到处分布着岩坎、石滩、深槽和深潭等。

（一）岩坎和石滩

岩坎由基岩构成，常常出现在软硬交替的岩层所组成的河段上。坚硬岩石横穿河床，由于水流差异性侵蚀，在河床纵剖面上形成许多阶梯。有时，断层横切河流也可以形成岩坎，河流在岩坎处形成急流，当岩坎高度大于水深时，即形成瀑布。在向源侵蚀的作用下，岩坎总是向上游后退，直至消失。

石滩是分布较长的浅水河床，可由基岩或堆积在河床中的块石和卵石构成。其中，堆积石滩常不稳定，在水流作用下较易移动、变形和消失，而基岩石滩则较稳定。由于岩体规模和产状不同，基岩石滩可以是成片分布的礁石，也可以是横河向或顺河向的石埂（石梁）。大的基岩石滩是良好的闸、坝地基。

（二）深槽和深潭

深槽和深潭是河床中常见的地貌形态，由于它们的存在，给水工建筑物的布置、基坑开挖、坝基防渗和稳定等带来了不少困难和问题。山区河流除水流的作用外，主要受地质构造因素的影响，如河床中的断层、节理密集带、不整合面和软弱夹层等抗冲刷能力较弱的部位，由于冲刷的不均一性而形成深槽。深槽一般和主流方向一致，深槽的规模有的很大，如四川某坝址深槽宽约 40m、深约 70m。深潭是一种深陷的凹坑，深度可达几米至几十米。它主要形成于软弱结构面的交汇处、岩体的囊状风化带和瀑布的下游。有时携带砂、砾石的漩涡流磨蚀河床基岩，也能形成深潭。

三、河漫滩

河漫滩是在河床两侧，洪水季节被淹没，枯水季节露出水面的一部分谷底。山区河谷中河漫滩较少出现，多在河曲的凸岸或局部河谷开阔地段才有，范围也较小。丘陵和平原地区的河谷则广泛分布，范围也大。有时河漫滩比河床的宽度大几倍甚至几十倍。河曲型河漫滩是河流侧蚀作用使河谷凹岸岸坡后退，凸岸堆积，河谷变弯，谷底展宽，不断发展而形成的。除此之外，还有汊道型及堰堤式河漫滩等。河漫滩处的沉积层常常是下部颗粒相对较粗、上部较细，通常称为二元结构的沉积层，具斜层理与交错层理。

第四节　河流阶地

在河谷发育过程中，由于地壳上升、气候变化、侵蚀面下降等因素的影响，使河流下切，河床不断加深，原先的河床或河漫滩抬升，高出一般洪水位，形成顺河谷呈带状分布的平台，这种地貌形态称为阶地。一般河谷中常常出现多级阶地。从高于河漫滩或河床算起，向上依次称为 I 级阶地、II 级阶地等。I 级阶地形成的时代最晚，一般保存较好，越老的阶地形态相对保存越差。

阶地的形成基本上经历了两个阶段。首先是在一个相当稳定的大地构造环境下，河流以侧蚀或堆积作用为主，形成宽广的河谷。然后地壳上升，河流下切，于是便形成阶地。地壳稳定一段时间后再次上升，便又形成另一级阶地。一般地壳上升越强烈的地区，阶地也越高。

根据成因，阶地可分为侵蚀阶地、堆积阶地和基座阶地等几种类型。

一、侵蚀阶地

其特点是阶地面上基岩直接裸露或只有很少的残余冲积物，侵蚀阶地只在山区河谷中常见。作为大坝的接头、厂房或桥梁等建筑物的地基是有利的。

二、基座阶地

其特点是上部的冲积物覆盖在下部的基岩之上。它是由于后期河流的下蚀深度超过原有河谷谷底的冲积物厚度，切入基岩内部而形成的，分布于地壳上升显著的山区。

三、堆积阶地

堆积阶地完全由冲积物组成，反映了在阶地形成过程中河流下切的深度没有超过冲积物的厚度。堆积阶地在河流的中、下游最为常见。堆积阶地又可进一步分为上叠阶地和内叠阶地两种。

上叠阶地的特点是新阶地的堆积物完全叠置在老阶地的堆积物上，说明地壳升降运动的幅度在逐渐减小，河流后期每次下切的深度、河床侧蚀的范围和堆积的规模都比前期规模小。

内叠阶地是指新的阶地套在老的阶地之内，每次河流冲积物分布的范围均比前次的小，反映它们在形成过程中每次下切的深度大致相同，而堆积作用却逐渐减弱。

此外，由于地壳下降，早期形成的阶地被后期河流冲积物所掩埋，就形成埋藏阶地。

第五节　地下水

地下水是赋存和运动于地表以下岩层或土层空隙（包括孔隙、裂隙和溶隙等）中的水。它主要是由大气降水和地表水渗入地下形成的。

在水利建设中，地下水与建筑物地基的渗漏和稳定有很大关系：①地下水位低于库水位时，可能产生渗漏；②地下水在渗流压力作用下有可能带走松散岩层、断层破碎带和其他软弱结构面中的细小颗粒（即潜蚀作用），使岩（上）体被掏空，引起地基破坏；③地卜水还可使黏土质岩石软化、泥化；④有的岩石，由于地下水的渗入致使体积膨胀，产生较大的膨胀压力，引起工程失事；⑤地下水溶蚀可溶性岩石所产生的大量空洞，成为渗漏的通道；⑥在开挖基坑和地下硐室工程时，有时会发生大量地下水突然涌入，给施工带来很大困难。此外，地下水可能对混凝土具腐蚀性，可分为分解类、分解结晶复合类及结晶类 3 种腐蚀性类型。所有这些都是对水利工程不利的。因此，在分析水利工程建筑物的稳定和渗漏时，必须查明建筑地区地下水的形成、埋藏、分布和运动规律，即建筑地区的水文地质条件。

一、地下水的赋存及类型

地下水存在于岩土体空隙之中。地壳表层以下十余千米范围内，都或多或少存在着空隙，特别是浅部一两千米范围内空隙分布较为普遍。按照维尔纳茨基形象的说法，“地壳表层就好像是饱含着水的海绵”。

岩土体空隙既是地下水的储容场所，又是地下水的运动通路。空隙的多少、大小、形状、连通情况及其分布特点，对地下水分布、埋藏与运动具有重要的控制意义。

将岩土体空隙作为地下水储容场所与运动通路研究时，可以分为 3 类，即松散土体中的孔隙、坚硬岩石中的裂隙以及易溶岩层中的溶穴（隙），与之相对应的地下水可以分为孔隙水、裂隙水及岩溶水 3 种类型。

（一）孔隙及孔隙水

松散土体是由大大小小的颗粒组成，在颗粒或颗粒的集合体之间普遍存在空隙，空隙相互连通，呈小孔状，故称为孔隙。赋存于松散沉积物中的地下水称为孔隙水。

孔隙水呈层状分布，空间上连续均匀，含水系统内部水力联系良好。通常，顺层渗透性好而垂直层面渗透性差，为层状非均质介质。

不同成因类型的松散沉积物，其空间分布、岩性结构以及地下水赋存特点均有不同。残积物是基岩就地风化的产物，坡积物是斜坡片流及重力搬运所成，多不构成含水层，或者仅为农户供水之用的零星含水层。分布最广、最有水文地质意义的是水流沉积物，包括洪积物、冲积物、湖积物、滨海三角洲沉积物，以及冰水沉积物等。

（二）裂隙及裂隙水

岩石中不存在或很少存在颗粒之间的孔隙，其空隙主要是各种成因的裂隙，包括成岩裂隙、构造裂隙与风化裂隙等。

成岩裂隙是岩石形成过程中由于冷却收缩（岩浆岩）或固结干缩（沉积岩）而产生的。成岩裂隙在岩浆岩中较为发育，如玄武岩的柱状节理。构造裂隙是岩石在构造运动过程中受力产生的，如各种构造节理、断层。风化裂隙是在各种物理与化学因素的作用下，岩石遭破坏而产生的裂隙，这类裂隙主要分布于地表附近。

岩石中裂隙发育一般并不均匀，即使在同一岩层中，由于岩性、受力条件等的变化，裂隙率与裂隙张开程度都会有很大差别。岩石中的裂隙是地下水运移、储存的场所，它的发育程度和成因类型影响着地下水的分布和富集。赋存于基岩裂隙中的地下水则称为裂隙水。在裂隙发育的地区，含水丰富；反之，甚少。所以在同一构造单元或同一地段内，含水性有很大的变化，因而形成裂隙水分布的不均一性。

岩层中的裂隙常具有一定的方向性，即在某些方向上裂隙的张开程度和连通性比较好，因而其导水性强，水力联系好，常成为地下水的主要径流通道。在另一些方向上，裂隙闭合或连通性差，其导水性和水力联系也差，径流不通畅。因而，裂隙岩石的导水性具有明显的各向异性。

裂隙水储存于各种成因类型的裂隙中，它的埋藏分布与裂隙的发育特点相适应。根据埋藏分布的特征，可将裂隙水划分为面状裂隙水、层状裂隙水和脉状裂隙水 3 种。

1. 面状裂隙水

指分布于各种基岩表部风化裂隙中的地下水，又称风化裂隙水。其上部一般没有连续分布的隔水层，因此，它具有潜水的基本特征。风化裂隙常是广泛分布、均匀密集的，因而储存于其中的水能相互贯通，构成统一的水动力系统，并具有统一的水面。

风化裂隙含水和透水性的强弱，随岩石的风化程度、风化层物质等因素的不同而各异。在全风化带及一些强风化带中因富含黏土物质，含水性和透水性反而减弱。一般将微风化带视为面状裂隙水的下限。

2. 层状裂隙水

指赋存于成岩裂隙或富含裂隙的夹层中的水，其埋藏和分布一般与岩层的分布一致，因而常有一定的成层性。由于各种裂隙交织相通构成了地下水运动和储存的网状通道，所以裂隙中的水相互之间有一定的水力联系，通常具有统一的水面。虽然如此，层状裂隙水在不同的部位和不同的方向上，因裂隙的密度、张开程度和连通性不同，其透水性和富水性仍有较大的差别，具有不均匀的特点。在岩层出露的浅部，它可以形成潜水，当层状裂隙水被不透水层覆盖时，则形成承压水。

3. 脉状裂隙水

指赋存于构造断裂中的地下水，其主要特征是：①沿断裂带呈带状或脉状分布；②多为承压水；③埋藏于大断裂带中者补给来源较远，循环深度较大，水量丰富，水位及水质均较稳定，而埋藏于规模小、延伸不远、连通性差的断层或裂隙中者则相反；④脉状含水带可以穿过数个不同时代、不同岩性的地层和不同的构造部位，因此，在同一含水带中地下水的分布具有不均匀性。例如，断层带通过脆性岩石时，岩石破碎、裂隙发育，通常是强含水的；当通过塑性岩石时，裂隙不很发育，且多被泥质充填，而形成微弱的含水带或不含水。

脉状裂隙水水量丰富者，常常是良好的供水水源，但它对隧洞工程往往造成危害，在施工中可产生突然的涌水事故，以及对衬砌产生较高的外水压力。

（三）溶穴（隙）及岩溶水

易溶沉积岩，如岩盐、石膏、石灰岩、白云岩等，由于地下水的溶蚀会产生空洞，这种空隙就是溶穴，这一过程则称为岩溶。

岩溶作用会形成地表和地下各种地貌形态，如石芽、溶沟、溶孔、溶隙、落水洞、漏斗、洼地、溶盆、溶原、峰林、孤峰、溶丘、干谷、溶洞、地下湖、暗河及各种洞穴堆积物。

岩溶发育极不均匀。岩溶形成的溶穴大者宽可达数百米、高达数十米乃至上百米、长达数十千米或更多，小者直径只有几毫米，并且往往在相距极近处岩溶率相差极大。例如，在具有同一岩性成分的可溶岩层中，岩溶通道带的岩溶率可以达到百分之几十，而附近地区的岩溶率都几乎是零。

存储于各类溶穴中的地下水则称为岩溶水。由于溶穴发育的不均匀性，岩溶水的分布也极不均匀。根据岩溶水的出露和埋藏条件不同，可将岩溶水划分为以下 3 种类型：

1. 裸露型岩溶水

岩溶化地层广泛出露地表，特点是以潜水为主。其主要接受降水入渗补给，地下水循环交替快，常以泉或地下河形式排泄。动态变化大，水化学成分简单，矿化度低。

2. 覆盖型岩溶水

岩溶含水层之上有松散岩层覆盖，根据覆盖厚度的不同，可分为两个亚型：①浅覆盖亚型。上覆第四纪堆积物，厚度一般不超过 30m。其特点是：赋存潜水，但有承压现象；埋藏受基岩面及地貌控制；接受降水、地表水和浅部地下水补给。有类似裸露型岩溶水的径流、排泄及动态特征，但变化幅度小。②深覆盖亚型。第四纪覆盖层厚度大于 30m。其特点是：分布范围较大，赋存承压水或部分自流水。补给来源广泛，径流条件复杂，天然排泄点少。地下水动态对降水反应滞后，水化学成分稍复杂，但矿化度仍较低。

3. 埋藏型岩溶水

岩溶含水层被固结的岩层覆盖，常以向斜、单斜等蓄水构造等形式出现。其特点是：埋藏、径流主要受构造控制，赋存承压水或自流水。补给主要来源于相邻的其他含水层。径流缓慢，极少见有天然排泄点，动态变化幅度小，水化学成分复杂。

二、含水层与隔水层

地表以下一定深度，岩土的空隙被重力水所充满，形成地下水面。地表到地下水面这一部分称为包气带，或称非饱和带。地下水面以下为饱水带。饱水带的岩（土）层按其传输及给出水的性质，划分为含水层、隔水层及弱透水层。

含水层是饱水并能传输与给出相当数量水的岩层。松散沉积物中的沙砾层、裂隙发育的砂岩以及岩溶发育的碳酸盐岩等，是常见的含水层。

隔水层是不能传输与给出相当数量水的岩层。裂隙不发育的岩浆岩及泥质沉积岩，是常见的隔水层。

弱透水层是本身不能给出水量，但垂直层面方向能够传输水量的岩层。黏土、粉质黏土等是典型的弱透水层。

上述定义中并没有给出区分含水层及隔水层的定量指标，而采用了“相当数量”这一模糊的说法，原因在于含水层与隔水层都具有相对性，取决于应用的场合以及涉及的时间尺度。

同一岩层在不同场合下可以归为含水层，也可以归为隔水层。例如，作为大型供水水源，供水能力强的岩层才是含水层，渗透性较差的岩层只能看作隔水层。但是对于小型供水水源，渗透性较差的岩层可以看作含水层。

在相当长一个时期里，人们曾经将隔水层看作是绝对不发生渗透的。20世纪40年代，雅可布及汉图什等提出越流概念后，开始将一部分原先看作隔水层的岩层归为弱透水层。越流是指相邻含水层通过其间的相对隔水层发生水量交换。例如，缺乏次生空隙的黏土、粉质黏土等，渗透能力相当低，顺层方向不发生水量传输；但是，在垂直层面方向上，由于渗透断面大，水流驱动力强（水力梯度大），通过垂直层面越流，两侧相邻的含水层可以发生水量交换。这种本身不能给出水量、垂直层面方向能够传输水量的岩层便是弱透水层。再例如，某些岩层，特别是沉积岩，经常出现渗透性差别很大的岩性交互层（如砂岩和泥质岩互层、碳酸盐岩和泥质岩互层）。此类岩层顺层透水而垂向隔水，集含水层和隔水层于一身，具有独特的水文地质意义。

因此，从严格意义上说，自然界并不存在绝对隔水层。即使裂隙极不发育的致密结晶岩，只要时间尺度足够长，也会发生渗流。因此，从较大时间尺度考察，所有岩层都是可渗透的。

含水系统是由隔水或相对隔水边界圈围的，内部具有统一水力联系的赋存地下水的岩系。不仅松散沉积物可以形成含水系统，基岩中同样可形成含水系统。多数情况下，含水系统包含若干含水层，有时，单一含水层构成含水系统。一定条件下，基岩中的隔水层由于岩性变化而尖灭，或者受断裂切割而导水，也可以形成含水系统。

三、地下水类型

按含水层的空隙性质，饱水带的地下水可分为孔隙水、裂隙水和岩溶水，前文已经介绍；根据埋藏条件，地下水可分为上层滞水、潜水和承压水 3 类。上层滞水由于分布有限，不再重点介绍。

（一）潜水

潜水是埋藏在地表以下第一个连续、稳定的隔水层以上，具有自由水面的重力水。潜水的主要特征如下：①潜水面以上无稳定的隔水层存在，大气降水和地表水可直接渗入补给，成为潜水的主要补给来源。因此，在大多数的情况下潜水的分布区与补给区是一致的，因而某些气象水文要素的变化能很快影响潜水的变化，潜水水质也易于受到污染。②潜水自水位较高处向水位较低处渗流，在山脊地带潜水位的最高处可形成潜水分水岭，自此处潜水流向不同的方向。潜水面的形状因时因地而异，它受地形、含水层的透水性和厚度、隔水层底板的起伏、气象、水文等自然因素控制，并常与地形有一定程度的一致性。一般地面坡度越大，潜水面的坡度也越大，但潜水面坡度常小于当地的地面坡度。

潜水面反映了潜水与地形、岩性、气象、水文等之间的关系，同时能表现出潜水的埋藏、运动和变化的基本特点。因此，为能清晰地表示潜水面的形态，通常采用平面图和剖面图两种图示方法，并互相配合使用。

平面图是根据潜水面上各测点（井、孔、泉等）的水位标高，标在地形图上，画出一系列水位相等的线，这种图称为等水位线图，其绘制方法与绘制地形等高线一样。由于潜水面经常发生变化，因此在绘制等水位线图时，各测点水位资料的时间应大致相同，并应在等水位线图上注明。通过对不同时期等水位线图的对比，有助于了解潜水的动态。一般在一个地区应绘制潜水的最高水位和最低水位时期的两张等水位线图。

根据等水位线图，可以了解以下情况：

1. 确定潜水的流向及水力梯度

垂直于等水位线，自高等水位线指向低等水位线的方向即为流向。在流动方向上，取任意两点的水位高差，除以两点间在平面上的实际距离，即为此两点间的平均水力梯度。

2. 确定潜水与河水的相互关系

潜水与河水一般有以下关系：①河岸两侧的等水位线与河流斜交，锐角都指向河流的上游，表明潜水补给河水，这种情况多见于河流的中、上游山区；②等水位线与河流斜交的锐角在两岸都指向河流下游，表明河水补给两岸的潜水，这种情况多见于河流的下游；③等水位线与河流斜交，表明一岸潜水补给河水，另一岸则相反，一般在山前地区的河流有这种情况。

3. 确定潜水面埋藏深度

潜水面的埋藏深度等于该点的地形标高减去潜水位。根据各点的埋藏深度值，可绘出潜水等埋深线。

隔水层顶板标高之差即为含水层厚度。

水文地质剖面图是在地质剖面图的基础上，绘制出有关水文地质特征的资料（如潜水水位和含水层厚度等）。在水文地质剖面图上，潜水埋藏深度、含水层厚度、岩性及其变化、潜水面坡度、潜水与地表水的关系等都能清晰地表示出来，它是水利水电工程中常用的图件之一。

（二）承压水

承压水是指存在于两个隔水层之间的含水层中，具有承压性质的地下水。由于隔水顶板的存在，能明显地分出补给区、承压区和排泄区 3 部分。补给区大多是含水层出露地表的部分，比承压区和排泄区的位置高；承压区是隔水顶板以下，被水充满的含水层部分；排泄区是承压水流出地表或流向潜水的地段。

承压区中地下水承受静水压力，当钻孔打穿隔水顶板时所见的水位，称为初见水位。随后，地下水上升到含水层顶板以上某一高度稳定不变，这时的水位（即稳定水面的标高）称为承压水位。承压水位如高出地面，则地下水可以溢出或喷出地表。所以，通常又称承压水为自流水。承压水位与隔水层顶板的距离称为水头，水头高出地面者称为正水头 H_1，低于地面者称为负水头 H_2。

由于承压水的补给区和承压区不一致，故承压水的水位、水量、水质及水温等受气象、水文因素的影响较小。

基岩地区承压水的埋藏类型主要取决于地质构造，即在适宜的地质构造条件下，孔隙水、裂隙水和岩溶水均可形成承压水。最适宜于形成承压水的地质构造有向斜构造和单斜构造两类。

向斜储水构造又称为承压盆地，它由明显的补给区、承压区和排泄区组成。

单斜储水构造又称为承压斜地，它的形成可能是含水层岩性发生相变或尖灭，也可能是含水层被断层所切。

等水压线图是承压水面的等高线图，它是根据观测点的承压水位绘制的。在图中也可同时绘出含水层顶板及底板等高线，这样就和等水位线图一样，可从图中确定承压水的流向并可计算其水力梯度、承压水位的埋深、承压水含水层的埋深、承压水的水头大小及含水层的厚度等。

四、地下水循环

地下水作为整个地球上水循环的重要环节之一，通过含水层从外界获得补给，在含水层中向排泄区运动，并和赋存它们的岩石相互作用，最后向外界排泄而参与水循环。地下水的不断交替、不断更新决定了含水层中水质水量在空间和时间上的变化，为了了解地下水的赋存变化规律，合理评价和开发利用水资源，就必须研究地下水的补给、排泄与径流特征。

地下水补给是指饱水带获得水量的过程。水量增加的同时，盐量、能量等也随之增加。地下水排泄是饱水带减少水量的过程，减少水量的同时，盐量和能量等也随之减少。地下水通过补给和排泄，不断获得和消耗水量，形成可再生资源，是人类永续利用地下水的前提。

（一）地下水的补给

含水层从外界获得水量的过程称为补给。地下水补给来源主要有大气降水、地表水、凝结水、其他含水层的水和人工补给水源等。

1. 大气降水补给

降水是自然界水循环中最活跃的因素之一，也是浅层地下水的主要补给水源。降落到地面的水分一部分变为坡面径流或被蒸发而耗失，仅有部分渗入地下。这一部分水在到达潜水面以前，必须经过由土颗粒、空气和水三相组成的包气带，因此，入渗过程中水的运动是极其复杂的。

下面以松散沉积物为例，讨论降水入渗补给地下水的过程。

地面犹如筛子，将降水分为入渗水流及地表径流两部分。包气带犹如缺水的海绵，截留部分入渗水流。降水经过分流及截留以后，剩余的水流下渗进入饱水带，构成地下水补给量。

地面的分流取决于降水强度与（地面）入渗能力的关系：降水强度小于入渗能力时，降水全部入渗进入包气带；降水强度大于入渗能力时，超过入渗强度的部分形成地表径流。

包气带截留的水量，用于补足降水间歇期由于蒸散造成的水分亏缺。

大气降水补给地下水的份额，采用降水入渗补给系数（简称入渗系数）

表示：

$$\partial = q_p / P \tag{2-1}$$

式中：∂——入渗系数，无因次；

q_P——年降水单位面积补给地下水量（mm）；

P——年降水量（mm）。

在我国，入渗系数∂通常变化于0.2～0.4之间，南方湿润气候岩溶发育区∂可以高达0.8，西北干旱气候的沙漠盆地∂接近于0。

2. 地表水补给

地表水体包括河流、湖泊、水库、海洋等，它们都在一定条件下成为地下水的补给水源。地表水补给地下水的必要条件有：①两者之间必须具有水力联系；②地表水位必须高于地下水位。如某些平原河流的下游、河流中上游的洪水期、河流出山后的山前地段和河流流经岩溶发育地段，一般满足上述条件，地表水补给地下水。

沿着河流纵断面，河水与地下水的补给关系有所变化。河流上游、地表水水位通常低于地下水，河流排泄地下水。河流中游，河水在洪水期补给地下水，枯水期排泄地下水。河流下游，进入山前冲洪积倾斜平原，河水补给地下水。河流下游冲积平原，河水与地下水的补给关系取决于河流堆积特点：泥沙堆积强烈时，出现自然堤及人工堤防，河底高于地面，形成地上河，地表水常年补给地下水，黄河下游即是如此；一般河流，洪水期河水补给地下水，枯水期排泄地下水。

我国西北干旱内陆盆地降水十分稀少，高山降水积为冰雪，冰雪融水形成的河流，沿着流程与地下水相互转化，成为地下水主要的甚至是唯一的补给来源。

3. 其他补给方式

除上述地下水主要补给方式外，尚有凝结水补给、人工灌溉、渠道引水补给等多种形式。在昼夜温差大的干旱沙漠地带，凝结水有可能补给地下水。某些人为活动则会在无意中增加地下水补给，如灌溉水渗漏、水库渗漏以及输水管道渗漏等。

空气的湿度一定时，饱和湿度随温度下降而降低，温度降到某一临界值，达到露点（绝对湿度与饱和湿度相等），温度继续下降，超过饱和湿度的那部分水汽转化为液态水，这一过程便是凝结作用。

沙漠地带昼夜温差很大（撒哈拉沙漠昼夜温差可达 50℃），土壤散热快而大气散热慢，夜晚降温，地面及包气带浅部温度急剧下降，地面以及包气带浅部孔隙中一部分水汽凝结为液态水。

灌溉渠道渗漏及田面入渗也会使地下水获得补给。渠道渗漏补给方式犹如河水，田面入渗补给方式接近大气降水。

（二）地下水的排泄

地下水通过泉向地表水泄流、土面蒸发、叶面蒸腾等方式，实现天然排泄；通过井孔、排水渠道、坑道等设施，进行人工排泄。

1. 泉

泉是地下水的天然露头。地下水面或地下水含水通道与地形面相切时，地下水呈点状或散点状涌出地表成泉。

按传统的分类，将泉划分为上升泉和下降泉两大类。前者是承压水的排泄，后者是潜水或上层滞水的排泄。地下水流系统理论表明，潜水的排泄区普遍存在上升水流，因此，不能根据补给泉的水流是否“上升”来确定是上升泉还是下降泉，而要根据补给泉的含水层或含水通道来区分上升泉或下降泉。

根据出露原因，泉可分为以下几类：

侵蚀泉：单纯由于地形切割地下水面而出露，包括切割潜水含水层及揭露承压隔水顶板。

接触泉：地形切割使相对隔水底板出露，地下水从含水层与隔水底板接触处出露。

溢流泉：水流前方出现相对隔水层，或下伏相对隔水底板抬升时，地下水流动受阻，溢流地表。

断层泉：地形面切割导水断裂，断裂带测压水位高于地面时出露成泉。

接触带泉：岩脉或岩浆岩侵入体与围岩的接触带，地下水沿冷凝收缩形成的导水通道出露。

作为地下水天然露头，泉是认识水文地质条件的重要信息来源。例如，判断含水层和隔水层，判断岩层富水性（导水能力），判断断层导水性，根据泉水温度判断地下水循环深度，根据泉水化学成分找矿，在一定条件下根据泉流量反推降水入渗系数及地下水补给量等。

2. 泄流

地下水向地表水排泄时，地表水面是地下水的排泄基准，与起伏明显的地形坡度比较，地表水面或者接近水平（湖沼、海洋），或者只有不大的坡降。因此，地下水补给地表水体时，除个别以水下泉（河底泉、海底泉等）形式集中排泄外，大多为分散的线状泄流。

对于河流，可采取分割流量过程线求取地下水泄流量。当河水与地下水化学组分及温度有较大差别时，也可综合利用稳定组分、同位素组分以及温度等求取地下水泄流量。地下水向湖沼海洋的排泄，一般只能利用化学组分及温度进行定性或半定量评价。

地下水向地表水排泄，提供经常性补充水量的同时，还提供化学组分，某些情况下，对于维护地表水的生态系统有重要意义。

3. 蒸发与蒸腾

干旱半干旱地区的细颗粒堆积平原和盆地，地下水埋藏深度较浅时，土面蒸发及叶面蒸腾是地下水的主要排泄方式。

通过土面蒸发向大气排泄，是地下水蒸发排泄；经由植物的叶面蒸腾向大气排泄，是地下水蒸腾排泄。蒸发和蒸腾都是地下水转化为气态水向大气排泄，均属于地下水的面状排泄，两者都具有“水去盐留”的特点，易导致土壤及地下水不断盐化。

4. 人工排泄

用井孔开采地下水、矿坑疏干、开发地下空间排水、农田排水等，都属于地下水人工排泄。随着现代化进程的不断加快，我国许多地区，尤其是北方工农业发达地区，大强度开采地下水已经引起一系列不良后果，导致河流基流消减甚至断流，损害生态环境，引起与地下水有关的各种地质灾害。

（三）含水层之间的补给与排泄

不同含水层或含水系统存在水力联系及势差时，便发生相互补给与排泄。解决许多水文地质实际问题时，都需要查明目标含水层（含水系统）与邻接含水层（含水系统）的补给、排泄关系，确定补给（排泄）量。地下水资源评价、水库渗漏分析、矿坑疏干、农田排水等都有此必要。

常见的含水层（含水系统）之间水力联系的方式有：含水层之间通过叠合接触部分发生补给（排泄）；含水层之间通过导水断裂发生补给（排泄）；含水层之间通过穿越其间的井孔发生补给（排泄）；含水系统内部通过弱透水层越流而形成统一水力联系。

（四）地下水的渗流

1. 地下水渗流特征

地下水在岩土体空隙中的运动称为渗流（径流）。发生渗流的区域称为渗流场。孔隙是形状复杂的网络，沿着流程，孔隙介质中的渗流通道宽窄及方向多变，水的质点流速及方向频繁变化。裂隙及岩溶介质中的渗流通道也是复杂多变的。通常，空隙通道狭小，水流所受阻力很大，地下水的流速极其缓慢。若水质点做有秩序的、互不混杂的流动，则称为层流；若水质点做无秩序、互相混杂的流动，则称为紊流。

水在狭小空隙的岩石（如砂、裂隙不很宽大的基岩）中流动时，重力水受介质的吸引力较大，水质点排列较有秩序，流速比较缓慢，多呈层流运动。而在宽大的空隙（大的溶穴、宽大裂隙）中流动，水的流速较大时，容易呈紊流运动。

渗流又分为稳定流和非稳定流。水在渗流场内运动，各个运动要素（水位、流速、流向等）不随时间改变时，称为稳定流。运动要素随时间变化的水流运动，称为非稳定流。严格地讲，自然界中地下水都属于非稳定流。但是，为了便于分析和运算，也可以将某些运动要素变化微小的渗流近似看作稳定流。

2. 水头

水在空隙介质中渗流，总是从能量较高处流向能量较低处。水力学中用总水头 H 表示地下水的能量大小，量纲为[L]：

$$H = z + \frac{p}{\rho g} + \frac{\mu^2}{2g} \tag{2-2}$$

式中：z——位置水头（重力势）（m）；

$p/\rho g$——压力水头（压力势）（m）；

p——压强（Pa）；

ρ——水的密度（kg/m^3）；

g——重力加速度（＝9.8m/s^2）；

$\mu^2/2g$——流速水头（动能）。

位置水头、压力水头和流速水头 3 者可以相互转化。水总是从总水头高的地方流向总水头低的地方。一般情况下，渗流速度很小，地下水具有的动能相对于势能可忽略不计。所以，地下水的能量状态可用它的总势能（测压水头）表示：

$$H \approx z + \frac{p}{\rho g} \tag{2-3}$$

其中位置水头与压力水头可以相互转换。故一般可根据测压水头的大小判断地下水的流动方向。

3. 达西定律与渗透系数

法国工程师达西（Darcy，1856）对均匀砂进行了大量的渗透试验，得出了层流条件下（渗流十分缓慢，相邻两个水分子运动的轨迹相互平行而不混掺）土中水渗透速度与能量（水头）损失之间的渗透规律，即达西定律。该定律认为，渗出水量 Q 与圆筒过水断面 A 和水力梯度 I 成正比，且与土的透水性有关，其表达式为：

$$Q = K \cdot A \cdot I \tag{2-4}$$

式中：K——渗透系数（cm/s）。

由于通过过水断面 A 的流量 $Q=vA$，则渗透流速 v 为：

$$v = KI \tag{2-5}$$

式中：v——渗透速度（cm/s）。

这是达西定律的另一表达形式：渗透流速与水力梯度的一次方成正比，即线性渗透定律，K 为其线性比例系数，称为渗透系数。

渗流场中水头相等的各点连成的面（线）称为等水头面（线）。沿等水头面（线）法线方向（水头降低方向）的水头变化率称为水力梯度，无因次，记为 I，

即：

$$I=-\frac{dH}{dn} \tag{2-6}$$

式中，n 为等水头面（线）的外法线方向，也是水头降低的方向。

在各向同性介质中，水力梯度 I 为沿水流方向单位长度渗透途径上的水头损失。水在空隙中运动时，必须克服水与隙壁以及流动快慢不同的水质点之间的摩擦阻力（这种摩擦阻力随地下水流速的增加而增大），消耗机械能，造成水头损失。水力梯度可以理解为水流通过单位长度渗透途径为克服摩擦阻力所耗失的机械能。因此，求算水力梯度 I 时，水头差必须与渗透途径相对应。

渗透系数 K，也称为水力传导率，是重要的水文地质参数。因水力梯度无量纲，由达西定律 $v=KI$ 可以看出，渗透系数与渗透流速的量纲均为[L/T]，一般采用单位为 m/d 或 cm/s。

在式（2-5）中，令 $I=1$，则 $v=K$，即水力梯度为 1 时，渗透系数在数值上等于渗透流速。当水力梯度为定值时，渗透系数愈大，渗透流速愈大；渗透流速为定值时，渗透系数愈大，水力梯度愈小。由此可见，渗透系数可定量说明岩土体的渗透性能。渗透系数愈大，岩土体的渗透能力愈强。岩土体渗透性的分级如表 2-1 所示。

表 2-1　岩土体渗透性分级表

渗透性等级	标准		土类	岩体特征
	渗透系数 K（cm/s）	透水率 Q（Lu）		
极微透水	0～10^{-6}	0～0. 1	黏土	含张开度＜0. 025mm 裂隙的岩体
微透水	10^{-6}～10^{-5}	0. 1～1	黏土-粉土	含张开度 0. 025～0. 05mm 裂隙的岩体
弱透水	10^{-5}～10^{-4}	1～10	粉土-细粒土质砂	含张开度 0. 05～0. 1mm 裂隙的岩体
中等透水	10^{-4}～10^{-2}	10～100	砂-沙砾	含张开度 0. 1～0. 5mm 裂隙的岩体
强透水	10^{-2}～1	≥100	沙砾-砾石、卵石	含张开度 0. 5～2. 5mm 裂隙的岩体
极强透水	≥1		粒径均匀的巨砾	含张开度＞2. 5mm 裂隙或连通孔洞的岩体

4. 流网

绘制流网是水利水电工程地质分析中常用的方法。在渗流场中某一典型剖面或切面上，可以画出一系列等水头线和流线，由它们组成的网格称为流网。

流线是渗流场中某一瞬时的一条线，线上各水质点在此瞬时的流向均与此线相切。迹线是渗流场中某一时间段内某一水质点的运动轨迹。流线可看作同一时刻水质点运动的摄影，迹线则可看成水质点运动过程的录像。在稳定流条件下，流线与迹线重合。

在均质各向同性介质中，地下水必定沿着水头变化最大的方向，即垂直于等水头线的方向运动，因此，流线与等水头线构成正交网格。

精确地绘制定量流网需要充分掌握边界条件及参数。在实测资料很少的情况下，也可绘制定性流网。尽管这种信手流网并不精确，但往往可以为我们提供许多有用的水文地质信息，是水文地质分析的有效工具。为了讨论方便，在此仅限于分析均质各向同性介质中的稳定流网。

作流网时，首先根据边界条件绘制容易确定的等水头线或流线。边界包括定水头边界、隔水边界及地下水面边界。地表水体边界一般可看作等水头面（河渠湿周是等水头线）。隔水边界应看作流线或流面，水流不能通过隔水边界和流线。地下水面边界比较复杂，当无入渗补给及蒸发排泄、有侧向补给、做稳定流动时，地下水面是流线；当有入渗补给时，它既不是流线，也不是等水头线。

流线总是由源指向汇，因此，根据补给区（源）和排泄区（汇）可以判断流线的趋向。渗流场中具有一个以上补给点或排泄点时，首先要确定分流面或分流线。相对于地质隔水边界，分流面是水力隔水边界。然后，根据流线与等水头线正交规则，在已知流线与等水头线间插补其余部分，得到由流线与等水头线构成的正交网格。这种正交流网，等水头线的密疏说明水力梯度的大小，相邻两条流线之间通过的流量相等，因此，流网的密疏反映渗透流速及流量的大小。

下面以河间地块的信手流网绘制为例说明。一个水平隔水底板、均质各向同性潜水含水层的河间地块，地下水接受均匀稳定的入渗补给，并向两侧河流排泄，两河水位相等且保持不变。绘制流网。在绘制潜水面和表示均匀入渗补给的等间距垂向箭头后，从入渗补给箭头投影到潜水面的点出发，依次绘制流线至两侧河流。绘制等水头线时，先在地下分水岭到河水位之间引出等间距的水平线，再从该水平线与潜水面的交点分别引出各条等水头线。从这张简单的流网图可以获得以下信息：①由分水岭到河谷，流向从自上而下到接近水平，再自下而上；②在分水岭地带打井，井中水位随井深加大而降低，河谷地带井水位则随井深加大而抬升；③由分水岭到河谷流线越来越密集，流量增大，地下径流加强；④由地表向深部地下径流减弱；⑤由分水岭出发的流线，渗透途径最长，平均水力梯度最小，地下水径流最弱。

五、环境水的腐蚀性

环境水主要指天然地表水和地下水。环境水对混凝土的腐蚀性是指环境水所含的特定化学成分对混凝土产生的不同类型的腐蚀，从而降低了混凝土的整体性、耐久性和强度的过程和结果。

为评价环境水对混凝土的腐蚀性而进行的水化学成分分析试验中，除特殊需要外，一般只进行水质简易分析，分析项目主要有K^+、Na^+、Ca^{2+}、Mg^{2+}等阳离子，Cl^-、SO_4^{2-}、HCO_3^-等阴离子，溶于水的侵蚀性CO_2、游离CO_2气体，以及水的酸碱度的重要衡量指标pH值等。

据《水利水电工程地质勘察规范》（GB50487—2008）和《水力发电工程地质勘察规范》（GB50287—2016），环境水对混凝土可能产生的腐蚀性分为以下 3 类：

（1）分解类腐蚀。水中某些化学成分使混凝土表面的碳化层与混凝土中固态游离石灰质溶于水，降低混凝土毛细孔中的碱度，引起水泥结石的分解，导致混凝土的破坏，此为分解类腐蚀，如一般酸性型腐蚀、碳酸型腐蚀和重碳酸型腐蚀。

（2）结晶类腐蚀。由于水中某些离子与混凝土中的固态游离石灰质或水泥结石作用，形成结晶体，体积增大，如生成 $CaSO_2 \cdot 2H_2O$ 时，体积增大 1 倍；生成 $MgSO_4 \cdot 7H_2O$ 时，体积增大 4.3 倍，产生膨胀力而导致混凝土破坏，此为结晶类腐蚀，如硫酸盐型腐蚀。

（3）分解结晶复合类腐蚀。水中含某些弱碱硫酸盐，如 $MgSO_4$、$(NH_4)_2SO_4$ 等，即使混凝土发生分解，又在混凝土中形成结晶体，从而导致混凝土破坏。此为分解结晶复合类腐蚀，如镁离子型腐蚀。

根据上述 3 种腐蚀类型，环境水对混凝土、钢筋混凝土结构中钢筋以及钢结构的腐蚀性判别标准分别如表 2-2、表 2-3 和表 2-4 所示。

表 2-2　环境水腐蚀判定标准

腐蚀性类型		腐蚀性特征判定依据	腐蚀程度	界限指标
分解类	一般酸性型	pH 值	无腐蚀 弱腐蚀 中等腐蚀 强腐蚀	pH＞6.5 6.5≥pH＞6.0 6.0＞pH＞5.5 pH≤5.5
	碳酸型	侵蚀性 CO_2 含量（mg/L）	无腐蚀 弱腐蚀 中等腐蚀 强腐蚀	CO_2＜15 15≤CO_2＜30 30≤CO_2＜60 CO_2≥60
	重碳酸型	HCO_3^- 含量（mmol/L）	无腐蚀 弱腐蚀 中等腐蚀 强腐蚀	HCO_3^-＞1.07 1.07≥HCO_3^-＞0.70 HCO_3^-≤0.70

续表

腐蚀性类型		腐蚀性特征判定依据	腐蚀程度	界限指标
分解结晶复合类	镁离子型	Mg^{2+}含量（mg/L）	无腐蚀 弱腐蚀 中等腐蚀 强腐蚀	$Mg^{2+}<1000$ $1000\leqslant Mg^{2+}<1500$ $1500\leqslant Mg^{2+}<2000$ $Mg^{2+}\geqslant 2000$
结晶类	硫酸盐型	SO_4^{2-}含量（mg/L）	无腐蚀 弱腐蚀 中等腐蚀 强腐蚀	$SO_4^{2-}<250$ $250\leqslant SO_4^{2-}<400$ $400\leqslant SO_4^{2-}<500$ $SO_4^{2-}\geqslant 500$

表 2-3　环境水对钢筋混凝土结构中钢筋的腐蚀性判别标准

腐蚀性判定依据	腐蚀程度	界限指标
Cl^-含量（mg/L）	弱腐蚀 中等腐蚀 强腐蚀	100～500 500～5000 ＞5000

表 2-4　环境水对钢结构的腐蚀性判别标准

腐蚀性判定依据	腐蚀程度	界限指标
pH 值、（$Cl^-+SO_4^{2-}$）含量（mg/L）	弱腐蚀	pH 值 3～11、（$Cl^-+SO_4^{2-}$）＜500
	中等腐蚀	pH 值 3～11、（$Cl^-+SO_4^{2-}$）≥500
	强腐蚀	pH＜3、（$Cl^-+SO_4^{2-}$）任何浓度

六、岩溶

（一）岩溶与岩溶类型

岩溶是可溶盐分布区独有的一种特殊地质作用，在我国广泛分布。由于岩溶的影响，在岩溶区修建水利工程，往往会导致严重的库水渗漏，影响水库的效益和正常使用，是水工建设中需重点考虑的主要工程地质问题之一。

岩溶是水对可溶性岩石进行的以溶蚀作用为主的综合作用以及由这种作用形成的地形地貌现象和水文地质条件的总称，国际上称为喀斯特（karst）。

参与岩溶过程中的营力及其所引起的岩溶作用较为复杂，诸如地下水和地表水的溶蚀和沉淀，地表水的侵蚀、剥蚀和堆积，地下洞穴高压空气的冲爆和低压空气的吸蚀，地下水的机械潜蚀、冲蚀与堆积，地下洞穴的重力崩坍、塌陷与堆积。

可溶性岩石在我国分布十分广泛，其中尤以碳酸盐类岩石分布最广。碳酸盐类岩石分布面积约占我国国土面积的36%，在地表出露面积约占全国国土面积的9.4%，主要分布于广西、贵州、湘西、鄂西、滇东和川东等地。

岩溶作用会形成地表和地下各种地貌形态，如落水洞、漏斗、洼地、溶蚀谷地等。

溶蚀漏斗是一种上大下小的漏斗状或碟状凹地，平面形态呈圆形或椭圆形，直径和深度一般均有数米至十余米。它的底部常有落水洞与地下暗河相通。

落水洞是地表水流入地下的通道，其形态各异，大小不一，有垂直的、倾斜的和弯曲的，主要受裂隙控制。其中直径较大、洞壁近于直立的，称为竖井。

溶蚀洼地是近似圆形或椭圆形的封闭盆状凹地，四周为低山围绕，底部较平坦，其上覆盖着黏性土和碎石。当洼地内发育有落水洞或漏斗时，就可大量吸收地表水。若其通道被堵塞，则可形成岩溶湖。溶蚀洼地进一步发展，则形成规模更大的溶蚀谷（或称为坡立谷）。

溶隙是水流沿岩石的裂隙溶蚀而成，宽度一般小于50cm，形态极不规则，延伸较长且具方向性。

溶孔是孔径小于2cm的溶蚀孔隙，多呈蜂窝状或网格状。

溶洞是地下水对可溶性岩层进行溶蚀和冲蚀而形成的地下洞穴，溶洞规模各不相同，形态也多种多样，如管状、长廊状和大厅状等。若溶洞位于地下水位以下，则形成地下河（暗河）。

石钟乳、石笋、石柱是岩溶洞穴化学堆积的产物。其中，石钟乳生长于洞顶，石笋形成于洞底。当向下长的石钟乳与向上长的石笋连成一体时，即成为石柱。

岩溶地区地表河流有时注入地下，河谷的末端总是为陡崖所阻挡，这种河谷称为盲谷。潜入地下的水流称为伏流。岩溶地区的干涸河谷称为干谷。

山体顶部呈锥状，底部相连的溶蚀峰群称为峰丛，相对高差可达数百米。当山峰上部挺立高大，底部几乎不相连接时，称为峰林。耸立于岩溶地区平原上的孤立山峰称为孤峰，其相对高差一般为50～100m。山体顶部呈浑圆状，相对高差较小的溶丘称为残丘。溶沟是发育在石灰岩表面的沟槽，其宽深不一，常为数厘米到数米，形态各异。沟槽之间凸起的脊称为石芽。若石芽形态高大，坡壁近于直立，成群发育，远观宛若森林的石芽称为石林。如我国云南路南县的石林，部分石芽（柱）高达30m以上。

在工程上，常常按可溶岩的出露条件将岩溶分为裸露型岩溶、覆盖型岩溶和埋藏型岩溶3种类型。

1.裸露型岩溶

可溶岩出露于地表，仅洼地中有零星小片第四纪松散堆积物覆盖。无论地表、地下，岩溶的各种形态均较发育，地表水与地下水能很快地互相转化，地下水位变幅大。我国大部分岩溶均属于此类。此外，如果岩溶岩层以裸露为主，在谷地、大型洼地及河谷附近有较大面积覆盖，则称为半裸露型岩溶。

2.覆盖型岩溶

可溶岩上部大面积覆盖有较厚的（一般为几十米以上）第四纪松散堆积物，其中覆盖厚度小于30m的为浅覆盖。当覆盖较薄时，地表常出露石芽、石针；当覆盖较厚时，若下伏基岩中岩溶强烈发育，则在覆盖层中常形成土洞，在地表形成漏斗、洼地或浅水塘。

3.埋藏型岩溶

可溶岩大面积埋藏于非可溶岩以下，岩溶发育在地下深处，甚至深达千余米的碳酸盐岩中。岩溶形态以溶孔、溶隙为主，也有形成较大洞穴者，如我国四川盆地和华北平原深处的岩溶。

七、岩溶发育的条件及规律

（一）岩溶发育的条件

岩溶是在各种自然条件的共同作用下发生和发展起来的。其中，可溶的透水岩层和具侵蚀性的水流是岩溶发育的基本条件。

1. 岩石的可溶性

可溶性岩石是岩溶发育的物质基础，按其成分可分为碳酸盐类岩石（石灰岩、白云岩和大理岩等）、硫酸盐类岩石和氯化盐类岩石。这三类岩石中碳酸盐类岩石分布最广，并且厚度大，故常见的岩溶现象均分布在这类岩石中。常见碳酸盐岩岩溶发育程度由强到弱为：石灰岩＞白云岩＞硅质灰岩＞泥灰岩。岩石的结构也影响其可溶性，通常晶粒越小相对溶解速度就越大；不等粒结构比等粒结构相对溶解速度大。一般岩层越厚，岩溶就越发育。

2. 岩层的透水性

岩层的透水性是岩溶发育的另一个必要条件。岩层的透水性越高，岩溶发育也越强烈。而岩层的透水性又取决于裂隙和孔洞的多少和连通情况，所以岩层中裂隙的发育情况往往控制着岩溶的发育情况。在断裂交汇部位，由于岩石破碎，裂隙连通性好、透水性强，因而岩溶发育。此外，在地表附近由于风化裂隙增多，有利于地下水的运动，故岩溶一般比深部发育。

3. 水的溶蚀性

碳酸钙在纯水中的溶解度是很小的。水对碳酸盐类岩石的溶解能力主要取决于水中侵蚀性 CO_2 的含量。水中侵蚀性 CO_2 的含量越多，则溶解能力越强。水中 CO_2 的来源主要是雨水溶解空气中所含 CO_2 形成的。土壤和地表附近强烈的生物化学作用也是水中 CO_2 的重要来源之一。当水呈酸性时或含有氯离子（Cl^-）和硫酸根离子（SO_4^{2-}）时，对碳酸盐类岩石的溶解能力也将增强。此外，随着水位的升高，水的溶解能力也将增强。

此外，两种或两种以上已经丧失其侵蚀性的饱和溶液，在岩层中混合后会重新变成不饱和溶液，从而对碳酸盐岩进行新的溶蚀作用，称为混合溶蚀效应。

4. 水的流动性

水的流动性是指水在岩层中的循环与交替情况。它控制了岩溶水的流动途径、交替强度和水动力学特征以及水的化学特性。如果水循环交替条件好，就能不断地将溶解下来的物质带走，同时又不断地补充新的具有侵蚀性的水，因此，岩溶发育速度快；反之，则慢，甚至处于停滞状态。一般在地表附近，水循环交替作用强烈，随着深度的增加，水交替作用变慢，甚至停止。故岩溶在地表及浅部较发育，而随着深度的增加越来越弱。

除上述基本条件外，岩层产状、地质构造、地壳运动以及气候、地形、植被和覆盖层等对岩溶的发育也有很大的影响。

（二）岩溶的发育规律

岩溶的发育受多种因素的控制和影响，不同地区自然条件差别很大，即使在同一地区的不同部位，其水的交替条件和水的溶蚀能力也不完全一样。因此，岩溶的发育和空间分布十分复杂，总体上来讲，在垂向上往往具有分带性，在水平方向上具有不均匀性。

1. 岩溶发育的垂直分带性

地表附近，由于岩石风化裂隙发育，地下水直接受含有大量CO_2的大气降水补给，并沿地表水文网排泄，因此，水的循环交替和溶蚀作用强烈，有利于岩溶的发育。越向地下深处，岩层的裂隙逐渐减少，水循环交替作用变慢，水中侵蚀性CO_2不断消耗，水的溶蚀能力逐渐减小，岩溶发育程度越来越弱。在厚层质纯的可溶岩中，岩溶发育随着深度的增加和岩溶水的运动而变化，其发育特征可分为4个带。

（1）垂直岩溶发育带。位于地表以下、最高地下水位以上，大气降水通过各种裂隙渗入岩层内部后，主要作垂直运动。因此，促使近垂直岩溶形态发育，如溶蚀漏斗、落水洞和竖井等。如遇局部隔水层，也可形成局部水平岩溶形态。该带厚度取决于当地气候与地形条件，最大厚度可达数百米。此带岩溶之间的连通性较差。

（2）水平和垂直岩溶交替发育带。位于地下水最高水位和最低水位之间。地下水位上升时期，地下水呈水平方向流动，而水位下降时期，地下水则作垂直方向运动。因此，这一带的岩溶形态既有垂直的落水洞，也有近水平方向的溶洞，此带厚度取决于地下水位变化幅度，从几米至数十米。

（3）水平岩溶发育带。位于地下水最低水位以下，其下限为地方性侵蚀基准面（如河水或河床底部附近）。该带地下水主要作水平方向运动，大量的溶洞、暗河、地下湖泊等都产生于此带。此外，河谷底部减压带水流自下向上排泄于河床之中，因此，在河床下部可有呈放射状的岩溶分布。

在河床和两岸洪枯水位变动带以下岩溶地下水循环带内的岩溶称为河谷深岩溶。在此带以上则称为浅部岩溶。有人将河床和暗河底部以下的岩溶称为谷底岩溶。在水利水电工程中常遇到这种类型的岩溶，它对工程的稳定和渗漏可造成较大的影响，并常是设计防渗帷幕下限的决定因素。河谷深岩溶的形成主要受地层岩性、地质构造及地下水循环运动的控制。质纯的碳酸盐岩、断层破碎带、向斜轴部及地下水循环良好的地区常有河谷深岩溶发育。例如，乌江渡水电站坝址发育的深岩溶就是在三叠纪较纯的玉龙灰岩（T21）中分布有一断层（F20），在地下水渗透穿过的位置处，形成了两个较大的溶洞。其中K104洞在河水面以下105m，洞高34. 6m；K37洞在河水面以下220m，洞高9. 35m。都对坝基稳定和渗漏有不良影响。

河谷深岩溶多为小型洞穴、溶孔，一般高几厘米至2m，据20个工程统计，在1154个洞穴中仅有12个高度达5m。洞穴埋深一般在30～80m，少数超过100m。最深的是黄河万家寨坝址右岸，达470m。河谷深岩溶洞穴中常有砂、砾石及黏土充填，大约有65%以上为全充填，35%以下为半充填或无充填。

（4）深部岩溶发育带。在水平岩溶带以下，地下水的流动方向不受当地侵蚀基准面的影响。水循环交替在地质构造的控制下向更远更低的区域运动。由于埋藏较深，水循环交替缓慢，故岩溶发育很弱，其形态多为溶隙和溶孔。

这一带的岩溶也称为区域深岩溶。我国北方地表浅部岩溶远不如南方发育，但在一些地区区域深岩溶相当发育，以致带来复杂的水文地质问题。如1984年开滦范各庄煤矿深部岩溶塌陷造成特大涌水，涌水量达12300m^3/h。由于区域深岩溶埋深较大，地下水溶蚀能力降低，所以规模通常较小，分布也不广，故对水利水电工程的影响较河谷岩溶小。

区域深岩溶的发育和分布规律也受质纯的碳酸盐岩、地质构造（特别是向斜构造）以及深部循环水的控制，发育深度一般为1000～2000m，最深可达3000m，如贵州安龙参兴矿井深达2900m以下，在海平面以下1482m。

上述岩溶垂直分带现象是有局限性的，一是仅在厚层质纯的碳酸盐岩中表现明显，在成层条件复杂地区，由于不透水层的隔水作用，因而不一定存在。二是仅适用于峡谷型河谷的浅部地区。对于深部的岩溶不一定都是发育微弱的溶孔、溶隙，由于深部承压水的循环，也可发育有强烈的、规模较大的岩溶现象。三是适用于近期发育的岩溶，而不能包括地壳变动幅度较大的古岩溶（古近纪以前形成的）。例如天津的地下热水，主要赋存于海平面以下1300m的奥陶纪灰岩的洞穴中。又如广西来宾市合山煤田，在-700m标高处仍有溶洞发育等。

2. 岩溶分布的不均匀性

岩溶发育的不均匀性往往是由于其发育分布地带主要受多种因素控制，而这些因素在不同位置差异较大，因而导致其分布的不均匀。

（1）岩溶分布受地质构造控制。断层和裂隙是地下水在岩层中流动的良好通道，特别是区域性断裂，对岩溶发育常起控制作用。例如辽宁观音阁水库，坝址为寒武纪石灰岩，右岸有20多条断层，地表溶洞有53个。据39个钻孔统计，共钻到溶洞达90个之多，仅F8断层就遇到30多个，并呈串珠状分布。

另外，褶皱与岩溶关系也十分密切。褶皱的核部和转折端部位因为多是张性裂隙，常常是岩溶最发育的地带，而褶皱的翼部岩溶发育微弱。

（2）岩溶分布受岩层及其组合控制。岩层组合是指可溶岩层与非可溶岩层的比例和互相组合关系。岩溶的发育与否与岩层的组合类型十分密切。质纯厚层的石灰岩层岩溶发育，并且比较均匀。如我国北方主要发育在寒武系、奥陶系灰岩中，南方则主要是寒武系、奥陶系、石炭系、二叠系及三叠系的石灰岩中。在可溶岩和非可溶岩互层地带，由于非可溶岩起阻水作用，有利于地下水在其上部聚集和流动，因此常常在分界面的上部形成集中的岩溶带。

（3）溶洞发育受地壳活动的控制。岩溶的发育与地壳的升降运动有关。当地壳处于稳定时期，饱水带中的地下水进行着旁侧溶蚀和机械侵蚀，可以发育成规模巨大和数量众多的水平溶洞和地下暗河，形成一个近于水平的溶洞层。当地壳上升时，地下水位和饱水带的位置相对下降，这时原来已形成的溶洞层就相对上升。如果后来地壳又处于暂时稳定时期，则在新的饱水带中形成一层新的溶洞。反之，当地壳下降时，已形成的溶洞层即下降到地下深处，而在上部又会形成新的溶洞层。这样，由于地壳的多次变动，在一个地区可形成不同高程的若干层溶洞。

因此，在很多地区可以看到溶洞成层出现。例如，桂林地区漓江河床以上有 4 层溶洞分布，有时在河床以下也有成层的溶洞存在。溶洞成层分布的现象和层数的多少主要取决于地壳活动的情况。

3. 岩溶发育程度分级

在岩溶地区进行工程建设时，为了能对工程场地和地基的岩溶发育程度作定性的评价，通常可根据该地区的岩溶现象、岩溶密度（每平方千米内的岩溶洞穴个数）、钻孔岩溶率（单位长度内溶隙、溶孔、溶洞所占长度的百分率）以及暗河与泉的流量作为划分岩溶发育程度的指标，分为极强、强烈、中等及微弱 4 个等级。

表 4-6　岩溶发育程度分级表

岩溶发育程度	岩溶层组	岩溶现象	岩溶密度（个/km²）	最大泉流量（L/s）	钻孔岩溶率（%）
极强	厚层块状石灰岩及白云质灰岩	地表及地下岩溶形态均很发育，地表有大型溶洞，地下有大规模的暗河，以管道水为主	＞15	＞50	＞10
强烈	中厚层石灰岩夹白云岩	地表有溶洞、落水洞、漏斗、洼地密集，地下有较小暗河，以管道水为主，兼有裂隙水	5～10	10～50	5～10
中等	中薄层石灰岩、白云岩与不纯碳酸盐岩或碎屑岩呈夹层、互层	地表有小型溶洞、漏斗，地下发育裂隙状暗河，以裂隙水为主	1～5	5～10	2～5
微弱	不纯碳酸盐岩与碎屑岩呈互层或夹层	地表或地下多以溶隙为主，有少数漏斗、落水洞和岩溶泉，发育以裂隙为主的多层含水层	0～1	＜5	＜2

八、河谷岩溶水动力类型

在岩溶河谷区，水动力条件主要取决于河谷岩溶水文地质结构和地表水与地下水的相互作用。结合水利水电工程实际，按河水与地下水的补排关系，可将岩溶区河谷水动力条件划分为 5 种类型，如表 2-7 所示。

表 2-7　河谷岩溶水动力条件基本类型表

河谷水动力类型	剖面图式	水动力特征	形成条件	实例
补给型		两岸地下水补给河水	①河谷就是当地的或区域的最低排水基准面；②河谷的岩溶层不延伸到邻谷；③两岸有地下水分水岭	乌江渡、天生桥、猫跳河大部分河段、隔河岩等
补排型		河流的一侧地下水补给河水，另一侧却是河水补给地下水，向下游或邻谷排泄	一侧有地下水分水岭。另一侧有岩溶层延伸到低邻谷，且无地下水分水岭	黄河万家寨河段、贵州红岩电站库区、云南绿水河、齐齐河、以礼河披戛河段
补排交替型		洪水期，地下水补给河水；枯水期，河水从一侧或两侧补给地下水，向外排泄	①两岸和河床岩溶发育，且有较近期发育的岩溶管道通往比本河段更低的排水基准面；②本河段地下水位变动幅度大，洪水期为补给型河谷，枯水期为排泄型河谷	篆长河高桥河段
排泄型		河水从两岸向外排泄，补给地下水	①两侧有低邻谷，并有岩溶层延伸分布，且无地下水分水岭；②两岸有强岩溶带或岩溶管道顺河通向下游，地下水位低于河水位	怒江明子山水岸、窄巷口电站水库
悬托型		河床处，地下水位埋藏在河床以下深处，地下水与河水完全脱离分开，两者无直接水力联系	①河床岩溶发育，透水性强；②岩溶地下水排水基准面低；③河床表层透水性强。此种类型多见于高原河谷	水槽子河段、罗平大于河湾子河段、漆水河羊毛湾河段、石川河桃曲坡河段、泾河动庄河段

第三章　水利水电工程整治加固措施

在水利水电工程建设中经常会遇到各式各样的工程地质问题，因此进行整治加固是必不可少的，处理得好坏关系到水利水电工程的安危成败。由于工程地质条件与工程地质问题复杂多样，整治加固措施也多种多样。例如，对于岩石坝基，为提高坝基抗滑稳定性，应视情况采取开挖、灌浆、排水等处理措施，对断层破碎带及软弱夹层可以进行各种专门的处理；为提高拱坝坝肩的稳定性，也需要采取一些相应的工程措施。对于松散土体坝基，应进行坝基处理，以达到防渗、提高稳定性等目的；若为湿陷性黄土地基，还应采取相应的处理措施；对于水工边坡、地下硐室等工程，需要采取一系列的支护加固措施等等。本章将就一些常用的整治加固措施进行介绍。

第一节　岩体坝基处理

在任何地区，都无法找到十分新鲜完整、没有任何缺陷的基岩作为大坝的地基。加上各种坝型还有不同的结构要求，因此，岩基处理十分必要。同时，岩基处理的大部分工作是在围堰基坑内与洪水抢时间的紧张斗争中完成，既要快速施工，又要认真细致，确保质量，这就使岩基处理的重要性和紧迫感更加突出。

岩基经过处理后，一般要达到下列要求：①有足够的抗压强度，以承受坝体的压力；②具有整体性、均匀性，以维持坝基抗滑稳定性，不致产生过大的不均匀沉陷；③增强坝体与基岩面及各岩基面之间的抗剪强度，防止坝体滑移。④增强抗渗能力，维持渗透稳定。⑤增强两岸山体稳定，防止塌方或滑坡危及坝体安全。⑥有足够的耐久性，在水的长期作用下不致恶化。

岩基处理的主要方法有开挖、灌浆、排水等，另外还经常需要对断层破碎带及软弱夹层进行专门处理，对坝肩岩体进行整治以提高坝肩岩体的性能。

一、开挖

开挖是岩基处理中最常用的方法，开挖的目的主要有：①清除各种不能满足要求的软弱岩（土）体，如风化层、覆盖层、断层破碎带和影响带及软弱夹层等；②满足各种形式坝体的结构要求或特殊要求。下面就开挖设计中的几个基本方面进行讨论。

（一）开挖深度

开挖深度应参照基岩利用等高线图来确定，主要满足水工建筑物的结构要求，也考虑施工的便利与经济。高坝应建在新鲜或微风化岩体之上，中坝宜挖到微风化或弱风化下部的基岩，在两岸地形较高部位的坝段，利用基岩的标准可比河床部位适当放宽。

（二）开挖坡度

基岩面的上下游高差不宜过大，并尽可能使其向上游倾斜。由于地形、地质条件限制而倾向下游或高低悬殊时，宜挖成大台阶状，台阶的高差应与混凝土浇筑块的大小和分缝位置相协调，并和坝址处的混凝土厚度相适应。

在平行坝轴线方向上，基坑应尽量平缓，或开挖成由足够宽度平台组成的台阶，或采取其他结构措施，以确保坝体侧向稳定。

（三）表面处理

岩基表面上影响基岩与混凝土结合的附着物，如方解石、氧化铁（黄锈）、钙质薄膜等均应清除干净。对特别光滑的岩面、节理面要凿毛处理。残留的孤立岩块、尖锐楞角要打掉。有反坡的应尽量修成正坡，避免应力集中。

开挖结束后要全面冲洗并检查。

（四）基坑边坡

基坑临时边坡开挖时，应先清除上部不稳定岩体或危石，切忌先挖坡脚。对高边坡更要随时注意安全及检查，发现不稳定先兆应立即加固处理。

（五）开挖方法

坝基开挖一般不采用大爆破，而使用小型爆破。大面积开挖或软弱易风化、崩解岩体的开挖要注意预留保护层。实践证明，喷水（充水）保护的效果最好。也可以喷混凝土，涂沥青，铺筑细砾石反滤料，然后上盖小砾石，覆盖湿黏土。新鲜完整岩体一般预留 1～2m 厚的保护层，也可以少留或不留，软弱岩体则要多留一些。离保护层 20cm 内，用撬挖清理的方法，将松动、震裂、捶击有哑声的岩块予以清除。

预裂爆破是经常使用的爆破技术，利用岩体抗拉强度小于抗压强度的特性，采用爆破方法造成预裂缝，这样可以阻隔或减弱震动波，容易爆破成预想的形状。

对形状要求较高的基础歼挖可使用光面爆破。爆破孔沿设计轮廓线布置，隔孔装药，采用电力一次起爆，爆破厚度不宜超过 50cm，软弱岩体要留 5cm 的保护层。

（六）软弱岩层的清除

对断层破碎带、软弱夹层等，一般均要开挖清除。当软弱带的倾角较缓时，可以采用洞挖、斜井挖等方法。遇到规模较大、情况复杂的软弱带时，需进行专门处理。

二、灌浆

运用液压、气压或电化学原理，通过注浆管把浆液均匀地注入岩土体中，浆液通过填充、渗透、挤密等方式，赶走岩石裂隙或土颗粒中的水气后占据其位置，硬化形成结构新、强度大、防水性能高、化学稳定性良好的结石体的方法，称为灌浆。

灌浆所用的浆液大多由水泥、黏土、沥青以及它们的混合物制成，其中采用最多的为纯水泥浆、水泥黏土浆和水泥砂浆。水泥浆的水灰比一般为0.6～2.0，常用的水灰比是1:1。为了调节水泥浆的性能，有时可以加入速凝剂或缓凝剂等附加剂。常用的速凝剂有水玻璃和氯化钙，其用量约为水泥重量的1%～2%。常用的缓凝剂有木质碳酸钙和酒石酸，其用量约为水泥重量的0.2%～0.5%。

根据灌浆的目的不同，可分为固结灌浆和帷幕灌浆。有时还采用化学浆液进行灌浆，称为化学灌浆。下面分别对固结灌浆、帷幕灌浆和化学灌浆作一简单介绍。

（一）固结灌浆

固结灌浆可以改善岩土体的力学性能，提高弹性模量（表3-1），增进岩体的整体性和均一性，减少变形和不均匀沉陷。同时，还可以加强帷幕的防渗效能。固结灌浆的特点是广、浅、密。

表3-1　灌浆前后岩体变形模量变化

坝名	岩性	E（GPa）			E_0（GPa）		
		灌浆前	灌浆后	增长率（%）	灌浆前	灌浆后	增长率（%）
毛家村	玄武岩	10	15.2	50～100			
	破碎玄武岩	7.9	7.92	0	1.91	2.74	43
	半风化玄武岩	2.29	2.29	0	1.08	1.73	60
白山	角闪斜长岩脉	5.2～9.6	5.8～1.47	12～53	2.8～3.6	2.1～10	0～177
新丰江	新鲜花岗岩	20.8～31	30.1	44	16.9～27.3	29.2	6～72
	微风化花岗岩	26.1	37.1	42	25.6	34.3	33
	裂隙发育花岗岩	7.3	10.9	49	6.4	10.1	57
石门	强风化云母石英片岩与石英岩	7.3～14.2	17～22.4	13.4～58.5			
	弱-微风化云母石英片岩与石英岩	21.1	24.4	15.6			

1.灌浆范围

在坝基岩土体性质普遍较差，而坝又较高时，往往进行全面固结灌浆。当基础岩体较好时，只在坝基的上、下游应力大的部位进行固结灌浆。对裂隙发育、岩体破碎和泥化夹层集中的地区要着重进行固结灌浆。拱坝两端坝肩拱座基础要加强固结灌浆。

2.灌浆孔深

一般采用浅孔，孔深5～8m。国外中型坝孔深在10m以内，高坝在20m以内。

3.灌浆孔距、排距

孔距和排距主要依据岩石的透水性和可灌性来确定，一般为3～4m。根据地质条件的差异，可以适当加密或放宽。进行固结灌浆时要分片围堵，逐步加密。孔位布置成梅花形、六角形、方格形、三角形或三角链锁形等。梅花形与六角形可以多次序插补加密，因此较为常用。

4.灌浆孔

固结灌浆孔一般是铅直孔。当岩层倾斜或为了穿过较多高倾角的裂隙时，最好采用斜孔。孔径一般为55～68mm，可采用风钻打孔。

5.灌浆压力

固结灌浆的压力以不掀动基础岩体为原则，尽量取较大值，通常通过灌浆试验确定。一般无混凝土盖重时，灌浆压力为200～400kPa；有混凝土盖重时，灌浆压力为400～700kPa。

灌浆前，对岩体中的裂隙应冲洗干净。若裂隙中充填有黏土等杂质时，冲洗干净是保证固结灌浆质量的关键。

（二）帷幕灌浆

帷幕灌浆的主要作用是：①减少坝基和绕坝渗漏，防止其对坝基及两岸边坡稳定产生不利影响；②在帷幕和坝基排水的共同作用下，使帷幕后渗透压力降至允许值之内；③防止在软弱夹层、断层破碎带、岩石裂隙充填物以及抗水性能差的岩体中产生管涌。

帷幕灌浆是最常用的、效果可靠的岩基防渗处理措施。其特点是钻孔较深，呈线型排列，灌浆压力也较大，帷幕多由1～3排灌浆孔组成，一般在水库蓄水前完成主帷幕。灌浆材料一般采用水泥，在必要时使用化学材料。

1.防渗帷幕的深度

防渗帷幕的深度可以根据下列原则确定：

（1）当坝基下存在明显的相对隔水层时，一般情况下，防渗帷幕应伸入到该岩层内3～5m；不同坝高的相对隔水层的单位吸水量值标准如表3-2所示。

（2）当坝基下相对隔水层埋藏较深或分布无规律时，帷幕深度应参照渗流计算和已建工程经验确定，通常可在0.3～0.7倍坝高范围内选择；局部裂隙渗漏严重地区应予加深。两岸与河床帷幕界线应保持连续、渐变过渡，不要有太大起伏。

2.防渗帷幕两岸延伸长度

防渗帷幕两岸延伸长度可以根据下列原则确定：

（1）与相对不透水层相连，从坝前正常高水位起计算其延伸长度。

（2）当地下水位坡降较大，可从正常高水位与地下水位交点计算延伸长度。

（3）无完整的相对隔水层，地下水位较平缓，不能满足上述要求时，可根据流网计算，在允许渗漏量、控制允许坡降和扬压力的条件下设计帷幕长度。

（4）按式（3-1）确定。

$$S=H/3+C \tag{3-1}$$

式中：S——自岸边至帷幕终点距离（m）；

H——承受水头（m）；

C——经验值（m）。当H<100m时，C=8～23m；当H>100m时，C=15～45m。

3.防渗帷幕的厚度

根据工程地质条件、作用水头及灌浆试验资料选定灌浆孔的排数，一般按坝高考虑，中、低坝为1～2排，高坝为2～3排。当裂隙密集并有充填或有软弱夹层时，适当增加排数。

单排孔的幕厚为 0.7～0.8 倍孔距，双排孔为孔中心距加 0.6～0.7 倍边排孔的孔距。幕厚的设计应通过幕后剩余水头计算允许水力坡降确定。一般规定，当幕厚＜1m 时，允许水力坡降为 10；幕厚 1～2m 时，允许水力坡降为 18；幕厚＞2m 时，允许水力坡降为 25。

根据岩体单位吸水量确定允许水力坡降（表 3-3），与实际水力坡降对比，如不安全，再加宽帷幕。

4.防渗帷幕的孔距

孔距取决于灌浆孔的扩散半径，其确定原则是使各孔的灌浆范围相互搭接。一般根据水头、基岩孔隙率和现场试验确定，约等于单孔灌浆影响半径的 1.6～1.8 倍，为 2～4m。

表 3-2　相对隔水层的单位吸水量标准

单位吸水量（L/min・mm）	允许水力坡降
＜0.05	10
＜0.03	15
＜0.01	20

表 3-3　允许水力坡降的确定

单位吸水量（L/min・mm）	要求的单位吸水量（L/min・mm）
＞70	＜0.01
30～70	0.01～0.03
＜30	0.03～0.05

孔距也可以用式（3-2）确定：

$$R=\sqrt{2Kt\frac{u_1\sqrt{Hr}}{nu_2}} \tag{3-2}$$

式中：K——灌浆前岩石的渗透系数（m/s）；

n——灌浆前岩石的孔隙率；

u_1、u_2——水和水泥浆的运动黏滞系数；

t——灌浆的持续时间（s）；

H——灌浆压力（MPa）；

r——灌浆孔的半径（m）。

5.灌浆孔的方向

灌浆孔方向应尽可能多地穿过裂隙面，在河床部位，如果主要裂隙的倾角较平，最好采用垂直钻孔；如裂隙倾角较陡而倾向下游，也可将钻孔稍许倾向上游。但钻孔角度过缓（小于 75°）时施工不便，质量难以保证。特别是深孔，方向稍有偏离，将会影响到深部帷幕不能形成连续的整体。

6.帷幕灌浆的压力

通过试验来确定。在帷幕表层段不宜小于 1～1.5 倍坝前静水头，在孔底段不宜小于 2～3 倍坝前静水头，但以不破坏岩体为原则。帷幕灌浆必须在坝体浇筑一定高度后施工，可利用混凝土作为盖重。

（三）化学灌浆

化学灌浆是一种将化学材料制成的浆液灌入细微裂隙，经胶凝固化后起堵漏、防渗作用的技术措施。优点是可灌性比水泥灌浆好，可灌入 0.1mm 以下的细微裂隙或粒径小于 0.1mm 的粉砂层，具一定的黏结强度。对坝基断层带、节理密集带、粉细砂层大量渗水的处理以及在动水压力下堵漏，均可收到良好效果。缺点是在配制浆液或灌浆过程中有一定毒性，当地下水温太低或被水稀释而不聚合时，反应物被析出，会污染环境。

目前，我国已经比较广泛地应用在大坝基础防渗处理上面的是丙凝灌浆。有的工程采用丙凝灌浆来处理坝基渗漏，还多将甲凝灌浆、环氧树脂灌浆用于坝体混凝土裂隙的补强处理。对聚氨酯（氰凝）等新型灌浆材料也有一定应用。

1.丙凝

水溶性好，黏度低，防渗性强，聚合时间可准确控制，用于岩基防渗处理效果显著。但凝胶体的抗压强度低，固结砂的抗压强度只有 0.5MPa，不适用于补强或固结灌浆。

2.丙强

丙强是在丙凝基础上发展起来的，主要以脲醛树脂与丙凝混合而成。丙强浆液及其聚合体兼具丙凝和脲醛树脂的优点，克服了脲醛树脂的抗渗性能差和丙凝强度低的缺陷，因此，具有防渗和固结的双重作用。

3.甲凝

以甲基丙烯酸甲酯为主体，加入引发剂等组成。黏度低，可灌性好，渗透力很强，硬化时间可以控制，聚合后的强度和黏结力很高，适用于岩体内细裂缝的补强处理。

4.环氧树脂

环氧树脂是以环氧树脂为主体，加入一定比例的固化剂、稀释剂等混合而成。能灌入宽 0.2mm 的裂隙，硬化后黏结强度高（可达 1.4～1.9MPa），收缩性小，稳定性好，常温固化。在抗渗、抗冲、抗气蚀方面也有良好效果。对一般缝隙均有黏合力，但缝内如有夹泥层则效果较差，用以加固岩石裂缝效果较好。

5.聚氨酯（氰凝）

氰凝防渗堵漏能力强，遇水不被稀释或冲走，固结强度较高，固结砂的抗压强度大都在 13MPa 以上，可进行单液灌浆，操作简便。对断层破碎带性能的改进有较好效果。

三、排水

对于良好的坝基，在帷幕下游设置排水设施，可以充分降低坝基渗透压力并排除渗水。对于地质条件较差的基础，设置排水孔应注意防止管涌。

坝基排水设施一般设置一排主排水孔。对能充分利用排水作用的基础，除设主排水孔外，高坝可设辅助排水孔 2～3 排，中坝可设辅助排水孔 1～2 排，必要时可沿横向排水廊道或宽缝设置排水孔。

主排水孔的位置一般设在基础灌浆廊道内防渗帷幕的下游，在坝基面上排水孔与帷幕孔的距离不宜小于 2m。辅助排水孔常设在基础纵向排水廊道内。

主排水孔孔距一般为 2～3m，辅助排水孔则为 3～5m。主排水孔的深度一般为防渗帷幕深度的 0.4～0.6 倍，高、中坝的坝基主排水孔的深度不应小于 10m。辅助排水孔的深度一般为 6～12m。

为降低岸坡部位渗透压力，保证岸坡稳定，一般在岸坡坝段的坝体内设横向排水廊道，并向岸坡内钻设排水孔和设置专门排水设施，使渗水尽量靠近基础面排出坝体外，必要时可在岸坡山体内设排水隧洞，并钻设排水孔。

当排水孔的孔壁有坍落危险或排水孔穿过软弱夹层、夹泥裂隙时，应采取相应的保护措施，既保证排水效果，又避免恶化地基的工作条件。

排水孔内应投放反滤料，防止管涌。

四、断层破碎带及软弱夹层的处理

断层破碎带及软弱夹层一般都充填有一定厚度的各种各样的构造破碎产物，也称为软弱带。软弱带通常强度低、易变形、透水性大而抗水性差，与两侧岩体的物理力学特性有显著的差异，必须进行专门处理。例如，龙羊峡水电站拱坝左右坝肩共发育 8 条较大规模的断裂构造，断裂带宽度较大（一般 3～8m），且很集中，有较厚的泥质充填物，岩体强度较低。为确保大坝的安全，对各条断层都进行了专门的处理。

由于地质构造的原因，不论工程规模的大小，几乎没有一个工程不遇到软弱带处理的课题。国内外大量的水电工程建设既积累了丰富的经验，也吸取了深刻的教训。

软弱带的处理主要是补强与防渗。具体包括以下几项基本要求：①使软弱带具有与两侧坚硬岩石相近似的弹模和足够的强度，在坝体承受最大荷载时不致产生过大的应力集中，并使软弱带的绝对沉陷量和相对沉陷量都限制在允许范围内，防止大坝因不均匀沉陷而造成破坏；②增大软弱带的抗剪强度，防止坝基岩体沿软弱带发生剪切破坏；③减弱软弱带的透水性和增强其抗水性能，防止在蓄水后沿软弱带渗透产生过大扬压力，防止渗流使软弱带组成物质软化而引起强度进一步降低，防止发生管涌。

处理软弱带的主要方法有开挖回填、混凝土塞（拱）、钢筋混凝土垫层（梁）、防沉井与防渗井、锚固及封闭等。

（一）混凝土塞（拱）

采用混凝土塞加固的基本设想是通过塞的作用，将坝体应力传至破碎带两侧的坚硬岩石上。设计时，假定塞子是两端固定的梁，将坝体的铅直应力作为荷载，不考虑坝体刚度的影响。显然，当梁的荷载一定时，梁越深，梁底的沉陷或拉应力越小。

（二）锚固

利用穿过软弱结构面深入至完整岩体内一定深度的钻孔，插入钢棒、钢索、预应力钢筋及回填混凝土，借以提高岩体的摩阻力、整体性与抗剪强度。如法国卡斯特朗拱坝，坝高100m，坝基为裂隙发育的灰岩，右岸有大量软弱带，处理时用20多根钢索将岩石锚固。我国双牌水电站坝基经多年运行后，发现第6墩与第7墩间夹层有局部淘空现象，渗漏量增多，夹层泥化，采用了预应力锚固方案。预应力钢索锚固孔200个，孔距3m，孔径110～230mm，钻孔深入第5层夹层以下8～10m，深达25～30m，每孔预加力200t，取得良好效果。

（三）防沉井与防渗井

当软弱带的倾角较缓时，沿软弱带倾斜方向，每隔一定距离打斜井回填混凝土用以支托上盘岩石，这时上盘岩层好似一个大跨度的梁，每个井都是一个支承点，跨度减小，防止沉陷。同时，防止沿软弱面剪切而错动。

由于软弱带中的泥质充填物难以冲洗，灌浆效果不好，因此在软弱带所通过的帷幕部位上，循帷幕线在断层倾斜方向的铅直投影上开挖防渗井，其深度满足渗透压力要求，与帷幕组成一个整体，将防渗井与防沉井结合起来使用，可以取得较好的效果。

新安江工程坝基内有F_1和F_3两条断层，破碎带最宽1.5～2.0m，但倾角较缓。右坝头还有两层1～2m厚的页岩，风化剧烈，质地松软，力学强度低。采用了防沉井、防渗井的处理措施，在第三坝段厚层页岩内设置3个防沉井，F_1断层设置3个防沉井，F_3断层设置4个防沉井。另外，在断层F_1和F_3处共设4个防渗井，处理效果良好。

（四）开挖回填

对于倾角较陡的断层破碎带，或埋藏较浅的软弱夹层和倾角较平缓的断层破碎带，或规模不大的断层破碎带，都应当在适当的深度内将软弱带及其两侧风化岩石挖除，或挖至较完整岩体，回填混凝土等材料。

（五）钢筋混凝土垫层

钢筋混凝土垫层适用于范围不明确且宽度较大的断层带，可以解决不致因拉应力而严重开裂问题，但对防止不均匀沉陷作用较小，且计算困难，使用钢筋较多，一般只作为用来改善坝基应力条件的辅助措施。

（六）封闭

当软弱夹层埋藏较深，难以挖除，且该处地基应力不大，不致因有软弱夹层存在而滑动时，可以采用封闭的方法。如法国日埃尼西河坝和印度巴克拉坝即采用了此方法。

根据新中国成立以来的大量实践，最广泛应用的方法是用混凝土塞加固，辅以相应的防渗措施；其次是采用防沉井与防渗井、锚固等方法；而大多数情况下都是几种方法综合应用，风滩空腹重力拱坝坝肩断层的处理便是如此。

风滩空腹重力拱坝坝高 112.5m，左坝肩有较单薄的三角面山体，坝肩为长石石英砂岩及砂岩。坚硬岩层中有多层泥化夹层，并以 33°～39°的倾角倾向河床偏下游，发育有北西向断层 F_{21}、F_1、F_{23}、F_{25}、F_{100}、F_{14} 等。

断层处理采取了深挖清除、混凝土塞、固结灌浆、防渗帷幕和排水等综合措施。深挖清除的目的是挖除影响深层稳定的软弱夹层和 F_{23}、F_{25} 组合的上部岩体，最大垂直挖深为 38m，水平挖深为 45m。采用混凝土塞，对 F_{22}、F_1、F_{23}、F_{25} 10°夹层沿走向刻槽回填混凝土塞，F_1、F_{100} 采用混凝土井塞。灌浆帷幕采用帷幕孔两排，排距 1m，孔距 3m，孔深一般为 40m，最大深度为 96.5m，在泥化夹层处的两排水泥灌浆帷幕中间加一排化学灌浆孔。排水孔设置一排，斜孔孔距 6m，孔深为帷幕深的 2/3，排水孔在夹层处设置反滤花管。坝基和坝肩岩体中设排水洞 3 条，洞内钻设放射状排水孔。

五、提高拱坝坝肩稳定的工程措施

由于拱坝对坝肩岩体的稳定性要求甚高，因此当坝肩岩体性质较差、坝肩抗滑稳定性达不到要求时，需对坝肩岩体采取工程措施以提高其稳定性，满足设计要求。除可以采用固结灌浆、排水减压外，另外还有几种常用的工程措施，介绍如下。

（一）坝端嵌入基岩

为使坝肩与岸坡牢固连接，应将坝端嵌入到基岩一定深度内，且要求接头处的基岩新鲜、坚硬、完整。

（二）处理易滑软弱结构面

对坝肩岩体中的易滑软弱结构面（带），必须进行严格的处理，主要措施有：

1.开挖回填

以多层平洞或竖井将软弱层（破碎带）挖除，然后回填混凝土。

2.支撑加固

在可能滑移体下游修建挡墙和支撑柱，或用预应力锚杆（锚索）锚固。

3.修建传力墙

通过修建传力墙，可使拱的推力大部分传入到深部稳定岩体中，以保证岸坡附近易滑岩体的抗滑稳定性。

（三）改变建筑物结构也是常采取的措施

主要包括：①布置拱圈时，尽量使坝的水平推力合力方向垂直于主要结构面的走向，以减小滑移力而增加抗滑力；②当地形不对称时，在较低矮一侧修建重力墩或支挡墙等，以增加坝肩支撑力；③若河谷两岸的地质条件对修建拱坝不尽圆满，也可考虑修建重力拱坝，将一部分荷载由坝基承担。

六、工程实例

（一）工程概况

小浪底水利枢纽位于河南省洛阳市以北约 40km 的黄河干流上，坝址上距三门峡水利枢纽大坝130km，下距郑州京广铁路大桥115km，控制流域面积69.4×10^3 km^2，占黄河流域总面积的92.2%。工程位于黄河中游最后一段峡谷的出口，处于承上启下、控制黄河水沙的关键部位，是黄河中游三门峡水库以下唯一能取得较大库容的坝址。1994年9月主体工程开工，2001年12月完工。兼有防洪、防凌、减淤和发电、灌溉、供水等综合效用。既可控制黄河下游洪水，又可利用其库容拦蓄泥沙，长期进行调水调沙，减缓下游河床淤积抬高，为综合治理黄河赢得宝贵时间，在治理开发黄河的总体布局中具有重要的战略地位。

（二）枢纽总体布置

黄河小浪底水利枢纽最高蓄水位275m，大坝高154m，总库容126.5×10^8 m^3，是黄河三门峡以下唯一可以取得较大库容的、治黄战略地位十分重要的工程。枢纽由斜心墙堆石坝、孔板消能泄洪洞、排沙洞、明流泄洪洞、正常溢洪道、北岸灌溉洞以及装机容量180×10^4 kW的引水式电站等建筑物组成，枢纽为1等工程，主要建筑物为1级建筑物，采用千年一遇洪水设计，可能最大洪水用万年一遇洪水校核。

（三）坝址工程地质条件及其处理

1.坝址工程地质条件

黄河小浪底工程拦河大坝坝高154m，坝顶高程为281m，坝顶长1666.29m，坝体填筑总量为5185×10^4 m^3，开挖总量为750×10^4 m^3。小浪底大坝有三个主要特点：一是采用了以垂直防渗为主、水平防渗为辅的双重防渗体系；二是右岸滩地设计了目前我国最深的混凝土防渗墙，最大造孔深度达81.90m，墙厚1.2m；三是大坝体积大，总填筑方量为5185×10^4 m^3，成为我国目前大坝填筑方量最大的当地材料坝。

小浪底坝址河床存在深厚覆盖层，有较强透水性，且河床坝基岩层不仅夹有中厚层或厚层软岩，还有泥化夹层，抗剪强度低。大坝坐落在深达80m左右的覆盖层上，河床深覆盖层大致分为表砂层、上部沙砾石层、底砂层和底部沙砾石层，左岸基岩岩性以砂岩为主，右岸基岩以黏土岩为主，砂岩与黏土岩呈互层分布。两岸山体岩性均倾向下游，且岩层之间泥化夹层较为发育，对坝体及山体稳定极为不利。坝址附近有丰富的土石料，所以拦河坝只宜采用当地材料坝。经多种方案的比较，最后采用带内铺盖的斜心墙堆石坝，以垂直混凝土防渗墙为主要防渗幕，并利用黄河泥沙淤积作天然铺盖，作辅助防渗防线，以提高坝基的防渗可靠性。

小浪底工程 F_1 断层位于右岸坡脚下，走向与河流方向一致，倾向北，倾角 80° 左右，断距达 200m，断层带宽度变化幅度大。

2.坝基处理

（1）河床砂卵石覆盖层处理。河床砂卵石覆盖层采用混凝土防渗墙截渗，墙厚 1.2m，插入斜心墙的高度为 12.0m。为改善墙顶周围土体的应力状态，墙体上部做成高 3.5m、顶部抹圆的弹头形形式。

大坝心墙区基岩面不论砂岩还是黏土岩都浇筑了混凝土盖板或采用挂网喷混凝土进行了保护，在帷幕线上都浇筑了宽 8m、厚 0.8m 的钢筋混凝土。对大的冲沟采用浇筑混凝土回填的方法。填土之前在整个基础面上涂刷一层泥浆，并在泥浆未干之前上土，以确保心墙和基础面结合良好。

（2）左右岸岩基处理。两岸采用阻排结合的处理措施，以满足坝基防渗和坝体、山体稳定的要求。左右岸心墙岩基均采用灌浆帷幕防渗，经现场灌浆试验验证、三维渗流计算分析和工程类比，采用一道灌浆帷幕，帷幕孔孔距 2.0m。在遇断层等透水性较大的地质构造时，灌浆孔的排数适当增加。基础排水分左右布置，左岸排水幕轴线与帷幕轴线大致平行布置，南端始于岸边附近，北端止于 F_{461} 断层，共设置了两层排水隧洞，右岸排水幕分为两部分，第一部分自 F_1 断层沿帷幕线至 F_{230} 断层北侧为 50m，第二部分沿 F_{230} 断层向东延伸为 400m，两部分排水总长 850m。排水孔为斜孔，孔距为 3m。

幕体的防渗设计标准为不大于 5.0Lu，幕体底部进入相对不透水层（小于 5.0Lu）的深度不小于 5.0m。在整个心墙底宽范围内的岩石地基上均布置有固结灌浆，灌浆孔按 3m×3m 网格布置，孔深按 5m 垂直基岩面布置。大坝帷幕灌浆分左右岸及河床段两个部分，帷幕灌浆为单排孔，孔距为 2m，在地质条件复杂的区域，根据实际情况增加了灌浆排数。

（3）F1 断层处理。右岸 F_1 断层是顺河向断层，断层带及两侧影响带宽度变化较大，断层带最宽约 10.0m，两侧影响带最宽各约 10.0m。断层带内分布有多条宽度不足 1.0m 的断层泥。断层带内的断层泥透水性很弱，但断层影响带透水性较强，是贯穿上下游的主要渗漏通道。

在断层带及断层影响带处加强了帷幕灌浆，灌浆增至 3～5 排，孔排距均为 2.0m，幕底高程 65m。断层带及影响带范围内的固结灌浆孔深度为 10.0m。为了能在工程投入应用后根据运行情况对 F_1 断层灌浆进行补强处理，特将 2 号灌浆洞延长至断层南侧影响带内。

为防止沿断层和斜心墙接触面和断层上部形成管涌破坏，在断层带及影响带顶面与斜心墙接触面范围内，设置厚 1.0m 的混凝土盖板，以隔断坝体和基础的渗流。在下游坝壳范围内的断层顶面铺设反滤层，厚度各为 1.0m。

第二节　松散土体坝基处理

在松散沉积物上建坝（闸）、堤防、渠道等，经常遇到砂卵石、砂层地基的渗漏和渗透破坏，软土、流沙的压密变形和不稳定，黄土地基的湿陷等问题，需要进行工程地质处理。下面分别介绍对这些问题的处理方法和要求。

一、松散土体坝基防渗处理与渗透变形防治

砂层、沙砾石层等松散土体坝基防渗处理的目的，主要是保证渗透坝基稳定、控制渗透流量并结合考虑防止下游沼泽化。

当松散土体不厚，可全部大开挖清除（即清基），将坝体坐落于其下的可靠基岩和不透水层之上。若松散土体较厚，大开挖清基工作量太大，则可采取垂直截渗、水平铺盖、排水减压和反滤盖重等措施防治渗漏及渗透变形。

（一）垂直截渗

垂直截渗常用的方法有黏土截水槽、灌浆帷幕和混凝土防渗墙。

黏土截水槽常用于隔水层埋藏较浅的砂卵石坝基，其结构视土石坝的结

构而定。砂卵层深度在10～15m，采取明挖回填黏土（截水墙）的防渗措施较好。截水墙截断沙砾石层，使土坝的心墙或斜墙通过截水墙与不透水层连接。截水墙应采用和坝身防渗体相同的黏性土碾压填筑，且达到与坝身防渗体相同的压实密度。截水墙底宽除应满足施工要求外，从渗透稳定性出发，一般不小于坝上下游水头差的1/5～1/10，太薄则难以起到防渗作用。

截水墙底一般要穿过砂卵石层达到不透水基岩，否则坝底仍有强透水部分，建坝后仍会漏水，甚至引起渗透破坏。例如甘肃某水库，土坝建在厚11m左右的冲积层地基上，采用截水墙防渗方案，施工中有一长20m的坝段，截水墙只修了4m多深，下部仍留有6m厚的透水层。大坝建成蓄水，当坝前水深达27m时，坝后出现浑水。此后，库水位稍高坝后就有这种现象，前后共15次，最大渗流量达0.15m³/s，最后在下游坝坡产生大塌坑，严重危及大坝安全，后来用混凝土防渗墙进行处理才解决了问题。

沙砾石层太厚，开挖截水墙也有困难，则可用灌浆办法做成帷幕。灌浆帷幕适用于大多数松散土体坝基。砂卵石坝基采用水泥和黏土的混合浆灌注效果较好，中细砂层必须采用化学浆液（如丙凝）灌注。由于灌浆压力较大，故这种方法最好在冲积层较厚的情况下使用。

帷幕厚度（B）可按下式计算：

$$B=\frac{H}{I_a} \tag{3-3}$$

式中：H——上下游水头差；

I_a——灌浆帷幕允许水力坡降，该值一般应小于或等于3。

砂砾石的可灌性一般通过现场试验确定。灌浆孔间距可根据地基砂砾石组成情况和可灌性大小来选择，一般为2.5～4m，灌浆孔呈梅花形等形状排列，一般排距可大于或等于孔距。灌浆压力通过现场灌浆试验来确定。

山东某水库均质土坝，坝高30.5m，由于坝基渗漏严重，一直未能发挥灌溉效益，且危及大坝安全。经调查研究和钻探分析，地基渗漏的主要原因是坝底施工清基线以下尚有两段沙砾石层，每段长20～30m，厚3～7m，估计其渗透系数为100m/d，形成两个集中渗漏带。针对这种情况，决定采用灌浆方案。首先灌注两个集中渗漏带，灌浆帷幕线设在上游截水墙轴线附近，灌浆钻孔穿透土坝和截水墙，一直达到坝基沙砾石层以下，孔深一般 50m 左右，初步设计一排孔，孔距 3～5m。灌浆压力在岩层中不超过 1500kPa，在土层中不超过 1000kPa。该工程在处理前，当水库蓄水到 560×10^4 m^3 时，渗漏量竟达 $0.81m^3/s$（210×10^4 m^3/月）。灌浆处理后，水库蓄水到 729×10^4 m^3 时，渗漏量减少到 0.029 m^3/s，即减少渗漏量 90%以上，可见效果是显著的。

混凝土防渗墙适用于隔水层埋藏较深的砂卵石坝基。当坝基为上细下粗的深厚砂卵石时，则上部可采用此法，而下部采用灌浆帷幕，再结合下伏基岩的处理，效果较好。密云水库坝基中覆盖层深厚的河床部分即是采用此法处理的。

混凝土防渗墙的施工机械化程度高，故主要在中大型水库中应用。根据国内外常用的造孔机性能，混凝土防渗墙的厚度一般为 0.6～0.9m。防渗墙的顶端应插入坝身防渗体内，一般插入深度为 1/6 水头。防渗墙底部应与基岩结合好，其插入基岩深度视地质条件而异，一般为 0.5～1m。

若坝端土层中有沙砾石透水层，为防止绕坝渗漏，可将截水墙插入两岸，截断沙和沙砾石层即可。例如河北某水库，右岸为黏性土与沙砾石互层，水库蓄水后漏水严重，下游岸坡和河滩出现大面积沼泽化，表层稀软，严重危及坝头稳定。后采用黏土截水墙的方案处理，截水墙平行坝轴线插入右岸，长 80m，宽 3m，深 8～12m，截断沙砾石层，与弱透水性的土层相接，效果很好。

（二）水平铺盖

当透水层很厚，垂直截渗措施难以奏效时，常采用水平铺盖措施。其方法是在坝上游设置黏性土铺盖，并与坝体的防渗斜墙搭接起来。这种措施只是起到加长渗径而减小水力梯度的作用，并不能完全截断渗流。水平铺盖分人工铺盖和天然铺盖两种。

1.人工铺盖

人工铺盖应有一定长度与厚度，铺盖填土及垫层的质量应合乎要求，才能达到防渗和有效控制渗透稳定的目的。合理的铺盖长度受一系列因素控制，与铺盖材料的透水性、施工质量、透水层厚度及水头等有关。一般在水头差较小、透水层较浅时，铺盖的长度为5～8倍水头差；水头差较大、透水层较深时，铺盖的长度易为8～10倍水头差。

铺盖厚度主要决定于所用土料和地基的性质，如土料含黏土粒的多少、碾压后土料的渗透系数，以及地基砂卵石层的性质，特别是地基砂卵石的级配及其透水性。一般人工铺盖首端厚度多采用1.0m，末端厚度采用2.5～3.0m。

人工铺盖只要设计得当，严格控制施工质量，并在下游渗流出口处做好反滤排水，其防渗效果是显著的。例如吉林某水库，坝高12m，地基是透水的砂层（含少量砾石），厚度大于18m。第一次处理时，在上游端作30m长的黏土铺盖，坝基下仅挖了60cm深截水沟。水库建成后一直未能蓄起水来，且发现在坝背水坡脚处常出现浑水，并有管涌和流土现象，造成土坝的不均匀沉陷。此后进行第二次处理，在原来处理的基础上延长黏土铺盖至70m，约为水头的6倍，水库漏水问题基本得到解决。

2.天然铺盖

当坝前河谷中表层有分布稳定且厚度较大的黏性土覆盖时，则可利用它作为天然的防渗铺盖，施工时严禁破坏。采用天然防渗要研究其效果。若防渗效果不明显，可考虑加厚天然土层、碾压密实或做人工铺盖补充。此外，还可利用水库淤积物作防渗铺盖。由于防渗铺盖不能完全截断渗流，所以必须在坝下游设置相应的排水减压设施，以防止渗透变形的发生。

对于多泥沙河流，利用水库淤积也能起到一定防渗的作用。对于岸坡较平缓，透水层是砂层或裂隙发育的岩层，有时也可用水中抛土铺盖。

（三）排水减压

常用的方法有排水沟和减压井，它们的作用是吸收渗流和减小逸出段的实际水力梯度。

排水减压措施应根据具体地质情况选择不同的形式。如果坝基为单一透水结构或透水层上覆黏性土较薄的双层结构，可以在下游坡脚附近开挖排水沟，使之与透水层连通，以有利于降低浸润曲线和水头。如果双层结构的上层黏性土厚度较大，则应采用排水沟与减压井相结合的方法。河南省沙河昭平台水库均质土坝坝后设置减压井后，下游坝脚处的压力水头削减了2～3倍，解除了表土层被顶穿发生流土的威胁。

减压井的位置，在不影响坝坡稳定的条件下，应尽量靠近坝脚，并且要与坝轴线平行。井距一般15～30m，井径200～300mm，管外应设置反滤层。井管以深入透水层厚度的50%以上为宜。

（四）反滤盖重

此措施对保护渗流出口效果很好，它既可保证排水通畅，降低逸出水力梯度，又起到压重的作用。其方法是在渗流逸出段分层铺设几层粒径不同的沙砾石层，层界面应与渗流方向正交，且沿渗流方向粒径由细到粗，常设置3层，即为反滤层。反滤层各层的粒径以及各相邻层间的粒径比，视被保护层的颗粒组成而定。

专门的盖重措施，则是在坝后用土或碎石填压，增加土体自重，以防止渗透变形的发生。

二、软土地基的加固处理

软土地基（如淤泥质土、软黏土）的承载力小，压缩性高，抗剪强度低，含水量大，有时还可能呈流动状态，施工中应尽量予以查清，并采取一定的处理措施。下面是常用的软土处理方法。

（一）砂层换置法

当建筑物地基为较厚的软黏土、淤泥时，如无法完全清除，则可以挖去基底下一定深度的软土层，而代之以人工填筑砂垫层。砂垫层的作用主要是扩大了基础底面积，加大了基础砌置深度。

砂垫层法既可以就地取材，又不需要大型机械设备，施工速度快，操作方法简单。

由于砂垫层是作为基础的一部分，故要求其强度、密实度及施工质量能达到基础的相应要求。根据国内一些实践经验，用级配略好的中粗砂或颗粒更粗的材料（可用试验合格的石屑、炉渣等）作垫层就能满足要求。由于粉细砂抗剪强度低、抗震稳定性不好、压缩性较大，最好不用，非采用不可时（如缺中粗砂地区）则应掺入一定数量的卵石或碎石。

（二）预压加固法

先用预压荷载对地基加压使之固结，以减少土的含水量和孔隙比，可使软土强度加大，然后去掉预压荷载，在地基上进行建筑，这样地基强度和变形将满足建筑物要求。修堤坝时，若放慢施工速度，则堤坝本身重量就起一定的预压作用。

预压加固分有砂井的和无砂井的两种。无砂井的即于地面直接加预压；有砂井的则在预压荷载之前，在地基中先设置砂井。砂井起加速固结的作用，在砂垫层下设置砂井群（内填中粗砂）。当砂井间距很大时，起加速地基排水、加快软土固结的作用。当砂井距离很近（井距为井径5倍以内），则砂井起承重作用，这时就叫砂桩。浙江某水库，表层为12～14m的饱和软黏土，其下为沙砾石层（有承压水），为了缩短工期并充分利用坝址附近的丰富砂粒，采用砂井处理方案。砂井直径为42cm，其平面布置呈梅花形，井间中心距为3m，相应的井径比，即井中心距与井直径之比为7∶5。共计砂井近3000个。砂井的深度，如软黏土层厚度不大，一般可穿透整个软黏土层，如砂井打到具承压水的沙砾石层，通过砂井可以消减承压水头，对加速软黏土层的固结，以及增加土坝和地基稳定性更为有利。在砂井中填以洁净的中粗砂（含泥量＜5%），然后在砂井的顶部铺厚为1m左右的砂垫层，以使水经砂井和砂垫层流向坝下游的排水棱体。

（三）桩基法

桩基分两类，一种是端承桩，其下端直接支承在硬土层上。另一种是摩擦桩，桩身均在软黏土层内，利用桩身表面与土间摩擦作用，将建筑物的重量传到它四周土层上去。钱塘江下游两岸海塘工程的地基中，即打有很密的摩擦桩群（桩入土1～4m）。软土层较浅，用短桩即能解决问题时，采用桩基是经济的。当地基软土层很厚，闸身过高过重，采用砂垫层需换砂很深或仍不能满足基础设计荷重时，采用桩基也是较经济合理的。如江苏淮阴某闸，底板下为深10m左右的黏土质淤泥，天然含水量ω=55%，孔隙比e=1.7，采用直径为16cm、长8m的桩基，经过比较，其造价比同样地质条件及工程结构条件的徐州某闸（砂垫层处理）要经济。

（四）镇压层法

镇压层法是在水工建筑物一侧或两侧做成矮而宽的压重层。软黏土是否从建筑物下挤出，除取决于基底压力和地基土强度外，还与基础周围（软土可能挤出范围内）竖向荷载有关，后者越大，越不易挤出。设置镇压层的实质就是增加基础周围的竖向荷载，使地基土不易从建筑物底下挤出。

镇压层的优点是它不需要特殊的材料，用黏性土、砂土、石料都可以，同时施工简单。它的缺点是工作量大，并增加基础沉降。

如浙江温岭某土坝，坝高20m，分两期完成，第一期工程完成14m。地基软土的流限为50%～58%，天然含水量为33%～60%，无侧限抗压强度为200～300kPa，有机质含量2%～10%。设计中采用了镇压层，上游镇压层宽20m，下游镇压层宽30m，上、下游镇压层高为6m。工程完成后，情况良好。

（五）放缓边坡和挤淤法

在淤泥地基上修建土堤或其他海滩围垦等水利工程，若遇上淤泥较厚的地基，用挖除或其他处理措施有困难时，可采用放缓边坡方法。放缓边坡法即设计很缓的边坡，以加大基础底面积，然后在较大的基础底面积范围内往淤泥中填土，填土下陷，随陷随填，直至填方达一定厚度并能承受一定重量而不致下沉，再继续于其上填土筑堤即可。

挤淤法与上述方法稍微不同，当淤泥不太厚时，先于坝轴线位置填土（由岸边向深水方向填筑），边填边夯，将淤泥向两旁压挤，待淤泥被挤出后，填上的土体即可直接达到坚实的地基上，逐渐扩大所填的土体与河床硬土层接触，就会将淤泥排挤出坝基以外，坝体便能得到稳定。

三、湿陷性黄土地基处理

黄土湿陷常引起坝体裂缝、渠底下沉和边坡破坏等，故应处理。处理方法主要有以下几种。

（一）土垫层及灰土垫层

这是地基处理的传统方法之一，适用于具有一定压缩性的非湿陷性地基、厚度小于 8m 的弱湿陷性黄土地基及湿陷起始压力较大的非自重湿陷性黄土地基。

土垫层即将建筑物基础底面下的原土翻夯一定厚度，或性质较好的土换填，夯实至干容重大于 1.6g/cm^3，换填的厚度为 2m 左右。灰土垫层是换填石灰与黄土（或黏性土）的配合土，配合比常为 8∶7 或 2∶8。夯实至干容重为 1.5g/cm^3 以上。换填厚度一般在 1m 之内。灰土垫层的防渗和抗冻性能较好，在水工建筑物地基处理中应用较广。

（二）桩基

这是一种古老的方法，目前仍是黄土地基处理的有效方法之一。桩基的种类很多，适用的条件不同。为防止黄土地基湿陷引起建筑物的破坏，常用灌注桩将建筑物的荷载传递至下部的沙砾石层、非湿陷性土层或基岩层，使建筑物得到可靠的支持。当桩周黄土发生自重湿陷时，易产生负摩阻力，对桩基承载力产生不利影响。为了防止桩周自重湿陷性黄土湿陷时使桩顶部在无侧限土压下工作，导致桩顶部受剪或有压碎的可能，因此无论哪种桩基均需在顶部浇筑厚度大于湿陷总量的混凝土桩帽。

（三）预浸水法

这种方法早已为人们注意，从理论上说，采用此法将大厚度的自重湿陷黄土的结构加以改变，使之在工程施工以前基本完成其湿陷性，应当是行之有效的。此法费用低、处理范围广、影响深度大，而且操作简便，同时对黄土陷穴、鼠洞、暗缝、墓坑等又可及时发现及时处整，消除隐患。缺点是工期长、耗水量大，浸水后地基承载力因土体结构变弱、变形模量减小、强度下降而有所降低，故对非大厚度的自重湿陷性黄土地基一般不宜采用。

在浸水时，基坑应当大一些，以使饱水土体的自重压力能够大于坑周边上层的阻滑力，完成其湿陷量。预浸水后的地基土上部5m内的土层，仍具二次湿陷及外荷湿陷性，即该厚度内的土在浸水自重湿陷时因受到的自重压力很小或未受压，所以晾干后再次浸水或在外荷作用下仍具湿陷性。为了消除这种湿陷性，在工业民用建筑部门多采用灰土垫层、土桩压密等办法。而在水利部门，由于渠系建筑物基础埋深一般较大，所以在挖坑进行预浸水时，不要挖到设计地基面，而是在其上预留5m厚的土层，作为浸水压重，等待干后施工时再挖掉，则二次湿陷土层就不存在了。为了加快浸水速度，可在预留土层内设置沙砾芯透水孔，布置成梅花形，这样做效果更好。

（四）强夯法

这也是一种使用广泛、效果良好的老方法，多用于处理厚度不大的Ⅱ、Ⅲ级湿陷性黄土地基。对底面积较小的工程，如渡槽基础较适用。强夯法一般用重量为10t的重锤、十余米的落距进行地基夯实，效果良好，夯实的深度较大，但需研究地基土的动荷载特征，以确定最优含水量和适宜的击实能。若翻松后再夯实，防渗效果更好。不过，黄土渠道夯实防渗作用只在头一年明显（可减少渗漏量80%～90%），以后效果则逐年降低，这是因为夯实黄土易湿胀干裂，抗冻性能差，耐冲刷力弱。采用石灰与翻松黄土拌和后再夯实，则情况大大改变。但由于设备笨重，运输困难，限制了在水利工程上的应用。

上面仅谈了一些常用的方法，尚有化学处理方法（如硅化法）等，因造价昂贵，仅用于已有建筑物的事故处理。对于明渠渠床湿陷性黄土的处理，主要是用预浸水法和翻夯法。

第三节　水工洞室施工地质超前预报与锚喷支护

水工洞室施工的依据是设计文件，而工程设计必须基于工程地质勘察，这就要求在工程设计与施工之前，对拟建水工洞室进行勘察，准确掌握工程地质条件。

由于地下工程自身的特点，并受客观地质条件的复杂性、地质勘察精度和经费的限制、地质工作者认识能力的局限性和施工方法等诸多条件的限制，施工前的工程地质勘察工作一般只能获得地下工程区有关地质体的规律性和定性的认识，而想在本阶段完全查明工程岩体的状态、特性，准确预报可能引发地下工程地质灾害的不良地质体的位置、规模和性态是十分困难的，也是不现实的。因此，仅根据地表工程地质勘察，获得的资料与实际地质条件通常不相符合，准确率也较低。以作为地下工程典型代表的隧道工程为例，除个别长大隧道设计精度稍高外，90%以上的设计与实际地质条件不符或者严重不符。美国科罗拉多隧道，隧道掘进过程中遇到的小断层和大节理远比地面测绘时多，地面测绘遇到的小断层仅为开挖揭露的1%～9%，即使稍大的断层也仅有2%～7%。长31.7km、直径5.5m的西班牙Talave输水隧道，通过糜棱岩总厚度达567m。

在复杂地质条件下，或当地质条件发生变化时，施工技术人员难以准确判断掌子面前方的地质条件，施工带有很大的盲目性，经常出现预料不到的塌方、冒顶、涌水、涌沙、突泥、岩爆、瓦爆炸等事故。例如哥伦比亚某水工隧道，施工至DK6+097时，发生突水和泥石流；西班牙Talave输水隧道，施工中发生220000m^{3}的涌水和20000m^{3}的破碎围岩涌入隧道，造成巨大经济损失。我国的军都山隧道、大瑶山隧道等，在施工过程中发生了诸如涌水、涌沙、突泥和塌方等严重的地质灾害。这些事故一旦发生，轻则影响工期，增加工程投资，重则砸毁机械设备，造成人员伤亡，事故发生后的处理工作难度较大。

巨大的损失和教训使人们认识到，准确预报地下工程掌子面前方的工程地质条件、围岩的可能变形破坏模式、规模等，是地下工程安全和快速施工的关键。

一、地质超前预报分类

水工洞室施工地质超前预报，就是利用一定的技术和手段，收集地下工程所在岩土体的有关信息，运用相应的理论和规律对这些资料和信息进行分析、研究，对施工掌子面前方的岩土体情况、不良地质体的工程部位及成灾可能性作出解释、预测和预报，从而有针对性地进行地下工程的施工。施工地质超前预报的目的是查明掌子面前方的地质构造、围岩性状、结构面发育特征，特别是溶洞、断层、各类破碎带、岩体含水情况，以便提前、及时、合理地制定安全施工进度，修正施工方案，采取有效的对策，避免塌方、涌（突）水（泥）、岩爆等灾害，确保施工安全，加快施工进度，保证工程质量，降低建设成本，提高经济效益。

如前所述，隧道是地质条件最为复杂的地下工程，其施工地质超前预报是当今地下工程施工地质超前预报的重点、难点和热点。以下以隧道工程为例，讨论地下工程的施工地质超前预报问题。

（一）根据预报所用资料的获取手段，地质超前预报的常用方法有地质法和物探法

地质法地质超前预报包括地面地质调查法、钻探法、断层参数法、掌子面地质编录法、隧道钻孔法、导洞法等。物探法地质超前预报法包括电法、电磁法、地震波法、声波法和测井法等。

（二）按照预报采用资料和信息的获得部位，可分为地面地质超前预报和隧道掌子面地质超前预报

地面地质超前预报指通过地面工作对隧道掌子面前方做出的预报，以地质方法和物探方法为主，以化探方法为辅。在隧道埋深不是很大的情况下（＜100m），地面预报能获得较为理想的预报结果。掌子面超前预报主要指借助硐口到掌子面范围地质条件的变化规律，参考勘察设计资料和地面预报成果，采用多种方法和手段，获得相应的地质、物探或化探成果资料，经综合分析处理，对掌子面前方的地质条件及其变化做出预报。

（三）按所预报地质体与掌子面的距离，可分为长距离地质超前预报和短距离地质超前预报

长距离地质超前预报的距离一般大于100m，最大可达250～300m，甚至更远。其任务主要是较准确地查明工作面前方较大范围内规模较大、严重影响施工的不良地质体的性质、位置、规模及含水性，并按照不良地质体的特征，结合预测段内出露的岩石及涌水量的预测，初步预测围岩类别。短距离地质超前预报的距离一般小于20m，其任务是在长距离超前预报成果的基础上，依据导硐工作面的特征，通过观测、鉴别和分析，推断掌子面前方20～30m范围内可能出现的地层、岩性情况，推断掌子面实见的各种不良地质体向掌子面前方延伸的情况；通过对掌子面涌水量的观测，结合岩性、构造特征，推断工作面前方20～30m范围内可能的地下水涌出情况；并在上述推断的基础上，预测工作面前方20～30m范围内的隧道围岩类别，提出准确的超前支护建议，并对施工支护提出初步建议。目标是为隧道施工提供较为准确的掌子面前方近距离内的具体地质状况和围岩类别情况。

（四）按照预报阶段，施工地质超前预报可分为施工前地质超前预报和施工期地质超前预报，二者所处阶段、预报精度和直接服务对象不同

施工前地质超前预报主要为概算和设计服务，其实质上是传统意义上的工程地质勘察。施工期地质超前预报是在施工前地质超前预报所提供资料的基础上进行的，它直接为工程施工服务。通常意义上的施工地质超前预报即为施工阶段的地质超前预报，但需明确的是，勘察设计阶段的地质工作也属超前预报，是地下工程施工地质超前预报的重要组成部分。

二、地质超前预报的内容

（一）地质条件的超前预报

由于地下工程的设计和施工受围岩条件的制约，因此，地质条件是施工地质超前预报的首要内容和任务。预报内容包括地层岩性及其工程地质特性、

地质构造及岩体结构特征、水文地质条件、地应力状态等。

1.地层岩性及其工程地质性质

地层岩性是地质超前预报必须包含的内容，其中尤应注意对软岩及具有泥化、膨胀、崩解、易溶和含瓦斯等特殊岩土体及风化破碎岩体的预报，如灰岩、煤系地层、含油层、石膏、岩盐、芒硝、蒙脱石等。它们常导致岩溶、塌方、膨胀塑流及腐蚀等事故。

2.断层破碎带与岩性接触带

断层不同程度地破坏了岩体的完整性和连续性，降低了围岩的强度，增强了导水和富水性。施工实践表明，严重的塌方、突水和涌泥（硐内泥石流）多与断层及其破碎带有关。如达开水库输水隧道，断层引起的塌方占总塌方量的 70%；南梗河三级水电站引水隧道和南非 Orange—Fish 引水隧道等硐内突水和碎屑流都与断层有关。断层往往是地应力易于集中的部位，从而围岩发生大变形，并使支护受力增大和不均匀，往往引起衬砌破坏，对施工和运营安全构成很大威胁。如国道 212 线木寨岭隧道，受断裂 F_2 影响，围岩发生强烈变形，曾 4 次换拱加强支护仍不能稳定（每次变形约达 1.0m）。因此，断层及其破碎带的规模、位置、力学性质、新构造活动性、产状、构造岩类别、胶结程度和水文地质条件等是主要预报内容。

岩性接触带包括接触破碎变质带和岩脉侵入形成的挤压破碎带、冷凝节理、接触变质带等。它们易软化，工程地质条件差，并常常被后期构造利用而进一步恶化。岩脉本身易风化，强度低，是隧道易于变形破坏的重要部位。如军都山隧道、陆浑水库泄洪洞和瑞士弗卡隧道等，遇到煌斑岩脉时都发生了大塌方。

3.岩体结构

实践表明，贯穿性节理是地下工程塌方和漏水的重要原因之一。受多组结构面切割，当其产状与隧道轴向组合不利时，易产生塌方、顺层滑动和偏压。因此，必须准确预报掌子面前方岩体结构面的部位、产状、密度、延展性、宽度及充填特征，通过赤平极射投影、实体比例投影和块体理论，预报可能发生塌方的位置、规模以及隧道漏水情况。

向斜轴部的次生张裂隙向上汇聚，形成上小、下大的楔形体，对围岩稳定十分不利。如达开水库输水隧道的 9 处塌方，都发生在较缓的向斜轴部。

4.水文地质条件

大量工程实践表明，地下水是隧道地质灾害的最主要祸首之一，水文地质条件是地下工程地质超前预报的重要内容。工作要点是：①向斜盆地形成的储水构造；②断层破碎带、不整合面和侵入岩接触带；③岩溶水；④强透水和相对隔水层形成的层状含水体。

5.地应力状态

地应力是隧道稳定性评价和支护设计的重要条件，高地应力和低地应力对围岩稳定性不利。然而隧道工程很少进行地应力量测，因此，在施工过程中，应注意高、低地应力有关的地质现象，据此对地应力场状态作出粗略的评价，并预报相应的工程地质问题，如高地应力区的岩爆和围岩大变形，低地应力区塌方、渗漏水甚至涌水等。

（二）围岩类别的预报

围岩分类是通过对已掘硐段或导硐工程地质条件的综合分析，包括软硬岩划分、受地质构造影响程度、节理发育状况、有无软弱夹层和夹层的地质状态、围岩结构及完整状态、地下水和地应力等情况，结合围岩稳定状态以及中长期预报成果，依据隧道工程类型的划分标准，准确预报掌子面前方的围岩类别。

（三）地质灾害的监测、判断与防治

各类不良地质现象的准确识别以及各类地质灾害的监测、判断和防治是地下工程施工地质工作最重要的内容。

隧道施工中，塌方、涌水突泥、瓦斯突出、岩爆和大变形等地质灾害的发生，是多种因素综合作用的结果，既有地质因素，也有人为因素。人为因素可以避免，但其前提是在充分和正确认识围岩地质条件的基础上。为此，在掌握围岩地质条件特征和规律的基础上，预报可能存在的不良地质体和可能发生地质灾害的类型、位置、规模和危害程度，并提出相应的施工方案或抢险措施，从而最大限度地避免各类地质灾害的发生，为进一步开挖施工和

事故处理提供科学依据。

三、地质超前预报常用方法

（一）地质预报法

1.地面地质调查

主要针对有疑问的地段或问题开展补充地质测绘、必要的物探或少数钻孔等。地质调查的重点是查明地层岩性、构造地质特征、水文地质条件及工程动力地质作用等。

2.隧道地质编录

隧道地质编录是隧道施工期间最主要的地质工作，它是竣工验收的必备文件，还可为隧道支护提供依据。

隧道地质编录应与施工配合，内容包括两壁、顶板和掌子面的岩性、断层、结构面、岩脉、地下水，同时根据条件和要求，开展必要的简单现场测试以及岩土样和地下水试样的采集。编录成果用图件、表格和文字的形式表示，供计算分析和预报之用。

3.资料分析及地质超前预报

通过及时分析处理地质编录资料，并与施工前隧道纵横剖面对比，对围岩类别进行修正，在此基础上对可能出现的工程地质问题进行超前预报。

（二）超前勘探法

1.超前导硐法

（1）平行导硐法。平行导硐一般距主硐 20m 左右。导硐先行施工，对导硐揭露出的地质情况进行收集整理，并据此对主体工程的施工地质条件进行预报。与此类似，利用已有平行隧道地质资料进行隧道地质预报是隧道施工前期地质预报的一种常用方法，特别是当两平行隧道间距较小时预报效果更佳。如秦岭隧道施工中对此进行了有益的尝试，利用二线隧道施工所获取的岩石（体）强度资料对一线隧道将遇到的岩体强度进行预测，为一线隧道掘进机施工提供了科学的依据；军都山隧道也部分使用了平行导硐预报方法。

（2）先进导硐法。先进导硐法是将隧道断面划分成几个部分，其一部分先行施工，用其来进行资料收集。其预报效果比超前平行导硐法更好。如意大利 Ponts Gardena 隧道就是用该方法取得很大成功，它以隧道掘进机开挖 9.5m 的导硐，然后扩挖施工，预报采用几何投影方法进行。

2.超前水平钻孔法

超前水平钻孔法是最直接的隧道施工地质超前预报方法之一，不仅可直接预报前方围岩条件，而且特别对富水带超前探测、排放，控制突水和硐内泥石流的发生有重要作用。该法是在掌子面上用水平钻孔打数十米或几百米的超前取芯探孔，根据钻取的岩心状况、钻井速度和难易程度、循环水质、涌水情况及相关试验，获得精度很高的综合柱状图，获取隧道掌子面前方岩石（体）的强度指标、可钻性指标、地层岩性资料、岩体完整程度指标及地下水状况等诸多方面的直接资料，预报孔深范围内的地质状况。

（三）物探法

1.电法

电法勘探分为电剖面法和电测深法，根据工程具体情况进行选择。电法勘探是在地表沿硐轴线进行，因此不占用施工时间。

2.电磁波法

电磁波法包括频率测深法、无线电波透视法和电磁感应法。其中，在隧道施工地质超前预报中应用最多的是电磁感应法。尤其是地质雷达，瞬变脉冲电磁主要用于地面勘探，目前在隧道预报中较少应用。

地质雷达（Ground Penetration Radar，简称 GPR）探测的基本原理是电磁波通过天线向地下发射，遇到不同阻抗界面时，将产生反射波和透射波，雷达接收机利用分时采样原理和数据组合方式把天线接收到的信号转换成数字信号，主机系统再将数字信号转换成模拟信号或彩色线迹信号，并以时间剖面显示出来，供解译人员分析，进而用解析结果推断诸如地下水、断层及影响带等对施工不利的地质情况。

3.地震波法

地震勘探主要通过测试受激地震波在岩体中的传播情况，来判定前方岩体的情况。它分为直达波法、折射波法、反射波法和表面波法。其中反射波法在隧道超前预报中应用最普遍，其次为表面波法，直达波法和折射波法应用相对较少。

地震反射波法可在地面布置，也可在隧道内开展。地面进行适合缓倾角地质界面的探测，得出构造界面距地面的距离，确定施工掌子面前方可能存在断层的位置。在我国，隧道内的反射地震波法称为TVSP（Tunnel Vertical Seismic Profiling）和CTSP（Cross Tunnel Seismic Profiling），前者是将地震波震源（激发器）与检波布置于隧道的同一壁，并相距一定距离；后者是将激发器和接收器分别布置于隧道不同壁面。在国外，隧道内的反射地震波法称为TSP（Tunnel Seismic Profiling），它可以同时采用上述两种布置方法。

TSP地质超前预报系统主要用于超前预报隧道掌子面前方不良地质的性质、位置和规模，设备限定有效预报距离为掌子面前方100m（最大探测距离为掌子面前方500m），最高分辨率为≥1m的地质体。通过在掘进掌子面后方一定距离内的浅钻孔（1.0～1.5m）中施以微型爆破来人工制造一列有规则排列的轻微震源，形成地震源断面。

震源发出的地震波遇到地层层面、节理面，特别是断层破碎带界面和溶洞、暗河、岩溶陷落柱、淤泥带等不良地质界面时，将产生反射波，这些反射波信号传播速度、延迟时间、波形、强度和方向均与相关面的性质、产状密切相关，并通过不同数据表现出来。因此，用此种方法可确定施工掌子面前方可能存在的反射界面（如断层）的位置、与隧道轴线的交角以及与隧道掘进面的距离，同样也可以将隧道周围存在的岩性变化带的位置探测出来。

四、锚喷支护

锚喷支护是锚杆喷射混凝土支护的简称，即喷射混凝土与锚杆相结合的一种支护结构，在水工地下硐室岩石加固中经常运用。它是把岩体本身作为承受应力的结构体，加强岩体本身的结构性和力学强度，充分发挥岩体的作用，以承受各种荷载。因此，它可以主动加固围岩，发挥围岩的支承能力。现在，它已广泛地用在水利水电工程领域内的地下厂房、有压与无压引水隧道、基坑和闸室开挖等工程中。

锚喷支护速度快、工期短、节约材料、降低工程造价，因此被广泛应用。

（一）锚杆的类型与作用

锚杆是一种安设在岩土层深处的受拉杆件，它的一端与工程构筑物相连，另一端锚固在岩土层中，必要时对其施加预应力，以承受岩土压力、水压力等所产生的拉力，用以有效地承受结构载荷，防止结构变形，从而维护构筑物的稳定。

工程上所指的锚杆，通常是对受拉杆件所处的锚固系统的总称。它由锚固体（或称内锚头）、拉杆及锚头（或称外锚头）3 个基本部分组成。锚头是构筑物与拉杆的连结部分，它的功用是将来自构筑物的力有效地传给拉杆。拉杆要求位于锚杆装置中的中心线上，其作用是将来自锚头的拉力传递给锚固体，一般采用抗拉强度较高的钢材制成。锚固体在锚杆的尾部，与岩土体紧密相连，它将来自拉杆的力通过摩阻抵抗力（或支承抵抗力）传递给稳固的地层。

1.锚杆的类型

按锚杆的作用原理，可以把锚杆划分为全长黏结型锚杆、端头锚固型锚杆、摩擦型锚杆、预应力锚杆等 4 种类型。

（1）全长黏结型锚杆。全长黏结型锚杆是一种不能对围岩加预应力的被动型锚杆，适用于围岩变形量不大的各类地下工程的永久性系统支护。根据锚固剂的不同，可分为普通水泥砂浆锚杆、早强水泥砂浆锚杆、树脂卷锚杆、水泥卷锚杆等类型。

（2）端头锚固型锚杆。端头锚固型锚杆安装后可以立即提供支护抗力，并能对围岩施加不大于 100kN 的预应力，适用于裂隙性的坚硬岩体中的局部支护。端头锚固型锚杆结构形式：其中机械式锚固适用于硬岩或中硬岩；黏结式锚固除用于硬岩及中硬岩外，也可用于软岩。端头锚固型锚杆的作用主要取决于锚头的锚固强度。在锚头型式选定后，其锚固强度是随围岩情况而变化的。因此，为了获得良好的支护效果，使用前应在现场进行锚杆拉拔试验，以检验所选定的锚头是否与围岩条件相适应。

（3）摩擦型锚杆。摩擦型锚杆安装后可立即提供支护抗力，并能对围岩施加三向预应力，韧性好，适用于软弱破碎、塑性流变围岩及经受爆破震动的矿山巷道工程。目前国内摩擦型锚杆有全长摩擦型（缝管式）和局部摩擦型（楔管式）两种。摩擦型锚杆是一根沿纵向开缝的钢管，当它装入比其外径小 2～3mm 的钻孔时，钢管受到孔壁的约束力而收缩，同时，沿管体全长对孔壁施加弹性抗力，从而锚固其周围的岩体。这类锚杆的特点是安装后能立即提供支护抗力，有利于及时控制围岩变形；能对围岩施加三向预应力，使围岩处于压缩状态；而且，锚固力还能随时间增长而提高。在某些特定条件下，需要提高摩擦型锚杆的初锚固力时，可采用带端头锚楔的缝管锚杆或楔管锚杆。工程实践表明，在硬岩条件下，采用带端头锚楔的缝管锚杆或楔管锚杆可使初始锚固力增加 50kN 以上。

（4）预应力锚杆。预应力锚杆是指预拉力大于 200kN、长度大于 8.0m 的岩石锚杆。它能对围岩施加大于 200kN 的预应力，且能处理深部的稳定问题，适用于大跨度地下工程的系统支护及局部大的不稳定块体的支护。与非预应力锚杆相比，预应力锚杆有许多突出的优点。它能主动对围岩提供大的支护抗力，有效地抑制围岩位移；能提高软弱结构面和塌滑面处的抗剪强度；按一定规律布置的预应力锚杆群使锚固范围内的岩体形成压应力区而有利于围岩的稳定。此外，这种锚杆施工中的张拉工艺，实际上是对每根工程锚杆的检验，有利于保证工程质量。因而近年来国内外在地下工程及边坡工程中预应力锚杆的应用获得迅速发展。

至目前，国内普遍采用的预应力锚杆是一种集中拉力型锚杆。大量的研究资料已经证实这种锚杆固定长度上的黏结应力分布是极不均匀的，固定段的最近端应力集中现象严重，随着荷载的增大，并在荷载传至固定长度最远端之前，杆体—灌浆体界面或者灌浆体—地层界面就会发生黏脱（debonding）。这种黏结作用逐步破坏的锚杆一般都会大大降低地层强度的利用率。特别在软岩和土层中，当固定长度大于 10m 时，其承载力的增量很小或无任何增加。

国内已开发出一种单孔复合锚固系统，即压力分散型或拉力分散型锚杆。这种锚固系统是在同一个钻孔中安装几个单元锚杆，而每个单元锚杆都有自己的杆体、自己的锚固长度，而且承受的荷载也是通过各自的张拉千斤顶施加的。由于组合成这类锚杆的单元锚杆锚固长度很小，所承受的荷载也小，锚固长度上的轴力和黏结应力分布较均匀，不会产生逐步黏脱现象，从而能最大限度地调用地层强度。从理论上讲，使用这类锚杆的整个锚固长度并无限制，锚杆承载力可随着整个锚固长度的增加而提高，适用于软岩或土体工程。特别是压力分散型锚杆，其单元锚杆的预应力筋采用无黏结钢绞线，在荷载作用下灌浆体受压，不易开裂，因而能大大提高锚杆的耐久性。

另外，还有一种特殊的自钻式锚杆。它是一种具有钻进、注浆、锚固三位一体的锚杆，适用于钻孔过程易塌孔，必须采用套管跟进的复杂地层。在工作空间狭小的条件下，施工简便，锚固效果较好。这种锚杆将钻孔、注浆及锚固等功能一体化，在隧道超前支护系统及高地应力、大变形巷道的变形控制等工程中均取得良好效果。

2.锚杆的作用

（1）悬吊作用。锚杆是借助锚头固定于稳定岩层而产生锚固力，靠孔口的垫板承托重量，使塌落拱内不稳定岩体通过锚杆悬吊在塌落拱外的稳定岩层上，故锚杆主要为受拉构件。

（2）组合作用。在水平层状岩层中，将数层薄的岩层用锚杆组合联成整体结构，类似锚针加固的组合梁，以提高岩层整体的抗震、抗剪、抗弯能力。

（3）加固作用。锚入围岩的锚杆，将相邻岩体串联在一起，阻止了不稳定岩体的滑移，促使岩体裂隙面挤压紧密，使围岩形成具有承受荷载能力的整体岩拱。

砂浆锚杆支护的围岩，当砂浆硬化以后，每根锚杆周围形成稳定岩体，其形状大致像个锥体。多根锚杆联合，使围岩形成一个拱圈。锚杆间的岩体，互相支撑而形成次生拱，其最大厚度为 d/2，由于拱端的岩石处于平衡状态，而使岩体保持稳定。

对于预应力锚杆，由于预应力作用，锚杆周围形成了两头为圆锥的压缩区，彼此联结形成一个均匀压缩带（加固拱）。

（二）喷射混凝土的作用

喷射混凝土就是利用压缩空气或其他动力，将按一定配比拌制的混凝土混合物沿管路输送至喷射机喷头处，以较高速度垂直喷射于受喷面，依赖喷射过程水泥与骨料的连续撞击，压密而形成的一种混凝土。它与围岩紧密粘在一起，从而起到支护与加固作用。

1.喷射混凝土的支护作用

喷射混凝土支护围岩能在开挖后迅速有效地控制与防止围岩表层岩体的松动坍落，而且使一定厚度的围岩形成承载拱，与喷射混凝土层共同承担荷载。

2.喷射混凝土的加固作用

喷射混凝土层对岩体的加固作用包括：

（1）喷射混凝土支护能紧跟工作面，速度快，因而缩短了掘进与支护的间隔时间，及时地填补了围岩表面的超挖部分，使围岩的应力状态得到改善，可避免产生应力集中。喷层与围岩非常紧密，又有相当高的早期强度，在洞室开挖后围岩应力的重分布还没完成、应力降低区尚未充分发展之时，喷层就及时地加固了岩体。

（2）喷射的混凝土由于有较高的喷射速度和压力，因此浆液能充填张开的裂隙。当裂隙宽度为0.5～2cm时，射入深度能达到裂隙宽度的4～11倍，裂隙越宽，射入的深度越大（据冶金建筑研究院的试验资料），因而加固了围岩。

（3）喷层与围岩紧密黏结和咬合，有较高的黏结力与抗剪强度，能在结合面上传递各种应力（如拉应力、剪应力和压应力）。当喷射混凝土层的黏结强度和剪切强度足以抵抗局部不稳定岩体的破坏时，起到承载拱的作用。

（三）钢筋网的作用

在大跨度的地下工程中，锚喷联合支护中一般都配有钢筋网，成为锚杆—喷射混凝土—钢筋网的联合支护型式。在地质条件差的地段，不论跨度大小都配有钢筋网。设置钢筋网有以下作用：①能使混凝土应力均匀分布，加强喷射混凝土的整体工作性能；②提高喷射混凝土的抗震能力；③承受喷射混凝土的收缩压力，阻止因收缩而产生的裂缝；④在喷射混凝土与围岩的组合拱中，钢筋网承受拉应力。

（四）锚喷支护设计

地下硐室的支护分为初期支护和后期支护。当设计要求隧洞的永久支护分期完成时，隧洞开挖后及时施工的支护称为初期支护；隧洞初期支护完成后，经过一段时间，当围岩基本稳定，即隧洞周边相对位移和位移速度达到规定要求时，最后施工的支护称为后期支护。

《锚杆喷射混凝土支护技术规范》（GB 50086－2015）规定："锚喷支护的设计，宜采用工程类比法，必要时应结合监控量测法及理论验算法。"同时还指出，在这 3 种方法中，尤以工程类比法应用最广，通常在工程设计中占主导地位，在锚喷支护设计中以此为主。但考虑到某些地质复杂、经验不多的地下工程，单凭工程类比法不足以保证设计的可靠性和合理性，此时应结合其他的设计方法。

监控量测法是一种较为科学的设计方法，应予以高度重视和大力推广。对不稳定的、稳定性差的软弱围岩或较大跨度的工程，应采用监控量测法。

理论验算法既是当今地下工程支护设计中的一种辅助方法，又是今后设计的发展方向，但鉴于岩体力学参数难以准确确定以及在计算模式方面还存在一些问题，通常只作为工程设计中的辅助手段。对处在稳定性较好的围岩中的大跨度工程，锚喷支护设计应辅以理论验算。此外，无论在何种情况下，凡可能出现局部失稳的围岩，都应需要通过理论计算进行局部加固。

1.工程类比法设计

按照工程类比法，在锚喷支护设计时，应首先根据地质勘察资料进行围岩分级（分类），确定围岩级别。根据围岩不同的级别选择确定隧洞、斜井或竖井的锚喷支护类型和设计参数。《水利水电工程地质勘察规范》（GB 50487－2008）对围岩进行了分类，根据该规范将围岩划分为 5 类，表 3-4 列出了每一类围岩的支护类型。

表 3-4　围岩工程地质分类及支护类型

围岩类别	围岩稳定性	总评分 T	强度应力比 S	支护类犁
Ⅰ	稳定。围岩可长期稳定，一般无不稳定体	＞85	＞4	不支护或局部锚杆或喷薄层
Ⅱ	基本稳定。围岩整体稳定，不会产生塑性变形，局部可能掉块	85～65	＞4	混凝土、系统锚杆加钢筋网
Ⅲ	局部稳定性差。围岩强度不足，局部会产生塑性变形，不支护可能产生塌方或变形破坏。完整的较软岩,可能暂时稳定	65～45	＞2	喷混凝土、系统锚杆加钢筋网。跨度为20～25m 时，并浇筑混凝土衬砌
Ⅳ	不稳定。围岩自稳时间很短，规模较大的各种变形和破坏都可能发生	45～25	＞2	喷混凝土、系统锚杆加钢筋网，并浇筑混凝土衬砌
Ⅴ	极不稳定。围岩不能自稳，变形严重破坏	≤25		

注：系统锚杆是指为使围岩稳定，在隧洞周边上按一定格式布置的锚杆群。

根据《锚杆喷射混凝土支护技术规范》（GB 50086－2015），按照岩石坚硬度、岩体完整性、结构面特征、地下水和地应力状况等因素对围岩进行分类（表 3-5），根据表 3-6 可以进一步综合确定隧洞锚喷支护的类型和设计参数。

表 3-5　《锚杆喷射混凝土支护技术规范》的围岩分级

围岩级别	主要工程地质特征							毛洞稳定程度
	岩体结构	结构影响程度、结构面发育情况和组合状态	岩体强度指标		岩体声波指标		岩体强度应力比	
			单轴饱和抗压强度（MPa）	点荷载强度（MPa）	岩体纵波速度（km/s）	岩体完整性指标		
I	整体状及层间结合良好的厚层状结构	构造影响轻微，偶有小断层。结构面不发育，仅有2到3组，平均间距大于0.8m，以原生和构造节理为主，多数闭合，无泥质充填，不贯通。层间结合良好，一般不出现不稳定块体	>60	>2.5	>5	>0.75		毛洞跨度5～10m时，长期稳定，一般无碎块掉落
II	同Ⅰ类围岩	同Ⅰ类围岩	30～60	1.25～2.5	3.7～5.2	>0.75		
	块状结构和层间结合较好的中厚层或厚层状结构	构造影响较重，有少量断层。结构面较发育，一般为3组，平均间距0.4～0.8m，以原生和构造节理为主，多数闭合，偶有泥质充填，贯通性较差，有少量软弱结构面。层间结合较好，偶有层间错动和层面张开现象	>60	>2.5	3.7～5.2	>0.5		毛洞跨度5～10m时，围岩能较长时间（数月至数年）维持稳定，仅出现局部小块掉落
III	同Ⅰ类围岩	同Ⅰ类围岩	20～30	0.85～1.25	3.0～4.5	>0.75	>2	
	同Ⅱ类围岩块状结构和层间结合较好的中厚层或厚层状结构	同Ⅱ类围岩块状结构和层间结合较好的中厚层或厚层状结构特征	30～60	1.25～2.5	3.0～4.5	0.5～0.75	>2	

续表

围岩级别	主要工程地质特征							毛洞稳定程度
	岩体结构	结构影响程度、结构面发育情况和组合状态	岩体强度指标		岩体声波指标		岩体强度应力比	
			单轴饱和抗压强度（MPa）	点荷载强度（MPa）	岩体纵波速度（km/s）	岩体完整性指标		
III	层间结合良好的薄层和软硬岩互层结构	构造影响较重。结构面发育，一般为3组，平均间距0.2～0.4m，以构造节理为主，节理面多数闭合，少有泥质充填。岩层为薄层或以硬岩为主的软硬岩互层，层间结合良好，少见软弱夹层、层间错动和层面张开现象	＞60（软岩＞20）	＞2.5	3.0～4.5	0.3～0.5	＞2	毛洞跨度5～10m时，围岩能维持一个月以上的稳定，主要出现局部掉块、塌落
	碎裂镶嵌结构	构造影响较重。结构面发育，一般为3组以上，平均间距0.2～0.4m，以构造节理为主，节理面多数闭合，少数有泥质充填，块体间牢固咬合	＞60	＞2.5	3.0～4.5	0.3～0.5	＞2	
IV	同II类围岩块状结构和层间结合较好的中厚层或厚层状结构	同II类围岩块状结构和层间结合较好的中厚层或厚层状结构特征	10～30	0.42～1.25	2.0～3.5	0.5～0.75	＞1	

续表

<table>
<tr><th rowspan="3">围岩级别</th><th colspan="7">主要工程地质特征</th><th rowspan="3">毛洞稳定程度</th></tr>
<tr><th rowspan="2">岩体结构</th><th rowspan="2">结构影响程度、结构面发育情况和组合状态</th><th colspan="2">岩体强度指标</th><th colspan="2">岩体声波指标</th><th rowspan="2">岩体强度应力比</th></tr>
<tr><th>单轴饱和抗压强度（MPa）</th><th>点荷载强度（MPa）</th><th>岩体纵波速度（km/s）</th><th>岩体完整性指标</th></tr>
<tr><td rowspan="3">Ⅳ</td><td>散块状结构</td><td>构造影响严重，一般为风化卸荷带。结构面发育，一般为3组，平均间距0.4～0.8m，以构造节理、卸荷、风化裂隙为主，贯通性好，多数张开，夹泥，夹泥厚度一般大于结构面的起伏高度，咬合力弱，构成较多的不稳定块体</td><td>>30</td><td>>1.25</td><td>>2.0</td><td>>0.15</td><td>>1</td><td>毛洞跨度5m时，围岩能维持数小时到数日</td></tr>
<tr><td>层间结合不良的薄层、中厚层和软硬岩互层结构</td><td>构造影响严重。结构面发育，一般为3组以上，平均间距0.2～0.4m，以构造、风化节理为主，大部分微张（0.5～1.0mm），部分张开（>1.0mm），有泥质充填，层间结合不良，多数夹泥，层间错动明显</td><td>>30（软岩>10）</td><td>>1.25</td><td>2.0～3.5</td><td>0.2～0.4</td><td>>1</td><td rowspan="2">一个月的稳定，主要失稳形式为冒落或片帮</td></tr>
<tr><td>碎裂状结构</td><td>构造影响严重，多数为断层影响带或强风化带。结构面发育，一般为3组以上。平均间距0.2～0.4m，大部分微张（0.5～1.0mm），部分张开（>1.0mm），有泥质充填，形成许多碎块体</td><td>>30</td><td>>1.25</td><td>2.0～3.5</td><td>0.2～0.4</td><td>>1</td></tr>
</table>

续表

围岩级别	主要工程地质特征							毛洞稳定程度
	岩体结构	结构影响程度、结构面发育情况和组合状态	岩体强度指标		岩体声波指标		岩体强度应力比	
			单轴饱和抗压强度（MPa）	点荷载强度（MPa）	岩体纵波速度（km/s）	岩体完整性指标		
V	散体状结构	构造影响很严重，多数为破碎带、全强风化带、破碎带交汇部位。构造及风化节理密集，节理面及其组合杂乱，形成大量碎块体。块体间多数为泥质充填，甚至呈石夹土状或土夹石状			＜2.0			毛洞跨度5m时，围岩稳定时间很短，约数小时至数日

表 3-6　隧洞锚喷支护类型和设计参数

围岩级别	毛洞跨度（m）				
	B≤5	5＜B≤10	10＜B≤15	15＜B≤20	20＜B≤25
I	不支护	50mm厚喷射混凝土	（1）80～100mm厚喷射混凝土 （2）50mm厚喷射混凝土，设置2.0～2.5m长的锚杆	100～150mm厚喷射混凝土，设置2.5～3.0m长的锚杆，必要时配置钢筋网	120～150mm厚钢筋网喷射混凝土，设置3.0～4.0m长的锚杆
II	50mm厚喷射混凝土	（1）80～100m厚喷射混凝土 （2）50mm厚喷射混凝土，设置1.5～2.0m长的锚杆	（1）120～150mm厚喷射混凝土，必要时配置钢筋网 （2）80～120mm厚喷射混凝土，设置2.0～3.0m长的锚杆，必要时配置钢筋网	120～150mm厚钢筋网喷射混凝土，设置3.0～4.0m长的锚杆	150～200mm厚钢筋网喷射混凝土，设置5.0～6.0m长的锚杆，必要时设置长度大于6.0m的预应力或非预应力锚杆

续表

围岩级别	毛洞跨度（m）				
	B≤5	5＜B≤10	10＜B≤15	15＜B≤20	20＜B≤25
Ⅲ	（1）80～100mm厚喷射混凝土 （2）50mm厚喷射混凝土，设置1.5～2.0m长的锚杆	（1）120～150mm厚喷射混凝土，必要时配置钢筋网 （2）80～100mm厚喷射混凝土，设置2.0～2.5m长的锚杆，必要时配置钢筋网	100～150mm厚钢筋网喷射混凝土，设置3.0～4.0m长的锚杆	150～200mm厚钢筋网喷射混凝土，设置4.0～5.0m长的锚杆。必要时，设置长度大于5.0m的预应力或非预应力锚杆	
Ⅳ	80～100mn厚喷射混凝土，设置1.5～2.0m长的锚杆	100～150mm厚钢筋网喷射混凝土，设置2.0～2.5m长的锚杆，必要时采用仰拱	150～200mm厚钢筋网喷射混凝土，设置3.0～4.0m长的锚杆，必要时采用仰拱并设置长度大于4.0m的锚杆		
Ⅴ	120～150mm厚钢筋网喷射混凝土，设置1.5～2.0m长的锚杆，必要时采用仰拱	150～200mm厚钢筋网喷射混凝土，设置2.0～3.0m长的锚杆，采用仰拱，必要时加设钢架			

注：1.表中的支护类型和参数，是指隧洞和倾角小于30°的斜井的永久支护，包括初期支护与后期支护的类型和参数。

2.服务年限小于10年及洞跨小于3.5m的隧洞和斜井，表中的支护参数可根据工程的具体情况适当减小。

3.复合衬砌的隧洞和斜井，初期支护采用表中的参数时，应根据工程的具体情况予以减小。

4.陡倾斜岩层中的隧洞或斜井易失稳的一侧边墙和缓倾斜岩层中的隧洞或斜井顶部，应采用表中第（2）种支护类型和参数，其他情况下，两种支护类型和参数均可采用。

5.对高度大于15.0m的侧边墙，应进行稳定性验算，并根据验算结果确定锚喷支护参数。

2.理论验算法设计

水工硐室锚喷支护理论设计法常用的有解析解法和数值解法。解析解法是指借助于经典力学或弹塑性力学理论在一些基本假设的基础上而建立起来的围岩压力计算公式来进行支护设计计算的方法。数值解法是指以计算机为工具，利用有限元、边界元、离散元及微分流形法等数值方法来计算围岩压力和支护参数的设计方法。对围岩整体稳定性验算，常采用数值解法或解析解法；对局部可能失稳的围岩块体的稳定性验算，常采用块体极限平衡方法。

从围岩破坏机理可知，锚喷支护在坚硬裂隙岩体与软弱破碎岩体中的支护作用机理是不同的，前者着重于防止局部危岩的滑移坠落，后者着重于防止围岩整体失稳。

（1）坚硬裂隙岩体喷射混凝土支护的计算方法。在坚硬裂隙岩体中，围岩的塌落常常从某一局部不稳定岩块的坠落开始，因此，一旦喷层能阻止不稳定岩块的滑移和坠落，保持和加强围岩的咬合、镶嵌与夹持作用，就可以维持围岩的稳定。所以，坚硬裂隙岩体喷射混凝土支护的计算方法一般采用块体平衡法验算危石的稳定。

喷射混凝土对局部不稳定块体的抗力可按下式验算：

$$KG \leqslant 0.75 f_a h U_r \tag{3-4}$$

式中：G——不稳定块体重量（kN）；

f_a——喷射混凝土设计抗拉强度（kPa）；

h——喷射混凝土厚度（mm），$h>100$mm 时，取 $h=100$mm；

U_r——不稳定块体出露面的周边长度（m）；

K——安全系数，一般取 2.0。

当喷层厚度大于 100mm 或喷层与围岩黏结强度很低时，在局部不稳定块体的作用下，喷层呈现黏结破坏，这里需设置锚杆，由喷层与锚杆共同承受不稳定块体的重量。

①拱腰以上的喷射混凝土与锚杆对局部不稳定块体的抗力可按下列公式验算：

对于喷射混凝土与水泥砂浆锚杆支护：

$$KG \leqslant 0.75 f_a h U_r + n A_s f_{st} \tag{3-5}$$

对于喷射混凝土与预应力锚杆（索）支护：

$$KG \leqslant 0.75 f_a h U_r + nP \tag{3-6}$$

或

$$KG \leqslant 0.75 f_a h U_r + n A_y \sigma_{\omega n} \tag{3-7}$$

式中：A_s——单根锚杆杆体的截面积（mm^2）；

A_y——单根预应力锚杆（索）的截面积（mm^2）；

n——锚杆或预应力锚杆（索）的根数；

f_{st}——水泥砂浆锚杆钢筋设计抗拉强度（kPa）；

P——单根预应力锚杆（索）的预张拉力值（kN）；

$\sigma_{\omega n}$——预应力锚杆（索）张拉控制应力（kPa）。

②拱腰以下及边墙喷射混凝土及锚杆对局部不稳定块体的抗力可按下式验算：

对于喷射混凝土与水泥砂浆锚杆支护：

$$KG_2 \leqslant 0.75 f_a h U_r + f G_2 + n A_s f_{sv} + cA \tag{3-8}$$

对于喷射混凝土与预应力锚杆（索）支护：

$$KG_1 \leqslant 0.75 f_a h U_r + f G_2 + P_t + n P_n + cA \tag{3-9}$$

式中：G_1、G_2——分别为不稳定岩块平行作用于及垂直作用于滑动面上的分力（kN）；

A——岩石滑动面的面积（m^2）；

c——岩石滑动面上的黏聚力（kPa）；

f_{sv}——水泥砂浆锚杆钢筋设计抗剪强度（kPa）；

f——岩石滑动面的摩擦系数，其他符号意义同上。

③黏结式锚杆（头）锚入稳定岩体的长度，应同时满足下列公式：

$$l_n .. K \cdot \frac{d_1}{4} \cdot \frac{f_{st}}{f_{cs}} \tag{3-10}$$

$$l_n .. K \cdot \frac{d_1^2}{4d_2} \cdot \frac{f_{st}}{f_{cr}} \tag{3-11}$$

式中：l_n——锚杆杆体或锚索锚入稳定岩体的长度（m）；

d_1——锚杆钢筋直径或锚索体直径（m）；

d_2——锚杆孔直径（m）；

f_{st}——锚杆钢筋或锚索体设计抗拉强度（kPa）；

f_{cs}——水泥砂浆与钢筋（钢索）的设计黏结强度（kPa）；

f_{cr}——水泥砂浆与钻孔壁的设计黏结强度（kPa）

K——安全系数，取 1.5。

此时，锚杆最大锚固力 Q 可按下式计算：

$$Q \leq \frac{\pi d_1^2}{4} \cdot f_{st} \tag{3-12}$$

④锚杆间距。对于无预应力锚杆，要求每根锚杆承受的岩石重量小于其锚固力或杆体的拉断力，即：

$$K\gamma l_n D^2 \leq Q \tag{3-13}$$

或

$$k\frac{G}{A}D^2 \leq Q \tag{3-14}$$

式中：γ——岩石容重（kg/m^3）；

A——危石面积（m^2）；

D——锚杆间距，式中可看成锚杆间距与排距相等（m）。

所以，锚杆间距同时满足下式：

$$\left.\begin{aligned} D &\leq \sqrt{\frac{QA}{KG}} \\ D &\leq \frac{d_1}{2}\sqrt{\frac{\pi f_{st} A}{KG}} \end{aligned}\right\} \tag{3-15}$$

对于预应力锚杆，每根锚杆除承受岩石重量外，还要承受预应力。一般预应力为锚固力的 50%～80%。因而上述计算锚杆间距 D 的公式相应变化为：

$$\left.\begin{aligned} D &\leq \sqrt{\frac{QA}{(1.5 \sim 1.8)KG}} \\ D &\leq \frac{d_1}{2}\sqrt{\frac{\pi f_{st} A}{(1.5 \sim 1.8)KG}} \end{aligned}\right\} \tag{3-16}$$

当同时设有锚杆和喷射混凝土时，不稳定块体由锚杆和喷层共同承担。

因此，在锚杆计算中，要扣去喷层的承载部分。

（2）软弱破碎岩体中锚喷支护设计。软弱破碎岩体中的隧洞假定为均质岩体的圆形隧洞，在围岩侧压系数$\lambda\approx1$及$\lambda<0.8$两种不同情况下，锚喷支护层的破坏特征是不同的。前者主要验算喷射混凝土层的压切破坏，后者则按楔形破裂体挤入隧洞验算喷射混凝土的剪切破坏。

① $\lambda\approx1$时圆形隧洞喷射混凝土支护的计算。

a.围岩压力计算。围岩压力计算分有、无锚杆两种情况。在无锚杆时，作用于喷射混凝土支护上的围岩压力按下式计算：

$$P_i=-c\cot\varphi+\left(\sigma_0+c\cot\varphi\right)(1-\sin\varphi)\left(\frac{Mr_0}{4Gu_{r_0}}\right)^{\frac{\sin\varphi}{1-\sin\varphi}} \tag{3-17}$$

式中：P_i——围岩压力或需要的支护抗力（MPa）。

c——围岩的黏聚力（MPa）；

φ——围岩的内摩擦角（°）；

σ_0——天然应力（MPa）；

M——围岩弹塑性界面上的应力差（MPa）

G——围岩剪切变形模量（MPa）；

r_0——隧洞半径（m）；

u_{r0}——刚出现塑性区时洞壁径向位移（m）。

当隧洞周边设有径向锚杆时，无论端头锚固型锚杆，还是全长黏结型锚杆，都能通过承受拉力限制围岩径向位移，改善围岩应力状态，并通过锚杆承受剪力提高锚固区围岩的c、φ值。因此，围岩塑性区半径及最大松动区均比无锚杆时小，计算围岩压力P_i时，需考虑锚杆的作用。

若锚杆为端头锚固型锚杆时，端头锚固型锚杆可视为锚杆两端作用有集中力。假设集中力分布于锚固区锚杆内外端两个同心圆上，由此在洞壁上产生支护的附加抗力P_a，而锚杆内端分布力为$\frac{r_0}{r_c}p_a$（r_0为锚杆内端半径，r_c为锚杆外端半径）。根据弹塑性理论，围岩塑性区半径R_1为：

$$R_1 = r_c\left[\frac{\sigma_0 + c_1\cot\varphi_1}{P_i + P_a + c_1\cot\varphi_1}\times\frac{1-\sin\varphi_1}{\left(r_c / r_0\right)^{\frac{2\sin\varphi_1}{1-\sin\varphi_1}} - P_a r_0 / r_c}\right]^{\frac{1-\sin\varphi_1}{2\sin\varphi_1}} \tag{3-18}$$

式中：c_1、φ_1——分别为加锚后围岩的黏聚力和内摩擦角。一般可取$\varphi_1=\varphi$，c_1可按c和由锚杆抗剪力折算而得。

这时，洞壁位移u_{r0}为：

$$u_{r0} = \frac{M\left(R_1\right)^2}{4Gr_0} \tag{3-19}$$

锚杆外端位移u_1和内端位移u_2分别为：

$$\left.\begin{aligned} u_1 &= u_{r0} - u_0 \\ u_2 &= u_{r0} - \frac{r_0}{r_c}u_0 \end{aligned}\right\} \tag{3-20}$$

式中：u_0——锚固前洞壁位移值，可计算或实测；其他符号意义同上。

按照锚杆与围岩共同变形理论，对于端头锚固型锚杆，其最大锚杆轴力Q为：

$$Q = K\frac{u_1 - u_2}{r_c - r_0}E_0 f \tag{3-21}$$

式中：E_0——锚杆的弹性模量（MPa）；

f——锚杆的截面积（mm^2）；

其他符号意义同上。

由Q可求得：

$$P_a = \frac{Q}{D_1 D_2} \tag{3-22}$$

式中：D_1、D_2——分别为锚杆的横向和纵向间距（m）；

Q——锚杆最大锚固力（kN）。

当锚杆有预拉力Q_1作用时，则：

$$P_a = \frac{Q + Q_1}{D_1 D_2} \tag{3-23}$$

通过试算，可以求出P_a、P_i及R_1。

若锚杆为全长黏结型锚杆时，通过砂浆对锚杆的剪切传递而使锚杆受拉。在一般岩层条件下，可认为锚杆与围岩发生共同位移，而略去围岩与锚杆间的相对位移。锚杆轴力沿全长不是均等的，而是存在一中性点，该点剪力为零，而锚杆在该点上的拉应力（轴力）最大，最大值 Q_{max} 可由下式计算：

$$Q_{max}=\frac{K}{2}\left(\frac{M\left(R_1\right)^2}{4G}-r_0u_0\right)E_af\left(\frac{1}{r_0^2-r_c^2}\right)\tag{3-24}$$

为使计算简化，用 Q_{max} 代替 Q，可将黏结型锚杆按端头锚固型锚杆进行计算，计算方法同前。

b.锚杆计算与设计。为使锚杆充分发挥作用，应使锚杆应力σ尽量接近钢材的抗拉强度σ_p，并有一定的安全度，即：

$$K_\sigma=\frac{KQ}{F}=\sigma_p\tag{3-25}$$

锚杆的抗拉安全系数 K 应在 1～1.5 之间。

为防止锚杆和围岩一起塌落，锚杆长度必须大于松动区厚度 R_a，而且有一定安全度。松动区厚度 R_a 可按下式确定：

$$R_a=r_0\left[\frac{\sigma_0+c_1\cot\varphi_1}{P_{i\min}+P_a+c_1\cot\varphi_1}\times\frac{1-\sin\varphi_1}{1+\sin\varphi_1}\right]^{\frac{1-\sin\varphi_1}{2\sin\varphi_1}}\tag{3-26}$$

锚杆间距 D_1、D_2 应满足式（3—27）的要求，这样能保持锚杆有一定的实际加固区厚度。此外，D_1、D_2 的合理选择应使喷射混凝土层具有适合的厚度，这样才能发挥喷层的作用。

$$\frac{D_1}{r_c-r_0}\text{,,}\ \frac{1}{2}\frac{D_2}{r_c-r_0}\tag{3-27}$$

c.喷射混凝土层的计算与设计。要求喷层对围岩提供足够的反力，以维持围岩的稳定。为了计算围岩稳定，需要计算最小抗力 $P_{i\min}$，以及围岩稳定安全系数 K_2。松动区滑移体的重力 G 为：

$$G=\gamma b\left(R_a-r_0\right)=P_{\min}b\tag{3-28}$$

按式（3-28）解出 $P_{i\min}$，由此得：

$$K_2 = \frac{P_i}{P_{i\min}} \tag{3-29}$$

要求计算得到的 K_2 值在 2～4.5 之间。

作为喷射混凝土层厚度的校核，要求喷层内壁切向应力小于喷射混凝土抗压强度，按厚壁筒理论有：

$$\sigma_\theta = P_i \frac{2a^2}{a^2 - 1} „ f_\infty \tag{3-30}$$

式中：$a=r_0/r_i$［r_0、r_i——分别为喷层的外半径和内半径（m）］；

f_∞——喷射混凝土设计抗压强度（Pa）。

由此可算出喷层厚度 h：

$$h = K_1 r_i \left[\frac{1}{\sqrt{1 - 2P_i / f_\infty}} - 1 \right] \tag{3-31}$$

式中：K_1——喷层的安全系数，一般取 1.2～1.5。

② λ＜0.8 时圆形隧洞喷射混凝土支护的计算。

a.围岩压力计算。根据滑移线理论，剪切滑移线方程及滑移线长度 L 为：

$$r = r_0 \cdot e^{(\theta-\rho)\tan\alpha} \tag{3-32}$$

$$L = r_0 \left[e^{(\theta-\rho)\tan\alpha} - 1 \right] \tag{3-33}$$

式中：r_0——隧洞半径（m）；

ρ——破裂起始角，对于软弱岩体中的圆形隧洞，可按表 3-7 取值；α=45°－φ/2（φ为围岩内摩擦角）。

表 3-7　λ与ρ值表

λ	0.2～0.4	0.4～0.6	0.6～0.8
ρ	45°～40°	40°～35°	35°～30°

以 $R=r$ 代入下式，即可得到满足喷层不出现剪切破坏时所需要的支护抗力 P_i：

$$P_i = (\sigma_0 + c\cot\varphi)(1 - \sin\varphi)\left(\frac{r_0}{R}\right)^{\frac{2\sin\varphi}{1-\sin\varphi}} - c\cot\varphi \tag{3-34}$$

式中：R——围岩塑性区半径（m）；其他符号意义同前。

b.喷层厚度的计算。设喷射混凝土厚度为 h，则在喷层中剪切面长度为 $L_1 \approx h/\sin a$，按莫尔强度理论，破坏面与最大主应力（喷层中切向应力 σ_i）的夹角 a=45° －φ/2。按外荷与剪切面上剪切强度相等的条件得：

$$K_2 P_i \frac{b}{2} = \frac{h f_a}{\sin\left(45^\circ - \varphi / 2\right)} \tag{3-35}$$

或

$$h = \frac{K_2 P_i b \sin\left(45^\circ - \varphi / 2\right)}{2 f_a} \tag{3-36}$$

式中：K_2——剪切破坏安全系数，取 1.5～2.0，

$b=2r_0\cos\rho$；

$f_a=0.2f_a$，其中 f_a、f_a 分别为喷射混凝土抗剪强度（Pa）和轴心抗压强度（Pa）。

除考虑上述剪切破坏形态外，还需验算 P_i 作用于喷射混凝土层是否出现压切破坏，故喷层厚度 h 尚需满足式（3-31）。

c.有锚杆和钢筋网时，喷层厚度的计算。当有锚杆时，由于 c、φ 值将改变为 c_1、φ_1，故式（12-34）应改写为：

$$P_i = \left(\sigma_0 + c_1 \cot\varphi_1\right)\left(1 - \sin\varphi_1\right)\left(\frac{r_0}{R}\right)^{\frac{2\sin\varphi_1}{1-\sin\varphi_1}} - c_1 \cot\varphi_1 - P_a \tag{3-37}$$

锚杆的附加支护抗力 P_a 由下式确定：

$$P_a = \frac{F_s f_{st}}{K_1 D_1 D_2} \tag{3-38}$$

P_a 值还应用锚杆锚固力 Q 值进行验算：

$$P_a = \frac{Q}{K_1 D_1 D_2} \tag{3-39}$$

式中：f_{st}——锚杆材料的设计抗拉强度（MPa）；

F_s——单根锚杆杆体的截面积（mm^2）；

D_1、D_2——分别为锚杆的纵、横向间距（m）；

K_1——安全系数。

P_a 应采用式（3-38）和式（3-39）中的较小值。

当喷射混凝土中配筋时，则式（3-37）为：

$$P_i=(\sigma_0+c_1\cot\varphi_1)(1-\sin\varphi_1)\left(\frac{r_0}{R}\right)^{\frac{2\sin\varphi_1}{1-\sin\varphi_1}}-c_1\cot\varphi_1-P_a-P_t \tag{3-40}$$

附加钢筋网的支护抗力 P_t 可按下式求得：

$$P_t=\frac{F_s f_{st}}{S\frac{b}{2}\sin\left(45^\circ-\frac{\varphi_1}{2}\right)} \tag{3-41}$$

式中：F_s——单根环向钢筋的截面积（m^2）；

f_a——钢筋抗剪强度（MPa）；

S——钢筋的间距（m）。

喷射混凝土厚度计算仍可用式（3-31）和式（3-36）。

3.监控量测法设计与新奥法

由于地下硐室的受力特点及其复杂性，单靠使用工程类比法或理论分析法进行设计，都不能取得满意的效果，往往需要现场监视岩体和支护加固体系的稳定性，并应用现场监测结果来修正设计，指导施工，所以监控量测法设计实际是通过信息反馈来进行设计的。

反馈方法目前有两种：一是经验方法，就是将硐周位移量测结果（或经某种统计处理）与以往用工程类比法建立的判别准则直接作比较，借以确认或调整支护参数与施工措施和方法；二是力学方法，即利用硐室测得的围岩位移，反推岩体的初始地应力和岩体变形参数，并用以作为输入信息对该隧道断面做围岩稳定分析，从而获得是否有必要修正支护参数与施工方法的输出信息，这种反馈方法又称位移反分析法。

前文已经述及，锚喷设计通常包括初步设计阶段和施工设计阶段。初步设计一般应用工程类比法与理论分析法进行。施工设计则是根据现场监控量测所得到的信息，对初步设计中不符合实际情况的部分进行修正，使设计参数和施工对策更加合理。

监控量测法设计的主要环节是，现场监测—数据处理—信息反馈 3 个方面。现场监测包括制订方案、确定测试内容、选择测试手段、实施监测计划。数据处理包括原始数据的整理、明确数据处理的目的、选择处理方法、提出处理结果。信息反馈包括反馈方法（定性反馈与定量反馈）和反馈作用（修正设计与指导施工）。有关监测方法与监测数据的分析与处理可参考有关文献。

建立在监控量测基础上的新奥地利隧道设计施工法（简称新奥法，NATM）是一种设计、施工、监测相结合的科学的隧洞支护方法。喷射混凝土、锚杆和现场监控量测被认为是新奥法的三大支柱。至今，新奥法在世界各国的隧洞和地下工程建设中获得了极为迅速的发展，特别是在困难地层的条件下修建隧洞以及控制围岩的高挤压变形方面显示了很大的优越性。

新奥法由 L.Rabcewicz 在 1964 年提出，是在总结隧洞建造实践基础上创立的。它的理论基础是最大限度地发挥围岩的自支承作用。自新奥法提出后，在铁路、公路、水工隧洞及软弱地层中的城市地下工程中获得了广泛的应用。

新奥法的基本原则如下：

（1）围岩是隧洞承载体系的重要组成部分。

（2）尽可能保护岩体的原有强度。

（3）力求防止岩土松散，避免岩石出现单轴和双轴应力状态。

（4）通过现场量测，控制围岩变形，一方面要允许围岩变形，另一方面又不允许围岩出现有害的松散。

（5）支护要适时，最终支护既不要太早，也不要太晚。

（6）喷射混凝土层要薄，要有“柔”性，宁可出现剪切破坏，而不要出现弯曲破坏。

（7）当要求增加支护抗力时，一般不加厚喷层，而采用配筋、加设锚杆和拱肋等方法。

（8）一般分两次支护，即初期支护和最终支护。

（9）设置仰拱，形成封闭结构。

新奥法是与其必须遵循的原则紧密地联系在一起的。新奥法的特征就在于充分发挥围岩的自承作用。喷射混凝土、锚杆起加固围岩的作用，把围岩看作是支护的重要组成部分并通过监控量测，实行信息化设计和施工，有控制地调节围岩的变形，以最大限度地利用围岩的自承作用。

在隧洞工程中，对于不稳定围岩，要使其不发生破坏，必须限制其变形和发展，这就需要在洞壁上施加一定的支护抗力，以使围岩达到新的平衡状态。

要使围岩所产生的变形越小，则需提供的支护抗力就越大。如果允许围岩产生较大的变形，则可施加较小的支护抗力。当围岩变形超过允许值时，围岩出现破坏，形成作用于支护上的“松散压力”。这样，支护结构上所受的荷载反而增大。因此，理想的支护设计应当是以最小的支护抗力来维护围岩的稳定，也就是支护曲线在K点处与围岩特性曲线相交。

通常支护设计应有一定的安全度，因此可设计成支护特性曲线在K点处与围岩特性曲线相交。新奥法的成功之处就在于它能通过合理采用喷射混凝土锚杆支护方法与支护时机，使支护特性曲线在接近P_i处与围岩特性曲线相交，取得平衡，以充分发挥围岩的自支承作用。而支护时机的确定建立在监控量测的基础上。

第四节　水工边坡/岸坡防治

一、防治原则

为了预防和控制水工边坡与岸坡可能发生的破坏，需要采取必要的防治措施。防治的总原则是“以防为主，及时治理”。

“以防为主”，即在勘察研究的基础上，对一些不稳定的边坡、岸坡必须提前采取措施，消除和改变不利于稳定的因素，以防止发生变形破坏；在设计人工边坡时选择合理的布置和开挖方案。例如，在高地应力区的斜坡上设计人工边坡时应尽可能使边坡走向与该地区最大主应力方向一致。此外，工程布置应尽量避开严重不稳定斜坡地段（如活动性的大型滑坡或严重崩塌地段），以杜绝后患。总之，以防为主就是尽量做到防患于未然。

“及时治理”，即针对已经发生变形破坏的边坡及岸坡，及时采取必要的措施进行整治，以提高其稳定性，使之不再继续向恶化方向发展。

防治设计的具体原则可概括为以下几点：

（一）以查清工程地质条件和了解影响水工边坡/岸坡稳定性的因素为基础

查清水工边坡/岸坡变形破坏地段的工程地质条件是最基本的工作环节，在此基础上分析影响水工边坡/岸坡稳定性的主要及次要因素，并有针对性地选择相应的防治措施。

（二）整治前必须查清水工边坡/岸坡变形破坏的规模和边界条件

变形破坏的规模不同，处理措施也不相同，要根据水工边坡/岸坡变形的规模大小采取相应的措施。此外，还须掌握变形破坏面的位置和形状，以确定其规模和活动方式。否则就无法确切地布置防治工程。

（三）按工程的重要性采取不同的防治措施

水工边坡/岸坡失稳后果严重的重大工程，势必要求提高稳定安全系数，防治工程的投资量大；而非重大工程和临时工程，则可采取较简易的防治措施。同时，防治措施要因地制宜，适合当地情况。

二、防治措施

由于水工边坡/岸坡的具体情况复杂多样，治理措施也应该各不相同。针对水工边坡/岸坡的具体工程地质条件，应因地制宜地采取不同的治理措施。防治思路分为两大方面：一是提高抗滑力τ_f，如增强岩土体的抗剪能力或者提供外加抗力；二是减小下滑力τ，如排水、削去某些部位的滑体等。任何防治措施必须要完成上述两项或两项中的任何一项任务，并使τ_f/τ大于规范要求的安全系数F_s。能完成上述任务的防治工程措施可分为4类，即：①改变边坡几何形态；②排水；③设置支挡结构物；④内部加固。

（一）改变边坡的几何形态

主要是削减推动滑坡产生区的物质和增加阻止滑坡产生区的物质，即通常所谓的砍头压脚，或减缓边坡的总坡度，即通称的削方减载。这种方法在技术上简单易行且加固效果好，所以应用广泛且应用历史悠久，特别适用于滑面深埋的边坡。整治效果则主要取决于削减和堆填的位置是否得当。

（二）排水

排水包括将地表水引出滑动区外的地表排水和降低地下水位的地下排水。地表排水因其技术上简单易行且加固效果好、工程造价低，所以应用极广，几乎所有的滑坡整治工程都包括地表排水工程。运用得当，仅用地表排水即可整治滑坡。1982 年发生的四川云阳鸡扒子滑坡于 1984 年实施了地表排水整治工程后，迄今一直保持稳定就是一个很典型的实例。

排水工程中的地下排水，由于它能大大降低孔隙水压力，增加有效正应力从而提高抗滑力，故加固效果极佳，工程造价也较低，所以应用也很广泛。尤其是大型滑坡的整治，深部大规模的排水往往是首选的整治措施，但其施工技术比起地表排水来要复杂得多。近年来在这方面有很大的进展，垂直排水钻孔与深部水平排水廊道（隧洞）相结合的排水体系得到较广泛的应用。三峡库区黄蜡石滑坡就采用了地表排水工程和垂直钻孔群与滑动面以下的排水廊道相连的地下排水工程进行整治，对稳定该滑坡起到了良好的作用。

排水措施与改变边坡/岸坡几何形态联合可以获得更好的整治效果。新西兰 Brewery Creek 滑坡加固方案是一个典型实例。该滑坡位于水库之内，水库充水后滑坡趾部水位较原河水位抬高约 35m，滑坡内地下水位必须通过排水体系降至原河水位以下才能保证滑坡稳定性，因此采用了排水隧洞与扇状辐射排水钻孔相结合的地下排水体系，同时又在滑坡趾部堆填多种土质反压盖层（压脚），以增加滑坡稳定性和阻滞库水入渗。排水廊道设在原河水位下 30m，在廊道向上钻扇状辐射排水钻孔，集中于廊道中的地下水再通过垂直钻孔抽水排入水库。为防止库水入渗，反压马道之下还需设置防渗帷幕，构成一个复杂的地下排水与反压相结合的加固工程体系。

（三）支挡结构物

在改变水工边坡/岸坡几何形态和排水不能保证水工边坡/岸坡稳定的地

方，常采用支挡结构物如挡墙、抗滑桩、沉井、拦石栅，或水工边坡/岸坡内部加强措施如锚杆（索）、土锚钉、加筋土等来防止或控制水工边坡/岸坡岩土体的变形破坏运动。经过恰当的设计，这类措施可用于稳定大多数体积不大的滑坡或者没有足够空间而不能用改变水工边坡/岸坡几何形态方法来治理的滑坡。

砌石圬工重力式挡墙是使用最广的支挡结构物，但仅适用于规模小、滑面浅的滑坡。铜街子水电站左坝肩红色地层中的滑坡就是用一排沉井进行支挡。挡墙体也可以是原地浇灌钢筋混凝土连续墙，必要时还可在墙前加斜撑或用锚索将墙后拉锚固以增强其支挡效果。

当滑坡规模较大时常采用抗滑桩进行治理。抗滑桩是用以支挡滑体下滑力的桩柱，一般集中设置在滑坡的前缘附近。它施工简便，可灌注，也可锤击灌入。桩柱的材料有混凝土、钢筋混凝土、钢等。这种支挡工程对正在活动的浅层和中层滑坡效果好。为使抗滑桩更有效地发挥支挡作用，根据经验应将桩身全长的1/3~1/4埋置于滑坡面以下的完整基岩或稳定土层中，并灌浆使桩和周围的岩土体构成整体，而且设置于滑体前缘厚度较大的部位为好。抗滑桩能承受相当大的土压力，所以成排的抗滑桩可用来止住巨型的滑坡体。

另外一类支挡结构物并不阻止灾害的发生，而仅阻止其可能造成的危害，即为被动防护。例如设置于水工边坡/岸坡上一定部位处的刚性拦石格栅或柔性钢绳网，可以拦截或阻滞顺坡滚落的块石，从而使保护对象免遭破坏。试验证明，链条连接的栅栏可以阻止直径达0.6m的滚落块石，但往往受到强烈损坏而且不能阻拦直径更大的块石。所以，欧洲式的安全网系统在高山、高陡坡崩塌落石严重的地区得到较广泛的应用。该系统由钢绳网、固定系统（拉锚和支撑绳）、减压环和钢柱4部分组成。钢绳网是首先受到冲击的系统主体部分，它有很高的强度和弹性内能吸收能力，能将落石的冲击力传递到支撑绳再传到拉锚绳最终到锚杆。在绳的特定位置设有摩擦式“减压环”，它能通过塑性位移吸收能量，是一种消能元件，可对系统起过载保护作用。钢柱是系统的直立支撑，它与基座间的可动连接确保它受到直接冲击时地脚螺栓免遭破坏，锚杆将拉绳锚固在岩石地基中并将剩余冲击荷载均布地传递到地基之中。

（四）坡体加固

水工边坡/岸坡内部加固多采用锚固工程，将张拉的锚杆或锚索的内锚固端固定于潜在滑面以下的稳定岩土之中，施加的张应力增加锚拉方向的正应力，从而增大了破坏面上的阻滑力。为了改善荷载分布，近年来开发了在一个锚固孔中置入多个单元锚索的单孔多锚索体系，每个锚索都单独密封于抗腐蚀系统中，各锚索的密封囊用本身的预应力千斤顶加载，并将荷载分别传递到预定深度。这种锚索完全消除了传统锚索的累进性破坏机制，几乎同时动用了整个钻孔长度的岩体强度。

在土体中进行边坡/岸坡内部加固，有赖于通过剪力传递以发挥密集地埋置于土体内的加强单元的抗张能力。这一概念的提出，导致了不断增长的使用金属或高分子聚合物等加强单元进行土体内部加固，或用递增埋置法创建加筋土支挡体系或原地系统打入加强单元，即土锚钉加固。加筋土是在土体中埋入具有抗拉功能的单元以改善土体的总体强度，稳定天然或堆填水工边坡/岸坡，支挡开挖边坡都可用加筋土挡墙。它优于传统挡墙之处在于：①它既有黏聚性又有韧性，故能承受大变形；②可使用的填料范围很广；③易于修建；④耐地震荷载；⑤已有多种面板形式，可以建成赏心悦目的结构；⑥比传统挡墙或桩造价低。有护面板的加筋土可做成很陡的坡，从而可降低新建运输线路所需的宽度，特别适用宽度受限的已有道路的加宽。

最常用的土中加筋材料是能承受张荷载的金属（钢或铝）条带、钢或聚合物格栅等。为防金属条带锈蚀破坏而开发了镀锌防锈腐钢条带或外包以环氧树脂的金属条带。近年来非金属加筋材料如土工布、玻璃纤维、塑料等新合成材料广泛应用于加筋土，这些材料抗腐蚀，但长期埋置是否会产生化学或生物的老化，有待进一步研究。土工布类片状加筋物一般是水平置于加筋层之间形成复合加筋土，其中土填料可用从粉土直到砾石的颗粒土。护面单元可用土工布在坡面附近将土包起来并在露出地表的土工布表面喷水泥砂浆、沥青乳胶或覆以土壤和植被以防紫外线对土工布的破坏。

土锚钉是将金属棒、杆或管打入原地土体或软岩或灌浆置入土或软岩中预先钻好的钻孔中，它们和土体共同构成有黏聚力的土结构物，可以阻止不稳定水工边坡/岸坡的运动或支撑临时挖方边坡。锚钉属被动单元，打入或置入后不再施加拉张应力。锚钉间距较密，通常 1～6m^2 的表面应有一个锚钉。锚钉间地面稳定性由薄层（10～15 cm）挂金属网的喷混凝土提供。土锚杆可用以支撑潜在不稳定水工边坡/岸坡或蠕动水工边坡/岸坡，最适用于密实的颗粒土或低塑性指数坚硬粉质黏土。由于金属棒、杆锈蚀速度的不确定性，土锚钉主要用于临时结构物。但抗锈蚀的新的加筋类型和加筋护面类型也在研制开发之中，如德国曾用玻璃纤维锚钉支挡近垂直的边坡。土锚钉的一种新技术是以土工布、土工格栅或土工网覆盖地面。土工材料在多个结点上加强，并以长的钢杆将这些结点锚固起来。

这些锚钉恰当地紧固后，它们将地表网拉入土中，使网处于拉伸状态而网下的土则处于压缩状态。土锚钉系统既有柔韧性又有整体性，故可抗地震荷载。

土质改良的目的在于提高岩土体的抗滑能力，主要用于土体性质的改善。常用方法有电渗排水法和焙烧法等。电渗排水法对粉砂土和粉土质亚砂土效果较好，它能使土内含水量降低而提高其抗剪强度，但费用昂贵，一般很少采用。焙烧法可用来改善黄土和一般黏性土的性质，它的原理就是通过焙烧的方法将滑坡体特别是滑带土烧得像砖一样坚硬，从而大大提高其抗剪强度。采用这种方法一般是对坡脚的土体进行焙烧，使之成为坚固的天然挡土墙。我国宝成铁路线上某些滑坡曾采用过这种方法，取得了良好的效果。对于岩质水工边坡/岸坡可采用固结灌浆等措施加固。

（五）其他方法

当线路工程（如铁路、公路、油气管道）遇到严重不稳定边坡/岸坡地段，用上述方法处理又很困难或者治理费用超过当时的经济承受能力时，采用防御绕避也是一种明智的选择。同时为避免边坡/岸坡破坏地质灾害带来巨大损失，居民搬迁、交通工程或能源传输管道改线等回避措施也是需要和值得考虑的。

防御绕避的具体工程措施有明硐、御塌棚、内移作隧、外移建桥等。明硐和御塌棚用于陡峻边坡/岸坡上方经常发生崩塌的地段。内移作隧和外移建桥的措施用于难于治理的大滑坡地段。

总之，要根据水工边坡/岸坡地段具体的工程地质条件和变形破坏特点以及发展演化阶段选择采用上述措施，有时则需要采取综合治理的措施。

三、工程实例

贵州天生桥二级电站在1986年5月厂区施工时，当开挖到550m高程时，在厂区西南侧下山包一带发生了地表变形，边坡出现滑动迹象。该处原为一古滑坡，东临南盘江，北至芭蕉林，南抵拉线沟，平面近似一个不对称“海贝”形，前缘高程554m，后缘高程650m，东西长520m，南北宽250m，面积约8×10^4 m^2，厚度25～45 m，总体积1.4×10^6 m^3。

1986年5月出现变形迹象后，并出现小规模滑坡，这时进行了初步处理。11月厂房西坡进行大规模开挖，几天后地面开裂增多，地面裂缝逐步向后方发展，排水沟被拉断，变形加速，1987年2月25日被迫开始进行减载和减少地表水下渗。从3月至6月，随着各项治理措施的完成，变形不再发展，滑坡进入稳定阶段。

对于该滑坡，先后采取的主要治理措施如下：

（一）减载

先后在滑坡后缘减载2.3×10^5 m^3，经验算，滑坡稳定性系数可以提高10%。

（二）排水、截水

拆除了至滑坡的一切供水设施，布置了完整的地表、地下排水系统。

（三）抗滑桩

按单排布置，共18根，分两期施工，最长桩长42.4m，最短25m。桩截面尺寸3m×4m，间距6m，锚固长度8m，设计推力12840kN。

（四）预应力锚索

由于坡体开裂严重，多充填，在前部布置了预应力锚索加固，共 226 根。锚索承载力为 1200kN，锚固段长度 10m，选用 10×7 ϕ 5mm 钢绞线。

（五）预应力锚杆

1987 年 3～5 月在减载、排水和钢筋桩实施之后，滑动速度明显减少，但仍未停止，为保证雨季施工安全，在钢筋桩下方布置了两排预应力锚杆。锚杆排距 2m，间距 2m，倾角 60°，锚固段长度 4.5m，锚固力 300kN，锚杆总长 12～20m。

（六）钢筋桩

为控制滑坡速率，为后续各种措施创造条件，在前部用钻机成孔法建成了一批钢筋桩，采用 7 根 $\varphi 32$ 圆钢组成的 $\varphi 96$ 钢筋束，桩底深入滑面下 5m，用 200 号砂浆灌注。

（七）框架护坡

在滑坡前缘靠左侧布置了混凝土框架护坡。

可以看出，对于下山包滑坡采取多种措施进行了综合治理。通过上述治理措施，该滑坡得到控制，几十年来一直处于稳定状态，综合治理是成功的。

第五节　岩溶防渗处理

一、防渗处理的基本方法

为了防止岩溶渗漏，往往需要在发育有各种溶蚀渗漏通道的大范围内进行大工程量的防渗处理。岩溶发育程度不同则渗漏通道的形式和规模不同，所以防渗处理也有灌、铺、截、围、喷、塞、引、排等多种方法。其中以前 5

种应用最广，有时又需多种方法联合。

（一）帷幕灌浆

帷幕灌浆是通过钻孔向地下灌注水泥浆或其他浆液，填塞岩溶岩体中的渗漏通道，形成阻水帷幕，以达到防渗的目的。帷幕灌浆用于裂隙性岩溶渗漏具有显著的防渗效果，对规模不大的管道性岩溶渗漏采用填充性灌浆也有一定效果。

一般在坝基和坝肩部位都设置灌浆帷幕，以防止绕坝渗漏。坝肩帷幕的布置：在无相对隔水层分布的坝址，以垂直（或有较大的交角）谷坡地下水等水位线及岸坡地形线为宜，在利用相对隔水层防渗的坝址，帷幕在深入岸坡一定距离后，即转向相对隔水层，与相对隔水层连接。帷幕深度及向两岸的延伸范围则根据防渗处理范围确定。

帷幕的灌浆压力、孔距、排距、排数等，根据变水高度、建筑物特点、岩溶发育特点和灌浆试验结果确定。对有泥质填充的裂隙岩体，可试用高压灌浆处理。另外一种观点则主张采用一般灌浆压力，起压密填充作用，不会再被渗透水流带走。过高的灌浆压力会使岩体产生宽 0.5～0.8mm 的细微裂隙，故对其适用性应首先进行研究。

例如乌江渡大坝，坝基石灰岩层走向与河流近垂直，倾角 50°～65°，倾向上游。防渗工程采用悬挂式垂直水泥灌浆帷幕，结合溶洞挖填及右坝肩局部混凝土防渗墙。帷幕在不同部位和高程上选用的排数为 1～3 排，排距 1.5m，灌浆孔距 2m。帷幕总长 1020m，面积达 $18.9\times10^4\,m^2$，灌浆钻孔总深度 $18.8\times10^4\,m$。坝址岩溶多有黏土及砂充填或半充填，通过测定不同压力下的灌浆耗灰量，发现在 6MPa 的压力下耗灰量有明显增加。此外，在灌浆后，经大口径钻孔检查，高压灌浆对岩溶中充填黏土的处理效果良好，充填黏土全为水泥结石所包围，并有大量水泥结石成脉状侵入黏土中，与黏土相间成层，黏土密实，具有一定强度，透水性很小。

（二）堵洞

选择集中漏水的洞口用适当的建材堵塞，是防止岩溶通道渗漏的有效方法。对裸露基岩中的漏水洞，只要清除其充填物和洞壁的风化松软物质，然后用混凝土封堵，即可获得良好效果。在覆盖型岩溶河段，由于基岩中岩溶管道埋藏于覆盖层之下，要消除覆盖层，应找到基岩中岩溶管道的入口，加以封堵。如因覆盖层太厚，彻底清除确有困难，也应尽可能深挖扩大，清除其中的松软物质，然后加以堵塞。一般的堵洞结构是下部作反滤层，上部以混凝土封堵，再以黏土回填。在覆盖层中堵洞，有时要进行多次才能成功。

例如云南水槽子水库的主要漏水库段冲积层厚约 30m，在蓄水后第一次放空时，发现在冲积层上出现 45 个漏水洞，均做了堵洞处理。再蓄水后，部分地段在老洞旁边又出现新的洞口，又再次进行了处理。但一般漏水洞在处理两三次后，由于天然淤积物的铺盖，大量漏水问题基本解决。

水槽子水库的堵洞方法是对漏水洞适当开挖扩大，尽量挖至洞底不见明显通道时为止。在洞底抛一层块石，然后浇筑 1～2m 厚的混凝土，上部再用黏土回填，对较小的漏水洞只以块石黏土回填。

国内外的经验表明，堵洞后封存在溶洞中的空气在水位变动时会产生不利的影响。当地下水位迅速上升时，空洞中的空气压力升高，高压气体可能突破管道的薄弱部分或堵洞工程，向外排气。随后，这一排气洞可能成为水库的漏水洞。而当地下水位迅速下降时，被封闭的溶洞又成为负压区，也可能导致上部盖层或堵洞工程的破坏，成为漏水洞。因此堵洞时应留有高出水库水面的排气孔、排气管、排气活门或调压井等。湖南省佘湖水库、樱桃坳水库的堵洞工程曾由于地下水位的反复升降，遭受多次破坏。针对这一情况，在堵洞体上安装了一根伸出水面的通气管，调整了地下水位迅速升降时密闭管道中的水气压力，使堵洞工程获得了成功。

（三）铺盖

在坝上游或水库的某一部分，以黏土层或钢筋混凝土板做成铺盖，覆盖漏水区，以防止渗漏，称为铺盖。铺盖防渗主要适用于大面积的孔隙性或裂隙性渗漏。库底大面积渗漏，常用黏土铺盖；对于库岸斜坡地段的局都渗漏，用混凝土铺盖。为防止坝基、坝肩渗漏而设置的铺盖，最好使坝体与上游的隔水岩层相衔接，或铺盖的范围扩大使绕过铺盖的水流比降和流量控制在允许限度以内。

一般情况下，铺盖工程应在蓄水前或水库放空以后施工，以保证质量。但有些情况下，用水中抛土方法形成铺盖，也可起到一定的防渗作用，如陕西桃曲坡水库右岸即采用了水中抛土法。

铺盖厚度，黏土厚可为1/8～1/10水头，最小1m，有承压水时不宜用黏土做铺盖。如法国布旺德（Bouvante）水库，坝高38m，水库的主要部分位于相对不透水岩层上，但在近坝部位分布有岩溶化灰岩层，并顺向斜底部延伸到下游河道。水库蓄水后，库水沿该岩溶化灰岩层向下游河道渗漏。渗漏通道以岩溶裂隙和小溶洞为主。渗漏水流在坝下游约6km远的泉水流出，低于坝址约300m。水库蓄满时，渗漏量为1.1m^3/s。发现漏水后，采取了在渗漏区做混凝土铺盖的防渗处理措施，处理后渗漏量下降至0.3m^3/s以下。

（四）隔离

在库岸基岩上修筑隔水围坝，将范围不大的集中渗漏区与库水隔离，以减少水量损失的方法称为隔离。例如猫跳河二级水库坝前右岸有一向下游伸展的黄家山岩溶洼地，洼地内有峰林及岩溶漏斗分布。水库蓄水后数小时，在洼地内发现5～6个铺盖土层上的塌陷漏斗和基岩中的落水洞，渗漏水流在下游河道岸坡上的枇杷洞（K58）出露，出水点距黄家山洼地1100m，低于水库水位约30m，渗漏量达1～2m^3/s。选用隔离方案进行防渗处理，在黄家山垭口建一高9m、长37.5m的砌石坝（隔堤），使漏水洼地与水库隔离，该坝建成后，下游再未发现漏水现象。

（五）导排

将建筑物基础下及其周围的承压地下水或泉水通过有反滤设施的减压井、导管及排水沟（廊道）等将承压地下水引导排泄至建筑物范围以外，以降低渗透压力的方法称为导排。减压井或其他排水设施一般设置在防渗帷幕后面和两岸边坡。如官厅水库左坝肩下游岸坡设置排水孔及山东岸堤水库右坝肩设置排水洞，对边坡稳定和坝肩稳定均有显著效果。

二、防渗处理方案的选择

防渗处理措施应在查清渗漏边界条件的前提下因地制宜地选定。对复杂的处理工程，事先还要进行试验（如灌浆试验），以取得必要的技术资料，作为防渗处理设计的依据。此外，不少国内外的工程实例表明，岩溶渗漏的防渗处理往往要进行几次处理后才能达到预期的效果，因此在工程设计中最好能预留放空底孔或有大幅度降低水库水位的措施，以便给进一步进行防渗处理留有余地。

防渗处理方案主要根据渗漏类型和工程对象选择。对于管道性集中漏水，多选择堵洞等防渗处理方案。对于裂隙性分散渗漏，多选择帷幕、铺盖或天然淤积的防渗方案。大多数情况下，既有集中的管道漏水，又有分散的裂隙渗漏，因此防渗也应采用综合处理方案，如铺盖与堵洞相结合、帷幕与截水墙相结合、帷幕与堵洞相结合等。

对于坝址的防渗处理，一般以帷幕灌浆和排水结合为主，辅以堵、截等方法，有时也可采用铺盖方案。

库区防渗处理，对集中的漏水通道，多用堵、截或隔离方案。对于分散的大片漏水，可考虑铺淤方案。

第四章　水利水电工程建设

第一节　水利水电工程建设

一、水资源

按照世界气象组织和联合国教科文组织《INTERNATIONAL GLOSSARY OFHY-DROLOGY》（国际水文学名词术语，第三版，2012 年）中关于水资源的定义，水资源是指可资利用或有可能被利用的水源，这个水源应具有足够的数量和合适的质量，并满足某一地方在一段时间内具体利用的需求。

（一）世界水资源状况

1.世界水资源

地球 72%的地表都是水，但其中只有 0.5%的水是淡水，近 70%的淡水都在南极和格陵兰以冰川的形式存在，剩下的大部分是土壤水分或深层地下水，无法被人类利用。中国人均淡水量仅为世界人均淡水量的 1/4。

地球上的水资源非常丰富，大约有 14.5 亿立方千米。虽然世界上有大量的水资源，但是能够被人类直接利用的却非常少。首先，海水既咸又涩，不能直接饮用，不能灌溉土地，也不能直接用于工业生产。其次，地球淡水资源只有总水量 2.5%，其中超过 70%被南极、北极地区的冰层覆盖，再加上高山冰层和永久封冻水，87%的淡水无法得到有效利用。人类所能使用的淡水只是河流、湖泊和地下水的一部分，这些水资源量占全球水资源总量的 0.26%。世界上的淡水资源不但匮乏，分布也极不平衡。从国家分布来看，巴西、俄罗斯、加拿大、中国、美国、印度尼西亚、印度、哥伦比亚、刚果等 9 个国家拥有世界淡水资源的 60%。

随着世界经济的发展，人口的增加，以及城市规模日益扩张，各地用水量每年都在增多。根据联合国的估计，1900 年，世界水资源消耗量仅为每年 4000 亿 m^3/年，1980 年为 30000 亿 m^3/年，1985 年为 39000 亿 m^3/年，到 2000 年，每年的耗水量达到 60000 亿 m^3。亚洲是世界上耗水量最多的地区，达到 3200 亿 m^3/年，然后是北美洲、欧洲、南美洲等。世界上 80 个国家和地区大约有 15 亿人口淡水资源不足，其中 26 个国家约有 3 亿人处于严重的水资源短缺状态。更令人担忧的是，到 2025 年，全球将有 30 亿人将面对水资源短缺，40 个国家和地区将出现水资源严重不足的状况。

2.中国水资源

中国拥有的水资源总量为 2.8 万亿 m^3，在全球排名第六。2014 年，全国用水量达到 6094.9 亿 m^3，排在印度之后，位居全球第二位。由于我国人口众多，人均水资源拥有量只有 2100m^3，约为全球平均水平的 28%。中国是一个典型的季风型国家，水资源的空间和时间极不均衡，南北自然条件差异很大。其中 9 个北部省份年人均用水量不足 500m^3，属于水少地区，尤其是城市人口急剧增加，生态环境退化，工业和工业用水技术落后，资源浪费，水资源受到污染，更是让水资源“雪上加霜”，制约着我国经济社会的发展。目前，我国 600 多座城市中有 400 多座已经出现了供水不足的问题，这其中有 110 座是缺水比较严重的城市，目前我国的短水总量达到 60 亿 m^3。

根据监测，目前我国大部分城市存在着不同程度的点污染与面污染，并且这一情况呈逐渐恶化的态势。日益恶化的水污染不但降低了水体的使用功能，还会使水的供需矛盾更加突出，给国家的可持续发展造成很大的影响，对城市用水和民众身体健康构成了巨大的挑战。

根据国家水利部预测，中国的人口总量在 2030 年将会达到 16 亿，而那时，中国的人均水资源只有 1750m^3。在考虑节水的情况下，我国每年的用水将达到 7000 亿~8000 亿 m^3，供水量需要比当前增长 1300 亿~2300 亿 m^3，供水压力极大。

中国的总水量低于巴西、俄罗斯、加拿大、美国和印度尼西亚，排名第六。如果以人均占有水量为标准，它只是全球的四分之一，位居全球110位之后。水资源短缺是中国的一个重要问题，并且这一问题有不断加剧的趋势。

尽管中国的水资源总量很大，但是人均拥有量却不丰富。流域内的水资源分布不均衡，水土资源组合不平衡；年内分配集中，年际变动较大；连丰连枯年份比较突出，河道泥沙淤积较为严重。这些特点造成了中国容易发生洪涝灾害，供水矛盾比较突出，使中国水资源开发利用和河流治理面临严峻挑战。

（二）水资源开发和利用

利用水资源是改造自然、利用自然的一个方面，目的是发展社会和经济。水资源最初的发展和利用较为简单，就是以需定供。随着社会经济的发展，逐步向多用途、综合、以供定用转变，按规划有节制地开发与利用。目前，世界上许多国家都认为，在水资源的开发过程中，必须考虑到经济效益、社会效益和环境效益的统一。

水利建设涉及农业灌溉、工业用水、生活用水、水能、航运、港口运输、淡水养殖、城市建设、旅游、防洪、防涝等，但是在水资源的开发和利用上还有许多有待于解决的问题。比如，跨流域调水会不会造成环境的破坏，森林对于水源的影响到底有多大？南极冰川的大规模使用是否会给未来的全球气候带来巨大的改变？另外，全球气候变化和冰川进退对未来水资源有什么影响。这对于以后人类合理开发和利用水资源具有深远的意义。

二、水利工程

水利工程是指人们用于调控自然中的地表和地下水资源，以实现兴利除弊目标而修建的工程。水是人们赖以生存的重要资源，然而它的天然形态却与人们的需求不符。修建水利工程是人们治理洪水、调整水资源配置的有效途径，它能保证人们生活和生产所需的水资源。为合理利用水资源，人们需要修建坝、堤、溢洪道、水闸、进水口、渠道、渡槽，筏道、鱼道等各种形式的水利工程。

（一）分类

根据其用途，水利工程可分为：防洪减灾的防洪工程；防止旱、涝、渍等为农业生产提供保障的农田水利枢纽工程；把水能转换成电力的水力发电工程；改善和创造运输环境的水渠及码头工程；为工业和居民提供水，以及污水和雨水的处置和排除的城镇供水和排水工程；防治土壤侵蚀、水体污染，维持生态平衡的环境水利工程；保护和增进渔业生产的渔业水利工程；为适应工农业、农业和交通等需求而进行的海涂围垦工程等。一种既能防洪，又能灌溉，又能发电，兼具航运的水利项目，则称为综合利用水利工程。

蓄水工程指水库和塘坝（除专门为引水和提水工程建设的调整水库外），按大型水库、中型水库和小型水库和塘坝分别进行统计。

引水工程是指从河道、湖泊等地表水体自流引水的工程（不含蓄水和提水工程中引水的工程），按大、中、小型规模分别进行统计。

提水工程是指采用扬水泵站从河道、湖泊等地表水域中抽水（不包括从蓄水、引水工程中提水的工程），按大、中、小型规模分别进行统计。

调水工程是指水资源一级区或独立流域之间进行的跨流域调水工程，蓄、引、提工程中均不包括调水工程的配套工程。

地下水源工程是指地下水的水井工程，按浅层地下水和深层承压水分别统计。

（二）组成

无论是治理水害还是开发水利，都离不开大量的水利工程。根据功能不同，一般的水工建筑物可划分为三种：挡水建筑物、泄水建筑物和专门水工建筑物。由若干水工建筑物组成的水工建筑物称为水利枢纽。

1.挡水建筑物

挡水建筑物是一种用来阻止水流、壅高或调整上游水位的建筑物，通常跨越河流的叫坝，沿着水流方向在河流两侧修建的叫堤。坝是水库的重要组成部分。现代大坝大都是利用本地的土石和水泥浇筑的重力坝，它利用自重来保持大坝的稳定性。在河谷较窄的情况下，可以在平坦处设置一个圆弧的拱坝。当大坝的材料不足时，可选用加筋的轻质大坝（也就是通常所说的支墩），但其抗震性能和耐用性都很低。砌石坝是一种古老的坝，不易进行机械化作业，多为中小型工程。坝体在建造中要解决的主要问题在其抵抗滑动或倾覆的稳定性、防止坝体断裂、渗水等方面。土石坝或沙土地基，在防渗过程中主要是防止出现“管涌”“流土”等问题。在地震区修建大坝时，要特别注意坝体或地基中浸泡的无黏性的沙料在地震作用下强度突然消失而导致的“液化现象”。

2.泄水建筑物

泄水建筑物是指能够从蓄水池中安全、可靠地排出过剩或所需的水的建筑物。历史上曾发生土石坝由于洪水超出了库容的能力而导致大坝垮塌的事故。为了确保堤防工程安全，土石坝在工程建设中需要设置溢洪道，当大坝蓄水超出设计值时，剩余的洪水会通过溢洪道排出。由于其具有良好的抗冲性能，可以通过大坝的水流进行排涝，故称为溢流坝。在建设泄水建筑物时，必须要注意建筑物的消能、防蚀、耐磨等问题。排出的水流通常有很大的动能和冲刷能力，为了确保下游的安全，通常采用水跃或挑流等方式来抵消水流中的能量。在流量超过 10~15 m/s 的情况下，泄水建筑物中的一些不平整区域就会产生“空化”现象，这是由于在接近边界附近形成了一个空洞而引起的。防止空蚀的措施有：尽可能采取流线式的外形，增大压降，减慢流量，选用强度较大的物料，以及向局部地区通气等。在多沙的河道或含有大量岩屑的情况下，也要处理好磨损问题。

3.专门水工建筑物

除了以上两种常用的普通建筑之外，还有用于特殊用途或用于执行特殊使命的水工建筑物，称为专门水工建筑物。渠道是输水建筑物，主要应用在灌溉和引水等工程。如遇到高山的阻碍，可盘山绕行或开挖隧道穿过；如与河、沟相交，应设置渡槽或倒虹吸，另有与桥梁、涵洞等交叉的建筑物。水力发电站枢纽按厂房位置和引水方式，可分为河床式、坝后式、引水道式和地下式等。水电站建筑物主要有集中水位落差的引水系统、用于预防突发停机时产生过大水击压力的调压系统、水电站厂房以及尾水系统等。通过水电站建筑物的水流速度一般较小，但这些建筑物往往需要承受着巨大的水压力，所以很多部位必须采用钢制结构。在水库建成后，水坝将阻断船只、木筏、竹筏以及鱼群的返程，严重影响航运、渔业的发展。为此，应专门修建过船、过筏、过鱼的船闸、筏道和鱼道。这种建筑物具有较强的地方性，需要在建造之前进行专门研究。

（三）特点

1.很强的系统性和综合性

单项水利工程是同一流域、同一区域内各种水利工程的一个组成部分，它们彼此互补，互相约束；单项水利工程本身往往就是综合性的，各服务目标之间既密切联系，也存在着矛盾。水利工程与国民经济的其他部门也是紧密相连的。水利水电项目的规划与建设应从整体上进行系统综合分析，从而得出最优化方案。

2.对环境有很大影响

水利工程不仅通过其建设任务对区域的经济、社会有重大的影响，而且对江河湖泊及其周边区域的自然面貌、生态环境甚至当地的气候也有一定的影响。这些影响既是有利的一面也有不利的一面，在规划和设计中应对其产生的影响进行全面评估，力求使其在建设中起到积极的作用，并能有效地克服它的负面影响。

3.工作条件复杂

水利工程中各类水工建筑物的施工与运行都是在复杂的气象、水文、地质等自然环境中进行的，它们又多承受水的推力、浮力、渗透力、冲刷力等的作用，施工环境比其他建筑物更加复杂。

4.效益具有随机性

水利工程的经济效益是随机性的，每年度的水文情况千差万别，其效益也是各不相同的。

5.要按照基本建设程序和有关标准进行

水利建设工程通常具有建设规模大、技术难度大、建设周期大、资金投入大等特点，施工过程中应遵守施工工艺及相关技术规范。

三、水利水电工程

（一）水利水电工程简介

根据其工程的作用，水利水电工程可划分为水利工程和水电工程，它通常由挡水建筑物、泄水建筑物、水电站建筑物、取水建筑物和通航建筑物构成，比较常见的是以发电为主，同时具有灌溉、供水、通航等多种功能。

水力发电就是利用人为的方法抬高或将地势较高的地方的水引入较低的地方，利用水的动能驱动发电机发电，然后通过输电线路将电力输送到千家万户。水电作为一种可再生、低污染、低成本的能源，它的发电的同时还具有改善河流通航、控制洪水、提供灌溉等作用，推动地方经济的发展。

（二）水利水电工程施工特点

水利水电工程由于其本身的特点，施工方式与一般的工程不同，其施工特点主要表现在：

（1）由于很多水利枢纽建设项目地处偏僻的山区，距离工厂很远，运输不便，施工材料和机械设备购置困难，也加大了投资的费用。因此，在建设过程中，基本原料，例如砂石料、水泥等，通常是在建设项目所在地的地方建设工厂。

（2）在水利枢纽施工中，存在着大量的爆破、高处作业、洞室开挖等危险性作业等，都有很大的安全风险。

（3）水利枢纽的建设地点，往往位于水源充足的地区，往往位于峡谷和江河之间，因此，施工时容易受到地质、地形、气象、水文等自然因素的影响，因此在施工中应注意施工导流、围堰填埋、主体施工等问题。

（4）通常情况下，水利工程工程量大，环境因素强，技术种类多，施工难度大，施工人员、设备和材料选择都有很高的专业性，因此需要在施工中不断修改和完善。

第二节　水利水电工程建设成就与发展

一、中国水利水电市场的现状与市场前景

（一）我国水力发电行业发展状况

中国正在为“大国崛起”的美好梦想而奋斗，经济迅速发展已成了当今社会的大趋势；同时，由于巨大的能源需求，中国将长期面临着高强度的资源消费压力，13 亿人口的中国将步入工业发展的新阶段，要实现良性发展、可持续发展，需要更多的资源，包括石油、煤炭、核能、天然气、水电、风力发电、太阳能等，它们都在一定程度上都会对国民经济产生影响。我国虽然幅员辽阔，但是，就人均而言，我国大部分的资源都要比全球人均值低很多。中国经济发展所依靠的石油等能源我们仍然需要大量进口，这对我国能源安全构成严重威胁。

中国可持续发展的水资源的合理开发与利用，对于中国的能源保障有着十分重大的意义。煤炭是我国开发利用的主要资源，在一次能源供应中占据了大约 3/4 的份额。中国拥有较多的水电资源，大约占全球可利用水电能源量的 15%左右。以人均水平计算，全国平均水能资源占全球平均值的 70%左右，远高于石油、天然气的相应比值（二者分别为 11%和 4.5%）。但是，目前国内对水电的利用还处于初级阶段。在 2004 年底，中国的水能总装机容量只有 20%，落后于世界平均水平的 18.4%，远远落后于工业发达国家（50%~100%），也比巴西、印度、越南、泰国等发展中国家要低。其中巴西等 24 个国家的水电比例超过 90%，加拿大等 55 个国家占 55%。而 2004 年我国的一次能源生产结构的比例为：原煤∶原油∶天然气∶水电=75∶14∶3∶8（一次能量是指从自然界中没有经过任何处理转化的各种能量和资源，包括原煤、原油、天然气、油页岩、核能、太阳能、水力、风力、波浪能源、潮汐能、地热、生物能和海洋温差能等）。

在水电建设中，我们尤其重视生态环境的保护，采取多种方法来减少发展过程中的负面效应，重视水利建设对生态的正面积极作用，合理调蓄洪水，

合理调配水量，改善鱼类生存条件，调整区域气候，发展水产品养殖，尤其是水力发电所产生的经济效益，将长期为当地经济发展的提供动力保障。因此，科学、高效地利用水电资源，积极发展水电，是我国的发展战略。中国的水能发展速度不是快了，而是慢了，在发展的先后次序上，发电发展的地位应当进一步提高；要采取主动的态度，逐步用水电替代燃煤发电，水电在储量、技术成熟度、开发运营成本等各方面均高于燃煤发电，水电开发具有可持续发展的最大竞争优势。

（二）水电市场的前景

由于长时间的供电紧张，我国从20世纪80年代起就进行了电力市场的改革，突破了以往“独家垄断”的局面，引进了新的投资和经营机构，使我国的电力建设与运行机制发生了根本性的转变，取得了可喜的成绩。2004年，全国发电装机容量44070万kW・h，发电量达到21870亿kW・h，从1996开始，基本改变了长期以来制约我国经济发展的能源短缺的局面。我国的电力供应和需求已经开始趋于均衡，并且有些吃紧；之后出现了整体的短缺，部分地区出现了高峰缺电，部分地区全面缺电，系统没有备用容量，供电紧张一直是影响我国经济发展的主要原因。但目前国内发电系统的能量构成中，水力发电所占据的比重偏小，水电开发程度低，水电容量开发率仅为20%左右；核电的比例很低，煤炭在燃煤发电中的比例最大。在2004年底，全国440700万kW的装机中，只有108260万kW的水力发电能力，占比仅为24.6%。由于水力发电的发展速度太慢，占发电能力的比例太小，根本无法满足可持续发展的需要。煤是一种稀缺的资源，每消耗一年，就会减少一年，多消耗一吨就多一吨的污染，就会造成更多的环境问题。所以我们这一代要有所作为，为后代留下宝贵的自然资源，多开发利用可再生能源。

（三）水利水电工程开发的争议

目前，无论是学界还是业界都对水利建设存在正反两方面的争议，而这种争议对我国水力发电的发展具有重要的现实意义。争论的焦点集中在环境生态问题和移民问题上。

1.环境问题

负面观点认为，修建大坝会阻碍鱼类的行动，淹没陆地植被，使鱼类、陆生植物和动植物濒临绝灭绝。正面的观点认为，建设大坝可以形成较好的生态环境，形成较大的生态湿地，为野生动物、植物和鱼类提供良好的生态条件。濒临绝种的动物应该得到保护，但是也不能把这种保护过度地放大，在建设大坝之前的历史长河中就有成千上万的野生物种灭绝，它们的消失并不是建水库造成的。

2.环境问题

负面的看法是修建大坝会阻塞自然的水道，使泥沙运动的规律发生变化，从而造成泥沙的沉积；水库的拦阻，使得水由动态向静止转变，富氧量和扩散性能降低，环境质量恶化；水库建设完成后，流域内的植被、土地、文物将遭到淹没。正面观点认为，通过综合治理，可以彻底解决河道内的泥沙问题；水库的库容量远远小于河道年径流，不仅不会使河水静止，而且能为下游输送高质量的水；任何一项基础建设都有其正面和负面的影响，只注重负面效应是一种片面的做法，长期的国家能源安全问题是我国经济发展的重大问题。

3.移民问题

负面观点认为，修建大坝淹没将使移民的生存质量降低，其原因是移民费用低，劳动技能丧失；移居工作复杂难做，将给当地的治安带来极大的影响。正面观点认为，水利建设的确会带来大批的人口，但不能光看着农田被水淹没，要看这些移民为国家整体带来的利益，例如：雅砻江地区的许多人在没有迁徙之前都过着非常艰苦的日子，没有公路、电话、电视，医疗服务、教育保障不到位，不能享受到改革的红利；移民会给他们带来崭新的生活。只要我们政策到位、执行到位、工作到位，就业、社会稳定问题是完全可以解决的。

（四）水电开发自身问题也长期影响水电开发建设

1.水力发电成本较高，水力发电企业税收负担沉重

水电站也分大小，像三峡这样的大型水电站，其投入资本巨大，其上网

电价是由政府核准的。但还有好多水电，比如农村的，有水就发，无水就不发，有些是上网了，有些是自用。这种水力发电其电价是不确定的，由于政府未对其进行核准，其电价也是不统一的。上网电价的差异对水电事业的发展是不利的，火电的上网电价是0.31元/度，水电上网电价是0.25元/度，这种差别是不利于水电事业发展的。根据贵州省的统计，我国目前所有工业企业的税负分别是：水电16%，火电9%，冶金10%，煤炭3%，卷烟10.3%，白酒11%，水电最高。电价低、税负高，使水力发电对资本的吸引力下降，对其整体发展不利。

2.大型水电站涉及范围广、规模较大，决策、立项和规划周期漫长且困难

由于我国的水电工程规模较大，影响较大，因此，对水电工程的规划与建设是慎重而有必要的，并对水电企业决策、发展产生重大影响。

3.西部地区经济发展缓慢制约水电开发

我国目前的水能资源以西部为主，因此，国家实施“西部大开发”的策略是明智的。然而，由于西部地区发展滞后，基础设施较差，地质环境恶劣，生态环境脆弱；单一的水电站建设将带来巨大的基础建设费用，流域开发跨省、跨地区，使得协调工作变得更为困难；西部地区的基础工业比较薄弱，对电力的需求量很小，需要进行“西电东送”，从而增加了输电费用；很多建筑原料都要从内陆调拨，这就会加大物资的购买和运送费用。

4.水力发电项目的建设，其前期投入较大，施工周期较长，存在较大的投资风险

根据目前水电和火电的技术对比，火电建设每千瓦造价为5000元，水电站每千瓦造价为6000~10000元，水电的成本稍高；以二滩水电站为例，在开工之前的两年间，1989年和1999年共亏损12.5亿元，直至近年因电力短缺，二滩电站的运营状况才得以改善。

5.施工初期施工环境较差，施工进度较慢，对电厂整体进度产生一定的不利影响

西线电站的前期准备工程（三通一平）自然条件较差，土地征收和迁移难度较大，当地政府对土地的保护观念固化，沟通协调难度较大；我国建筑工程专业技术人员短缺，工程项目管理混乱，建设各方社会诚信度较低，合

同约束能力较低，边界条件变化等，都会对整个工程的正常运作产生一定的负面作用。

二、中国水利水电建设成就

新中国成立后，我国河流开发坚持综合利用、开发与保护并举的方针，水资源和水能资源开发利用取得了很大的成绩，在发电、防洪、航运供水、灌溉、水产养殖、环境改善、旅游开发等方面都产生了巨大的社会效益、经济效益和环境效益，在国家和社会发展中起到了十分积极的促进作用。

据统计，到2008年，中国已建水库的总库容蓄水量约占我国年均径流量的四分之一，在防洪、灌溉、供水等方面起着重要的作用。全国水库防洪保障涵盖了3.5亿人口，约33.3万km^2的农田，北京、天津、广州、上海和武汉等上百个大、中型城市的供水，水库灌溉面积达18.66万km^2，大约占全国灌溉面积的三分之一；为了适应城市发展的需要，我国还建设了一批远距离供水项目，例如北京的密云水库，天津的潘家口水库，为香港和深圳提供水源的深圳水库。目前，中国已有100多座大、中城市基本或完全依靠水库提供水源。

在水能利用方面，到2010年末，中国已拥有2.1亿kW的水能装机容量，年水力发电6500亿kW，位居全球第一。目前，我国已建成或正在建设的超过30 m的水坝有5200多座，其中坝高超过100m的大坝有145个；目前，国内已投产的5万kW以上的大中型水库450多座（包括抽水蓄能电站21座）、30万kW以上的大型水电站100座（包括抽水蓄能电站15座）、百万千瓦以上的水电站40座（含抽水蓄能电站7座），成千上万的小型水电站和微型水电站分布在国内各地，并在全球范围内创下多个水电发展之最。中国在过去的20年里已经发展成全球最大的水力发电国家。21世纪，我国已建成小浪底、三峡、水布垭、龙滩、小湾、彭水、构皮滩、瀑布沟、三板溪、拉西瓦、景洪等大型水利枢纽。水能利用程度和装机容量分别占总量的26.3%和38.5%。

水利水电工程的建设，促进了规划、勘察、设计、施工、制造、设备安装以及科学技术的发展。借鉴国外先进技术，总结实践经验，我国已经建立起具有中国特色的水利水电工程科学技术体系。三峡、二滩、小浪底、水布垭、龙滩、小湾、拉西瓦、构皮滩、洪家渡、瀑布沟等水力发电项目及大坝的建成，表明了我国目前在水力发电行业处于国际领先地位。现在正在建设的溪洛渡、向家坝、锦屏一级、锦屏二级、大岗山、糯扎渡等水电站将把中国的水电技术推向一个新的高度。

三、21世纪水利水电工程建设展望

修建水利水电工程能够在认识自然规律的基础上，借助自然条件和工程技术更好地开发水资源和水能资源，起到防洪抗旱、改善人类生存环境和生存条件的作用。水利水电工程建设不仅具有调节河道洪涝流量的作用，而且对人类的经济和社会发展具有重要意义，但同时它也具有一定的负面效应，其中，最突出的问题是对流域生态环境产生了深刻的影响。因此，必须对其进行深层次的研究，通过现代科技手段优化管理与调度，使人们与大自然的关系更加融洽，并化解水资源利用地区的矛盾：它在为人们带来最大的效益的同时，把负面影响降到最低。因此，水库大坝建设是解决水资源问题和当前可再生能源发展问题的必然选择。

中国的地域特点、地形地貌的复杂性、气候条件的季节性、人多地少等特点，使我国的水资源与水能资源的开发与利用难度加大，加之经济的迅速发展和生态环境建设对资源开发的要求越来越高，水利水电工程建设面临诸多问题和挑战。相对于其他一些自然条件比较好的国家，中国的水资源和水力发电的发展面临着严峻的挑战。因此，要通过科学规划，深入研究论证，合理开发和保护利用水资源及水能资源，不断提高资源利用效率和效益，实现水库大坝与经济社会和谐发展，以水资源和水能资源的可持续利用支撑经济社会的可持续发展。

为了实现我国水资源的可持续利用，保证我国的水资源安全，促进水资源的合理分配，其总要求是：①严格用水总量控制，抑制对水资源的过度消耗。②加强对水资源的限额控制，以达到节约水资源的目的。③要强化生态保护，可持续发展利用水资源。④实现水资源的有效配置，以改善地区的水资源承受能力。⑤健全水资源保障制度，促进我国经济和社会的快速发展。⑥实施最严格的水资源管理制度，提高水资源管理的综合水平。

按照节约能源、建设环境友好型社会的目标，中国实施最严厉的水资源管理制度，2020 年，我国万元 GDP 用水量和万元工业增加值分别下降 50%。《全国水资源综合规划》提出，到 2020 年，我国用水总量达到 6700 亿 m^3，万元 GDP 用水量和万元工业增加值用水量分别降低到 $120m^3$ 和 $65m^3$，重点河流和湖泊水质达标率提高到 80%，减少超采地下水挤占河道生态环境用水的现状；到 2030，我国供求平衡的年水量达到 7100 亿 m^3，万元 GDP 用水量和万元工业增加值用水量分别降低到 $70m^3$ 和 $40m^3$，河流湖泊库水功能区水质基本达标。

水利建设的重点是：在巩固提高中东部地区防洪供水能力的同时，又要加大对西部的水利设施的投入，提高西部地区生态环境和民众的生产生活条件。为了合理调配水资源，采取东西互补、南北互济、以丰补旱等手段，多种方式解决北方缺水的问题，并持续推进“南水北调”“北水南调”等水利枢纽的建设，力争早日投产。建设必要的大中型骨干水库调蓄工程，增强调节天然流量的能力。通过提高水资源的分配和调节能力，改善重点地区、重点河段、重点城市及粮食生产基地的水源条件，以保证水资源的供应和保障，满足我国经济发展和生态环境的需要。构建以“南水北调”“北水南调”为骨干，点、线、面结合的综合开发系统，从根本上克服洪涝灾害、水资源短缺和水资源严重污染等问题。

在中长期能源发展战略的基础上，除了满足国内生产总值增长的目标外，我们还要把工作重心放在“两个目标”上，即要实现国家提出的到 2020 年非化石能源占一次能源消耗的比重达到 15%，单位 GDP 二氧化碳排放比 2005 年下降 40%~50%。“十二五”规划提出要大力发展水电的同时要注意保护环境。

水电开发目标是：到 2015 年，除抽水蓄能电站外，全国水力发电总装机达到 2.8 亿 kW，2020 年全国水电装机容量 3.5 亿 kW。水电开发重点是：基本完成长江上游、乌江、南盘江、江水河、湘西、闽浙赣、黄河中游和东北等 7 个水电基地的开发，重点开发金沙江、雅砻江、大渡河、澜沧江、怒江、黄河上游干流等 6 个西部地区的水电基地。

第三节　水利水电工程建设程序

一、建设程序

建设程序可以划分为两种类型：常规程序与非常规程序。常规程序历经一百多年，期间虽然有所改变，但其本质并未改变。它以业主→建筑师→承包商的三边关系为基础，其基本流程是设计、分包、施工。非常规建设程序是第二次世界大战后发展起来的，其基本模式有两种：一是常规程序的延续，仍然是基于业主—建筑师—承包商的三边关系，但设计与施工可以在一定程度上交叉。

基本建设程序是建设项目从设想、选择，再、评估、决策、设计、施工到竣工验收、投入使用整个建设过程中，所有工作都应遵循的顺序。根据工程发展的内部关系和发展历程，将施工流程划分为几个阶段，这些工作的重点是相互关联的，有着客观的先后顺序，不可违反，必须共同遵守。正是由于其对建筑工作的实际经验进行了科学的归纳和归纳，使得它既体现了工程施工中的客观规律，又能使工程施工科学、有序地进行。

我国现行基建工程管理规定：大中项目要经过国家计委批准，小型及一般地方项目则由地方计委批准。随着投资制度和市场化改革，国家对基建项目的审批权限进行了多次修改，但项目建设程序并没有改变，目前的施工程序分为立项、可行性研究、初步设计、施工和竣工检查。在我国的建设项目管理中，基本建设程序一直建设项目管理的一个重要内容。

以下是我国现行基本建设五五道程序流程及内容、审批权限：

（一）立项

项目建议书是一项工程的轮廓设想，它的主要作用是阐述工程建设的需要，环境的可行性以及盈利的可能性。对项目建议书的审批即为立项。按照国家经济的中长期发展规划和和产业政策，由审批部门确定是否立项，并对项目进行可行性分析。

1.项目建议书的要点

（1）工程建设的必要性与依据。

（2）产品方案、工程规模及施工场地的设计方案。

（3）资源状况、建设条件、合作关系的初步分析。

（4）预算和筹资方案。

（5）对企业的经济、社会效益进行了初步估算。

2.项目的批准机关和权限

（1）对大中型基建工程，由市计委报省计委转报国家计委审批立项。

（2）投资3000万元以上的非大型及一般地方项目，需国家和市投资，银行贷款和市平衡外部条件的项目。

（3）投在3000万元以内，符合产业政策和行业发展规划，能自筹项目资金、能自行平衡外部条件的项目，由各区、县政府或各单位申报项目，并报市计划委员会备案。

（二）可行性研究

可行性研究的目的在于科学地分析研究该工程的技术可行性和经济性进行科学的分析、研究。在评审、论证的基础上，由审批部进行审批。通过批准的可行性研究报告是进行初步设计的基础。

因项目性质不同，可行性研究报告应当包括以下内容：①项目的背景及依据。②建设规模、产品方案、市场预测及和确定依据。③技术工艺、主要设备及施工规范。④资源、原料、电力、运输、供水等方面的配套条件。⑤建设地点，厂区布置方案，占地面积。⑥工程规划和协同配合的情况。⑦环保、规划、抗震、防洪等方面的要求和措施。⑧施工时间与施工计划。⑨投资预算和筹资方案。⑩社会效益和经济评价分析。⑪研究并提出项目法人的组建方案。

工程可行性报告的审批机关及权限：①对大中型基建项目，由市计委报省计委转报国家计委审批。②市计委立项的项目由市计委审批。③区县和企业自行立项的项目由区县和企业审批。

（三）初步设计审批

初步设计的主要任务是，依据已批准的可行性报告和必要准确的设计基础资料，对设计对象进行的全面研究、概略计算及整体布置，以说明在指定地点、时间及投资范围之内的项目建设的技术可行性和经济性。初步设计由市计委负责审批或上报国家，环保、消防、规划、供电、供水、防汛、人防、劳动、电信、卫生防疫、金融等有关部门相关单位按照自身的职责参加工程的初步设计评审。通过了前期的初步设计审批，该项目就进入了实质性阶段，可以进行开展工程施工图设计及前期的准备工作。

不同类型的工程其初步设计的内容也是不同的，大体如下：①工程设计的基本原则；②建设地点，占地面积，自然地质情况；③项目的规模、产品方案和标准；④资源、原料、动力、运输、供水等情况；⑤工艺流程，主要设备的选择和结构；⑥总图运输，交通组织设计；⑦建筑物的结构设计；⑧公用工程，辅助工程设计；⑨环保和“三废”处理；⑩消防；⑪工业卫生及职业安全；⑫生产机构和人员编制；⑬建筑工程的组织和时间安排；⑭综合概算及经济技术指标；⑮抗震和人防措施。

初步设计审批部门及职权：①大中型基本建设项目，由市计委报省计委转报国家计委审批；②市计委立项的项目由市计委审批初步设计；③区县和企业自行立项的项目由区县和企业审批。

（四）开工审批

施工单位在符合开工的前提下，可以申请开始施工，并在获批后开始施工。项目新开工的时间是指建设项目的任何一项永久性工程第一次开槽开始施工的日期。不需要开槽的工程以正式打桩作为正式开工。工程招投标仅是工程开始之前需要进行的一项特定工作，并非工程施工过程中的一个阶段。

1.项目开工所需要的条件

（1）项目法人已确定。

（2）已核准了初步设计和概预算。

（3）项目建设经费（包括资本）已得到审核机构的确认。

（4）工程的主要建设工程已通过招标选定。

（5）主结构设计图应能满足三个多月以上的施工需要。

（6）建筑工地实现“四通一平”（电力、供水、道路、通讯、场地平整）。

（7）工程监理机构已招标选定。

2.工程项目的审批机关和权限

（1）大中型基本建设项目，由市计委报省计委转报国家计委审批；特大项目由国家计委报国务院审批。

（2）1000 万元以上的项目由市计委经报请市人民政府签审后批准开工。

（3）1000 万元以下的市管项目，由市计委审批。

（4）1000 万元以下区管项目，由区审批。

（5）1000 万元以上的区管项目，报市计委按程序审批。

（五）项目竣工验收

工程竣工验收是对工程进行检验、交接、交付使用的一系列活动，是工程建设过程中的最后一个环节，是对工程进度、工程质量进行综合评价和检验的关键阶段。在各专业主管单位验收通过的基础上，实施项目竣工验收，确保工程按照设计的要求投入使用。工程竣工后，应按工程规模和复杂程度组成一个工程验收小组，该小组由计划、审计、质监、环保、劳动、统计、消防、档案及其他有关部门组成，建设单位、主管单位、施工单位、勘察设计单位应当参与竣工验收。

1.项目竣工验收具备的条件

（1）本工程已经完成了工程的审批，能够达到工程的需要。

（2）主要工艺设备经联动负荷试车合格达到了可批量生产的标准。

（3）由质检机构对项目质量进行评价，确定工程合格。

（4）生产准备工作能适应投产的需要。

（5）环境保护措施、劳动安全措施、消防设施等已按照设计要求与主体工程同时建成使用。

（6）编制完竣工预算，并经稽核机构审核。

（7）对系统技术资料进行整理、立卷，完成后送档案管理部门。

2.组织竣工验收部门和权限

（1）对大中型基建工程，由市计委报国家计委，由国家组织验收或受国家计委委托由市计委组织验收。

（2）对地方项目的质量验收工作，由市计委或受市计委委托由项目主管部门、区县组织验收。

二、水利水电工程基本建设程序

（一）基本建设程序

是工程项目从决策、设计、施工到竣工的必须遵循的顺序。由于水利工程规模大、造价高、制约因素多，所以工程项目的复杂程度和事故后果的严重性也就更大。

1.流域（或区域）规划

流域（或区域）规划是以本流域（或区域）的水资源状况为基础，结合本地区的长期规划，对本流域（或区域）的水资源进行分级开发与综合利用的最佳方案。

2.项目建议书

项目建议书又称立项报告。它是以流域（地区）规划为依据，由主管部门所提的工程概要，其目的在于从宏观上对工程进行评估与论证，也就是对其是否具有施工的可行性进行了全面的评估；投资和投入的人力物力是否划算。工程方案是开展工程可行性分析的基础。

3.可行性研究

可行性研究主要是为了考察该项目在技术上和在经济性上的合理性。它的主要任务是：

（1）对建设项目的必要性进行论证，确定本工程建设工作及项目的顺序。

（2）确定水文环境中的主要水文参数及成果。

（3）基本选定工程规模。

（4）选择基础坝类型及主体结构，初步确定项目的整体布局。

（5）初步选定水利设施建设方案。

（6）对工程组织方案中存在的问题进行初步确认，并对工程进度提出建设性建议。

（7）评价项目施工对生态和土壤保护的影响。

（8）确定项目的主工程量和建筑材料需求量，并对项目的建设投入进行评估。

（9）确定项目的经济效益，对项目的主要经济参数进行分析，评价工程的经济合理性和财务可行性。

4.初步设计

工程前期的初步设计以工程的可行性为前提，为工程的规划和组织提供了重要的依据。

初步设计工作包括：①审查项目的任务和具体需求，选定项目的大小、水位、流量、扬程等特点，并明确施工条件；②对该地区结构的稳定性进行复查，确定其地质、工程地质条件、灌区水文地质条件及规范，并给出相应的评估结果；③复核工程的等级和设计标准，并对项目的整体布置、轴线、结构形式与布置、控制尺寸、高度和项目数目进行确认；④提出消防设计方案和主要设施；⑤选定对外交通、施工导流、施工总布置及总计划、建筑结构的基本构造和施工工艺，并就天然（人工）建筑材料、劳动力、供水和供电需求等进行确认；⑥提出生态保护措施设计，编制土壤侵蚀防治方案；⑦拟定水利建设管理机构，提出其管理范围、保护范围及注意管理措施；⑧编制初步的设计预算，对使用外国资金的项目编制外资概算；⑨复核经济评价。

5.施工准备阶段

在开始正式施工前，所有的施工准备工作都要做好。其工作内容有：①对建筑工地进行征地拆迁；②完成施工用水、用电、通信、道路和场地平整等工程；③必需的生产生活临时建筑项目；④组织招标设计、咨询、设备及物资采购等服务；⑤负责组织施工监督及主要项目的招标工作，选择最好的项目管理机构和项目管理人员。

6.建设实施阶段

建设实施阶段是对项目进行整体施工。项目法人应当根据已核准的施工资料来安排施工，以确保建设目标的实现。

该项目的开工建设应符合下列各项要求：①项目的各项前期工作文件已经得到审批，项目的详细图纸能够符合项目的初步建设要求；②本工程已经纳入国家或地方水利水电建设投资年度计划，年度建设资金已经到位；③本项目的投标已完成，项目已签署并获得有关部门的批准；④施工前期准备工作以及土地征收、搬迁等已完成，可以保证项目前期开工需要；⑤确定了工程建设管理模式，明确了投资方和工程单位的管理关系；⑥项目所需要的所有资金来源均已确定，且投资结构合理。

7.生产准备阶段

生产准备是工程开工之前必须完成的一项工作，也是从施工到生产的基本要求。项目法人应按照建管结合和项目法人责任制的要求，及时开展相关的生产准备工作。

生产准备要根据工程的不同种类而定，其总体上应该包含以下几个方面：①生产组织的编制；②员工的招募与训练；③生产技术准备；④物料的预备；⑤日常的生活福利设施准备；⑥适时地进行产品买卖合同的订立，以改善施工效率，创造条件，实现资产的保值增值。

8.竣工验收，交付使用

竣工验收是项目建设目标完成的体现，是对项目建设成果进行综合评价，对设计、施工质量进行检验的一个关键环节。工程完工后可以由基本建设转为生产或使用。

在施工内容已全部完工，并通过各部门的验收，达到设计标准，并按照水利基建项目文件的相关规定，进行了相关的文件整理，完成竣工报告、决算等必要材料后，由项目法人按相关法规，向验收主管部门提出申请，并依据国家相关规程进行验收。

竣工决算编制完成后，应经审核机关组织竣工审计，并将审计结果作为最终验收的基本资料。

（二）基本建设项目审批

1.规划及项目建议书阶段审批

在制定规划及项目建议书时，通常要有政府或开发业主委托具有相应资格的设计机构承担，并按照国家现行规定权限向主管部门审批。

2.可行性研究阶段审批

根据国家有关部门批准的批准文件，对项目进行了论证。在提交工程可行性研究报告的时候，必须同时提出项目法人组建方案及运行机制、资金筹措方案、资金结构及回收资金的办法，并根据相关规定附具有管辖权限的水行政主管部门或流域机构签署的规划同意书。

3.初步设计阶段审批

可行性研究报告通过后，项目法人应根据实际情况，确定具有相关资格的设计单位承担勘查设计工作。在初步设计报告编制完毕后，通常要由项目法人委托具有相应资质的工程咨询机构或组织有关专家，对初步方案的重大问题进行咨询论证。

4.施工准备阶段和建设实施阶段的审批

在开工之前，项目法人或其代理机构须按相关法律法规，向相关水行政管理部部门办理报建手续。工程项目在进行报建手续后，才可以组织施工准备工作。

5.竣工验收阶段的审批

在完成竣工报告、竣工决算等必需文件的编制后，项目法人应按照相关规定向验收主管部门提出申请，由上级单位依据国家相关规定组织验收。

第五章　水利水电工程项目管理模式

第一节　工程项目管理概述

一、项目管理概述

（一）项目的定义及特征

项目一词已被广泛应用于社会的各个方面。国外许多知名的管理学方面的专家或者组织都曾经试图对项目用简明扼要的语句加以概括和描述。德国国家标准DIN69901、美国项目管理协会、美国项目管理专家R.J.格雷厄姆等对项目从不同的视角均有过定义。目前使用较多的对项目的定义为项目是一个专门组织为实现某一特定目标，在一定约束条件下，所开展的一次性活动或所要完成的一个任务。

与一般生产或服务相比，项目的特征包括其单件性或一次性、一定的约束条件及具有生命期。而具有大批量、可重复进行、目标不明确、局部性等特征的任务，不能称之为项目。

（二）项目管理的基本要素

1.项目管理定义

项目管理是指在一定的约束条件下，为达到项目目标（在规定的时间和预算费用内，达到所要求的质量）而对项目所实施的计划、组织、指挥、协调和控制的过程。项目管理过程通常包括项目定义、项目计划、项目执行、项目控制及项目结束。

2.项目管理的职能

不同的管理都有各自不同的职能，项目管理的职能包括：组织职能、计划职能及控制职能。此外，项目管理也同时具有指挥、激励、决策、协调、教育等职能。

3.项目管理特点

（1）管理程序和管理步骤因各个项目的不同而灵活变化。

（2）应用现代化管理的方法和相应的科学技术手段。

（3）可以采用动态控制作为手段。

（4）项目管理以项目经理为中心。

4.项目管理的产生和发展

项目管理是在社会生产的迅速发展，科学日新月异的进步过程中产生和发展起来的。它是一门新兴科学，但是直到20世纪60年代才真正地成为一门科学。因此其必然有着这样或者那样的不足，也因此留有更多的更广阔的空间需要我们努力钻研和积极探讨，使其能够不断地加以完善，从而适应社会生产和发展的需要，使这门科学能够充分的为我们的社会做出更大的贡献。

二、工程项目管理基本理论

（一）工程项目管理基本要素

1.工程项目管理定义

工程项目管理可以这样定义：为了在一定的约束条件下顺利开展与实施工程项目，业主委托相关从事工程项目管理的企业，企业按照合同的相关规定，代表业主对项目的所有活动的全过程进行若干的管理和服务。

2.工程项目管理的特点

（1）工程项目管理是一种一次性管理。不同于工业产品的大批量重复生产，更不同于企业或行政管理过程的复杂化，工程项目的生产过程具有明显的单件性，这就决定了它的一次性。因此工程项目管理可以一句话来简略地加以概括：它是以某一个建设工程项目为对象的一次性任务承包管理方式。

（2）工程项目管理是一种全过程的综合性管理。在对项目进行可行性研究、勘察设计、招标投标以及施工等各阶段，都包含着项目管理，对于项目进度、质量、成本和安全的管理又分别穿插其中。工程项目的特性是其生命周期是一个有机的成长过程，项目各阶段有明显界限，又相互有机衔接，不可间断。同时，由于社会生产力的发展，社会分工越来越细，工程项目生命周期的不同阶段逐步由不同专业的公司或独立部门去完成。在这样的背景下，需要提高工程项目管理的要求，综合管理工程项目生产的全部过程。

（3）工程项目管理是一种约束性强的控制管理。项目管理的重要特点是在限定的合同条件范围内，项目管理者需要保质保量完成既定任务，达到预期目标。此外工程项目还具有诸多约束条件，如工程项目管理的一次性、目标的明确性、功能要求的既定性、质量的标准性、时间限定性和资源消耗控制性等，这些就决定了需要加强工程项目管理的约束强度。因此，工程项目管理是强约束管理。这些约束条件是项目管理的条件，也是不可逾越的限制条件。

工程项目管理与施工管理不同。施工管理的对象是具体的工程施工项目，而工程项目管理的对象是具体的建设项目，虽然都具有一次性的特点，但管理范围不同，前者仅限于施工阶段，后者则是针对建设全部生产过程。

（二）工程项目管理的任务

工程项目管理贯穿于一个工程项目进行的全部过程，从拟定规划开始，直到建成投产为止，期间所经历的各个生产过程以及所涉及的建设单位、咨询单位、设计单位等各个不同单位在项目管理中密切联系，但是随项目管理组织形式的不同，在工程项目进展的不同阶段各单位又承担着不同的任务。因此，推进工程项目管理的主体可以包括建设单位、相关咨询单位、设计单位、施工单位以及为特大型工程组织的代表有关政府部门的工程指挥部。

工程项目管理的类型繁多，它们的任务因类型的不同而不同，其主要职能可以归纳为以下几个方面：

1.计划职能

工程项目的各项工作均应以计划为依据，对工程项目预期目标进行统筹安排，并且以计划的形式对工程项目全部生产过程、生产目标以及相应生产活动进行安排，用一个动态的计划系统来对整个项目进行相应的协调控制。工程项目管理为工程项目的有序进行，以及可能达到的目标等提供一系列决策依据。除此之外，它还编制一系列与工程项目进展相关的计划，有效指导整个项目的开展。

2.协调与组织职能

工程项目协调与组织是工程项目管理的重要职能之一，是实现工程项目目标必不可少的方法和手段，它的实现过程充分体现了管理的技术与艺术。在工程项目实施的过程中，协调功能主要是有效沟通和协调加强不同部门在工程项目的不同阶段、不同部门之间的管理，以此实现目标一致和步调一致。组织职能就是建立一套以明确各部门分工、职责以及职权为基础的规章制度，以此充分调动建设员工对于工作的积极主动性和创造性，形成一个高效的组织保证体系。

3.控制职能

控制职能主要包括合同管理、招投标管理、工程技术管理、施工质量管理和工程项目的成本管理这 5 个方面。其中合同管理中所形成的相关条款是对开展的项目进行控制和约束的有效手段，同时也是保障合同双方合法权益的依据；工程技术管理由于不仅牵涉到委托设计、审查施工图等工程的准备阶段，而且还要对工程实施阶段的相关技术方案进行审定，因此它是工程项目能否全面实现各项预定目标的关键；施工质量管理则是工程项目的重中之重，其包括对于材料供应商的资质审查、操作流程和工艺标准的质量检查、分部分项工程的质量等级评定等。此外招投标管理和工程项目成本管理也是控制职能的不可或缺的有机组成部分。

4.监督职能

工程项目监督职能开展的主要依据是项目合同的相关条款、规章制度、操作规程、相关专业规范以及各种质量标准、工作标准。在工程管理中，监理机构的作用需要得到充分的发挥，除此之外，加强工程项目中的日常生产管理及时发现和解决问题，堵塞漏洞，确保工程项目平稳有序运行，并最终达到预期目标。

5.风险管理

对于现代企业来说，风险管理就是通过对风险的识别、预测和衡量，选择有效的手段，以尽可能降低成本，有计划地处理风险，以获得企业安全生产的经济保障。工程项目的规模不断扩大，所要求的建筑施工技术也日趋复杂，业主和承包商所需要面临的风险越来越多，因此，需要在工程项目的投资效益得到保证的前提下，系统分析、评价项目风险，以提出风险防范对策，形成一套有效的项目风险管理程序。

6.环境保护

现代人们提倡环保意识，一个良好的工程建设项目就是要对环境不造成或者尽可能低造成损坏的前提下，对环境进行改造，为人们的生活环境添加魅力的社会景观，造福人类。因此，在工程项目的开展过程中，需要综合考虑诸多因素，强化环保意识，切实有效地保护环境，防止破坏生态平衡、污染空气和水质、损害自然环境等现象的发生。

第二节　国际工程项目管理模式

在世界范围内，由于国家之间的经济交往和交流的快速发展，世界各地的施工单位之间的竞争也越来越大，我们是否能够在世界范围内获得一个属于自己的位置，这要看我们是否能够在管理理念和管理模式上与国际接轨。因此，当前国内建筑企业的经营除了要以国内的市场为基础外，还要有敢于参加国际竞争的精神，并在全球化的大环境下，主动地进行国际化的竞争，拓展国际市场，增强企业的竞争力。

一、国际工程项目管理模式的发展

起源于20世纪50年代的工程项目管理学科伴随着工程项目国际化的大环境而迅速发展起来，随之带来的是国际工程项目管理模式从无到有、从起步到逐渐成熟的发展。尽管各国在国际工程项目管理中表现出色，但从其发展的重要时期以及其主要特征来看，其发展大致有三个不同的发展时期。三个时期在现实发展中相互交错，平行发展，并非是一成不变的。

（一）自行组织建设时期

所谓自行组织建设，就是指施工方按照自己的要求，筹集资金，编写施工计划书，施工和材料的购买都是施工方负责的，而施工方则负责对所有的施工过程进行监控和管理。

这种工程管理模式自20世纪50年代开始，一直是一种基本施工方法。在自行组织建设中，施工企业的作用是将发包人、融资人、施工主体有机地结合起来。然而，在开展大型国际工程项目时，这种工程管理模式却表现出极大的局限性，如在融资力度上、工程项目的建设和管理上都不能够很好地达到国际工程项目的要求。

（二）传统模式时期

传统模式也称设计—招标—建设模式，又称为DBB模式。该模型已成为世界上应用最为广泛的一种国际工程管理模式。我国现行的《工程承包责任制》《招标投标》《施工监理》《合同法》等都是借鉴了该模式。

（三）多种模式并存时期

21世纪后，世界各国经济持续快速发展，跨国企业的项目数量越来越多，项目的规模也越来越大，项目的复杂程度也越来越高。采用什么样的管理模式才能更好地实现国际化的工程项目，是当前国内和国外的工程管理人员共同关注的问题。在此期间，管理模式进入了一个飞速发展阶段，出现了许多新的管理模式，如PMC模式、CM模式、合伙模式、替代合同模式等。然而，每个模型都有其自身的应用领域，所以在实施国际化的工程时，必须根据自身的特点来确定适合项目的管理模式。

二、主要项目管理模式及特征

（一）传统模式

DBB模式又称设计—招标—建造（Design—Bid—Build）方式，是目前世界上使用最广泛的一种，在相关国际组织提供贷款和资助的工程项目中应用较多。

在此模型中，业主通过特定的方法来选定设计者，然后设计者按照要求进行工程的设计；之后，通过竞争性投标方式，选出最合格的施工承包商和材料设备供应商负责项目的建造工作并提供建筑原料。施工过程中，由业主委托设计方代其监理施工。它最突出的特点是业主、设计、施工、供方三者的关系是彼此相对的，其最突出的特点是：工程的进展和实施是以线性顺序前进的，下一个阶段的开始必须在上一阶段完成以后才能进行。

DBB 模型目前发展非常完善，这也是其最大的优点。此外， DBB 模型还具备很大的普遍性，设计、咨询、监理等方面的内容都是由业主自主选择，三方权利、责任、利益分配十分清晰，不会受到任何行政干预。

不过，这个方法并不完美，弊端也很多。项目规划、设计、施工等各阶段均须按线性顺序进行，并在上述各阶段结束后再交给各项目业主，因此项目的施工时间较长；业主管理成本高、初期投资大；在工程建设过程中，由于存在着大量的索赔问题，导致了设计和建设的矛盾，很容易产生纠纷，损害业主的权益。此外，在重大项目发生质量问题时，设计与建设单位之间存在着相互推卸责任等问题。

（二）DB（设计—建造）模式

DB 模式是对传统工程项目管理模式的改革和发展，同时也使设计与建设过程中出现的一些难以协调的问题得以有效地解决。这是一种广义的工程总承包方式，是指一家工程承包机构与业主签订承担工程全部责任的单一契约。其主要体现在：发包人按工程的需要，选择符合条件的承包人进行项目设计和施工，在这种模式下，承包人还要对其各个环节的造价进行严格的管控；当然，在施工期间，承包商可以将工程分包出去，本公司的施工单位也可以自行完成施工；设计工作也可采取类似的模式。DB 模型已在全球范围内被广泛采用，尤其是日本应用更为广泛。这是因为日本建筑公司的实力强大，技术实力强，能够为客户提供设计、施工的全方位管理，从而实现既能减少投资又能提高工程效益的目标。

其最突出的特点是：采用这种设计施工一体化模式，可以大大缩短项目建设工期；施工单位单一，职责清晰，避免了无谓的纠纷和索赔；减轻了业主的管理的压力；DB 项目总承包采用固定总价合同，有利于业主掌握相对稳定的投资。在海外，DB 模型所涵盖的项目多为房屋、公路、桥梁等土建项目。

DB 模式的一个重要特点是，在没有任何图纸的前提下，业主只需向其对自己的目标工程提供相应的功能要求及相关的工程条件说明等资料，就可以进行投标，而这种仅满足功能性需求的招标称为功能性招标，相应地，施工总承包称为构造招标。在此招标方式下，施工意向承包商在投标时和双方签订承包合同时都是以总报价为依据，并在相关条款发生变动时，允许对其总报价进行调整。

DB 模型的优势是可以将工程项目与工程项目的各个阶段有机地结合起来，从而节省工程造价，从而降低投资成本；大大缩短工程进度；承包商单位唯一，设计与建造职责清晰，避免了无谓的纠纷与索赔，降低了业主管理方面的负担。

DB 模型的缺陷是由于业主对设计人员的选择、设计过程的检查、设计结果和设计的具体实施过程的监控等不具有很强的可操作性，使得设计和施工都是同一单位来进行，从而削弱了监理的作用，使得设计与建设的品质难以得到保障。

（三）EPC（项目总承包）模式

EPC（Engineering-Procurement-Construction）模式是指发包人招投标选定总承包商，总承包商运作工程项目的全工程，并对工期、成本、质量、安全等方面的问题承担全部的责任。在 EPC 模型中，Engineering 包括的内容有具体的设计工作和对整个工程建设内容实施组织管理的策划和具体工作；Procurement 指的是各种专业设备和材料的采购；Construction 指的是施工、安装、调试等。与 DB 模式比较，EPC 模式的承包范围更为广泛，还有一点不同的是，在 EPC 模式中，EPC 总承包单位对整个项目的采购工作负有全部责任。

EPC模式最初是由尽快确定工程项目的总投入和施工时间的发包人使用，后来该模式在世界范围内得到广泛应用，后来 EPC 合同条件标准化更加有利于 EPC 模式在国际市场中的推广应用。

EPC 模式在国外规模大、技术含量高的工程合同中得到了广泛的运用。该模式是指在工程实施全过程中，承包人不需聘用专门工程师，而是仅由发包人或发包人的代表负责对工程进行宏观的管理；在承接项目后，由 EPC 总承包商按自己的技术实力和技术水平，独立完成项目的设计、采购和施工，或将项目的一部分或所有的工作分包出去。

EPC 模式已经在一些西方发达国家所普遍采用，而在国内一些大型建筑企业也逐渐采用了 EPC 的管理方式。在实际操作中，它具有如下特点和优势：①业主仅负责总体的、原则的、目标的管理，工程总承包负责设计、采购、施工以及投产后的维护；②业主仅与项目总承包单位订立施工合同；③总承包人在承担更多的职责与危险的同时，也具有更大的机会；④建设项目的施工管理与控制可以通过业主组织的施工单位或业主指定的专业施工单位来实施；⑤业主极少介入具体项目的执行。

（四）CM（建设管理）模式

CM（Construction Management）是由 CM 单位作为承包人接受业主的委托，采用 Fast Track 的生产性组织形式，也就是有条件的“边设计边施工”。“边设计边施工”的形式会对设计工作造成一定的影响。CM 单位与业主的合同一般采用“成本加利润”的方式。

Fast-Track 是指在项目总体方案还没有完成之前，业主可以对已完工的部分施工图进行投标并率先施工。这样，整个工程的设计就分成了几个部分，整个工程不再是由一个单位总承包，而是分解成若干个分包，按照设计施工的先后次序分别进行招标。与常规施工方式相比较，CM 施工方式使设计、招标、施工三者充分搭接，使施工尽早开工，从而极大地缩短了施工工期。

在实施 Fast Track 法时，业主按照项目进度，将项目的完工次序进行分包，从而使项目的投标工作量大大提高；但由于大量的工程项目的招标，会导致施工招标的工作量大大增加，不仅增加了合同管理的难度，而且相互之间的协调也变得更加困难。所以，采用这种模式，业主必须将 CM 工作交给一个专门的单位来做，由它负责设计、招标和建设项目的协调，以避免由于 Fast

Track 方法导致的业主管理工作复杂化的问题。

目前，CM 的经营方式主要有两种：非代理型 CM（Non-AgeneyCM）和代理型 CM（AgeneyCM）。

非代理型 CM 是指由业主和 CM 单位签署的 CM 合同，CM 单位是整体的总承包商，由 CM 单位负责该项目的分包，并与其直接签订分包合同；不过，他们之间并没有直接的合同关系。

业主的项目建设支出分为两部分：一是向 CM 单位支付的费用，一是支付给专业承包商来完成项目施工所产生的直接费用。这种模式下，CM 单位需自行承担保证施工成本的风险，也可由于成本的减少而额外增加收益，因此，非代理型 CM 又称为风险型 CM。

通常，为了确保总投资额不会超出规定的限度，业主会向 CM 单位提出最大工程费用（Guaranteed Maximum Price，GMP），如果项目的投资金额高于 GMP，那么 CM 单位将负责相应的赔偿，如果低于 GMP 的话，那么节省下来的资金将由业主和 CM 按照协议分成。

代理型 CM 是 CM 以“业主代理”的身份参与工作，在施工中协调不同承包商之间的施工作业，而不负责分包工程的发包，业主直接签订与各分包商的合同。但是，对于项目的工期、费用和质量方面，CM 单位并不承担责任，而是直接对业主负责。CM 单位和业主之间的服务合约以固定费或比例费方式计费。

1.CM 模式的特点

（1）在 CM 模式下设计和施工充分搭接，达到“边设计边施工”的目的，目的在于缩短施工时间。

（2）CM 模式下，CM 承包商在前期就参与，其目标是改进传统模式下设计与施工分离的弊端，并在某种意义上对设计进行优化，同时，整个设计过程被分解开来，设计一部分、招标一部分，在很大程度上减少了设计变更。

（3）CM 费用由“成本加利润”确定，CM 和分包商的合约价格对业主的公开的。

（4）合同的价格因分步确定，故更有依据。

（5）在确定工程总费用时，代理型 CM 一般采用最大保证工程费用 GMP，业主还可以指定分包商。

2.CM 模式的优点

（1）CM 合同价与总承包合同价相比较，CM 合同价较为合理；在工程总承包中，发包工作一次性完成，而相应的合同价也要在发包时一次确定；而在 CM 模式中，将工程项目划分为若干个小项目，工程总承包价由多次的分包价格组成，并非一次性完成；因此，分包价格的总和要比总承包价格更合理。

（2）CM 单位可以通过价值工程方法来节省投入。这是基于其工程造价管理实践的实践，能更好地节省建设资金。

（3）CM 不赚取总承包和分包的差价。其与分包商或供应商的合约价格是公开和透明的，在谈判过程中所降低的分包合同价由业主与 CM 单位按照一定比例分成。由此可见，CM 单位的利润是在明面上的，而不是从总承包与分包中赚取差价，这样更有利于降低工程费用。

（4）GMP（最大工程费用）在降低业主的投资风险方面效果显著。在非代理 CM 模式下，业主通过 GMP 来实现项目的总投资和总承包的控制，而 CM 合同总价则是在 CM 单位与各分包商之间合同签署之后才逐渐成形的，因此，在采用代理型 CM 模式时，CM 单位要承担 GMP 的风险，对项目成本控制承担更加直接的责任，若项目的实际成本超出 GMP 标准，将全部由 CM 单位负担，同时，业主在项目投资控制方面的危险也会大幅降低。

（5）应采取更加现代化的管理方式和技术措施来进行项目成本的控制。相对于普通的承包商而言，CM 不仅要对自身的建设成本进行管理，而且还承担为业主控制费用的责任，而且要为其提供相应的管理服务，而普通承包商则无此责任。

3.CM 模式的缺陷

（1）由于项目设计和施工搭接，工程造价在招标中不能很好地确定。

（2）在施工期间，由于业主的介入，例如指定分包商等，其结果就是容易导致合同纠纷，必然引起索赔和更改成本。

（3）采用代理人 CM 模式，GMP 的确定往往是一个不断变动的过程，需要耗费更多的人力物力和时间成本。

（4）目前国内高层次的 CM 单位较少。

（5）在代理型 CM 模式中，CM 单位不对项目进度和成本做出保证。

（五）PM（项目管理）模式

PM（Project Management）有广义概念和狭义概念之分。广义上的 PM 是指工程参与方以项目目标为导向的管理活动，而狭义的 PM 则是由业主方进行的工程管理活动。通常我们所称的 PM 模式是指由业主聘用具有丰富项目管理经验的专业公司或工程顾问，对业主进行全程或多期的专业管理（技术），工程项目管理公司应当负起相关的行政责任。根据合同规定，在项目的决策期内，工程项目管理公司需要对项目的可行性进行论证和规划，并为业主提交可行性研究；在施工过程中，向业主提供一套由招标代理至完工验收的全程服务，并对有关各环节进行有效的监督与管理。

（六）PMC（项目管理承包）模式

PMC（Project Management Contractor）是一种新型的项目管理模式，即根据业主与 PMC 公司订立的合同，由 PMC 公司负责提供专业的技术或技术咨询，同时也负责一些工程的设计和建造。PMC 模式现已在亚太及南美等国家推广，并已在欧美各主要工程中推广。

PMC 模式下，双方签订的合同具有咨询管理和承发包的性质，但是对项目的管理是 PM 公司的重要工作内容。在 PMC 模式下，项目分成两个阶段进行，定义阶段和执行阶段。在定义阶段，由业主委托 PMC 公司来对工程实施全方位的控制。PMC 公司负责组织初步的设计，确定全部的专业设计方案及技术方案，确定设备和材料的规格和数量，精确地计算工程的成本，并编写出相关的招标文件，最后确定各项目的总承包人（EPC）及确定最终投资决策。

在执行阶段，总承包商负责对中标项目开展详细的设计、采购和施工工作，由 PMC 公司担任业主的代理，并进行全面的管理和协调。PMC 公司应在工程实施过程中及时向业主汇报工作，业主也会派出员工对 PMC 公司的工作进行督导和检查。

在两个阶段中，PMC 模式与 PM 模式相比，其在项目初期的工作领域得到了扩展，但随着工作领域的扩展，对PMC公司的工作能力提出了更高的要求。

PMC公司具有以下优点：PMC公司是业主的管理和咨询机构，能够根据业主意愿进行整体规划，并能很好地弥补业主在项目管理知识和经验方面的不足，从而使PMC公司能够更好地发挥自身的专业优势。这样既能有效地为业主节约投资，提高管理水平，又能有效地降低项目设计和施工之间的矛盾，同时也能使业主在项目融资、出口信贷等方面获得PMC公司的大力扶持；而且，该方法在施工过程中更易于采用阶段式发包，从而大大减少了工期。

适合选用PMC模式的项目其特点是：①工艺技术复杂，投资规模大（通常在10亿元以上）；②由多家大型企业组建的工程联合体，或由国家参与的业主；③业主自身的资产和偿债能力不足以保证工程的正常运营；④工程建设可以从有关机构申请到国际贷款，而具备相应资格的PMC公司可以为业主提供此类服务；⑤业主应寻找有管理经验的PMC公司负责项目管理工作，以弥补业主在相关方面的不足。

（七）BOT（建造—运营—移交）模式

BOT（Build-Operate-Transfer）是20世纪80年代在国外出现的一种对国有基础设施项目进行民营化管理的模式，即依靠国外私人资本进行基础设施融资和设计建造。它是指一个国家的政府在其基础设施和经营方面开放市场，吸收国外资金，给项目公司特许经营权，并负责项目竣工后的运营和还贷，合同到期后将项目转交东道国政府。

BOT作为一种代表国际项目融资发展趋势的融资方式，从其诞生之初便受到世界各国的关注。BOT的一个主要特点就是，政府机关会最终接手运营中的项目。BOT广泛应用在基建工程中，并且在这些项目中BOT呈现出蓬勃的生机与发展潜力。20世纪80年代以来，BOT模式在许多发展中国家受到了高度的关注并得到推广，很多实例都取得了很好的效果。许多发达国家也在思考利用BOT技术来实现政府企业的私有化过程，例如澳大利亚的悉尼港隧道工程，横贯英法的英吉利海峡海底隧道工程等都是采用BOT模式运营的工程。

1.BOT 模式的优点

（1）民间资本的投资有利于减轻政府财政压力。由于民间资本介入基础工程项目的建设，使得政府可以在其他领域加大投资力度，又由于私人企业承担融资和还债责任，使得政府主权借债和还本付息的负担得以缓解。

（2）在 BOT 融资中，绝大多数的工程风险都是由投资者来承担，因此，国家可以规避很多的风险。

（3）私营单位为了减少投资风险，增加投资回报，强化投资成本管理，使工程运行更高效。

（4）严格按照中标价实施，项目回报率十分明确，政府与私人公司很少发生利益冲突。

（5）组织结构相对简化，便于政府各部门与私营公司的协作。

（6）BOT 工程一般都是由跨国企业承担，其实施中必然要借鉴国外的技术与管理，从而推动本国与国外经济、社会的融合。

2.BOT 模式的弊端

（1）在正式签约前，政府必须与私营公司进行长期的沟通、了解和协商，从而使工程周期延长，投资成本增加。

（2）缺乏弹性的体制使私营公司难以吸取到新技术和管理经验。

（3）项目参与方之间有一定的利益冲突，阻碍了筹资。

（4）投资方和贷款人风险过大，无回旋余地，融资困难。

（5）在特许经营期间，本工程不受国家控制。

（八）Partnering（合伙）模式

Partnering 模式是在美国最先出现的，他是一种新型的项目施工模式，该模式在确定建设工程共同目标时要兼顾各方面的利益。这是一种由业主和项目相关方在最大限度地实现资源效益的条件下，基于相互信任、相互尊重、共同分享资源的基础上达成的一种短期或长期的相互协定。该协定的优势在于它打破了以往的组织界限，在项目的共同目的上，成立一个团队来协调工程中出现的问题、风险以及成本问题。

Partnering 模式相比于传统的工程项目管理而言，它不仅可以有效地进行投资、进度、和质量控制，而且可以促进各方面的合作，显著降低纠纷的发生，增加承包人的收益。

这种模式对下列特点的工程较为适合：①业主有频繁的投资行为；②由国际金融组织提供贷款的工程建设项目；③具有高度不确定性的工程建设项目；④不宜采取单独投标或邀请投标方式进行施工的项目。

（九）NC（更替合同）模式

更替合同（Notation Contract，NC）是一种新型的工程管理模式，即在工程开始阶段，将工程的前期工作交给相关的顾问机构负责；在设计任务达到30%~80%后，业主方就开始对承包人进行招标，其余的工程和建设工作就交给选定的承包人负责，同时要求承包人与原来的设计顾问公司订立设计合同；设计咨询公司成为设计分包商。

NC模式最大的优势在于能够确保业主对工程的整体要求，在详细设计时能吸取工程监理的经验，降低工程中的设计变化，从而使工程工作的连续性得以维持，加速项目建设，提高工作质量；在此模式下，业主的风险相对降低，而在整个施工过程中，承包商将承担更多的责任；在以后的阶段，承包商将承担全部的工程设计和施工责任，并且更易于进行合同的实施。

NC模式的弊端在于，在前期工程项目中，业主一定要仔细斟酌，如果出现了设计合同转移的现象，变更就变得相当困难；在订立新合同的同时，应认真地考虑合约变更期间的责任与风险问题，以便将日后发生的争议降至最低；合同双方所面临的风险与传统模式的风险相同，而承包商则要在后期工作中承担相应的设计风险。

三、国际工程项目管理模式的应用特点

通过对国内外工程项目的定义与比较，可以得出其的应用特点与影响，主要表现在：

（一）工程项目管理从非专业化向专业化转变

业主将自己的工程项目管理工作交给专门的人员或机构来实施，其中包括咨询工程师、项目管理专家等。工程项目管理从由非专业化逐渐过渡到专业化、社会化，既能极大地改善工程项目的质量，又能为工程管理积累经验。

（二）有利于激发参与单位的主动性和积极性，使其优势得以充分发挥

建筑行业的发展方向部分依赖于建设项目管理的发展趋势，这一发展趋势将充分利用其人才、技术、管理、资源等优势，同时也可以有效地激发施工企业的工作热情，促进建设市场的良性发展。

（三）能够更加紧密地将工程项目的设计与施工相结合

过去在工程建设中经常存在的“设计与施工”互相约束、互相脱节的问题，逐渐被新的管理方式所取代，使得工程项目的设计与施工从以前的相互独立到今天的深度交叉融合，施工因素在最初的设计中就被考虑了进去，从而把不利影响降到最低，这有利于对工程投资、进度、质量进行控制，节省人力物力，最大限度地使业主满意。

（四）便于业主简化项目管理，进行宏观控制

由于业主不再需要面对繁琐的工程项目的管理，而是将其交给专门的人员来进行，从而将以往复杂、多边的合同管理模式简化为一种简单的简单、单边的合同管理关系，从而有利于对工程投资、工期、工程品质进行宏观调控。

（五）利于工程项目风险合理分摊

项目风险从最初所有的风险都是由业主承担，先后经历了各阶段承包人共同承担和工程总承包人和项目管理总承包人承担两个阶段，这不但实现了风险的合理分担和转移，也实现了承包人的优势集成优化。

（六）工程项目管理模式与建筑业信息化发展相辅相成

工程项目管理模式的改造与完善，推动了建设行业信息化的快速发展；同时，建设行业信息化的快速发展，也为工程项目管理模式的发展提供了有力的支撑。

（七）在工程项目管理模式的发展中建筑行业组织所起的作用不容忽视

建筑业各个协会组织的作用体现在两个方面：一是为建设项目管理模式的完善提供全面的智力支撑；二是行业组织推出的一套规范的合同规范，对工程项目管理模式的发展和变革起到了积极的促进作用。

（八）对于当前工程项目投资多元化的发展趋势拥有良好的适应性

目前，项目投资多元化日益明显，新的投资模式对此更加适应，使国外投资人、企业出资人和民间投资人均能便捷地参与项目建设中来，这对促进我国的经济发展具有重要意义。

（九）项目参与方互利共赢，促进了相互之间的长期友好合作

有利于提高项目参与方的满意度，达成各方的共同目标，将优质建设项目奉献给社会；同时，也有助于工程各方以后的长期、友好合作，为我国建筑事业的发展打下坚实的基础。

第三节　我国水利水电工程项目管理模式

一、我国工程项目管理模式

（一）我国工程建设项目管理模式的发展历程

新中国成立后，我国的工程建设管理经历了多次变革，大致可以划分为五个时期：

第一个时期是新中国成立初期，主要以建设单位自营模式为主。

新中国成立之初，各类物资比较匮乏，大批的工业和基础设施亟待重建或新建。当时，我国各个行业的发展都比较滞后，国内建筑工程设计机构数量少，工程技术水平低，无法满足基本建设的需要，而以施工企业的自我管理模式进行施工，可以更好地适应于那时的绝大部分的基本建设项目。建设单位自营模式是指在施工的整个过程中，施工人员的管理，设备的采购，都是施工企业自己完成的，这既能确保施工的质量，又能充分发挥施工人员的工作热情，保质保量地完成工程项目施工工作。但其缺点在于，在项目管理的经验和实力上水平不够，同时，项目的设计与施工力量分散，缺乏项目管理经验，不利于实现工程建设的专业化管理。

新中国成立后的一段时间里，施工企业的自主管理模式可以很好地适应当时百废待兴的情况，但由于其生产方式的封闭性，使其在实施中出现了许多缺陷，与专业化、社会化的生产方式不相适应，需要进一步完善。1952 年 1 月 9 日，中央财委颁发《基本建设工作暂行办法》，要求建设与施工单位脱离，学习苏联的甲、乙、丙三方制模式。

第二个时期，从 1953 年至 1965 年，学习苏联的甲、乙、丙三方制模式。

新中国成立以后，我国政府根据国家发展规划要求，提出各类大型工程的施工，必须由具备较高的工程施工能力和施工管理能力的施工企业来完成。各主管部门在对前阶段基本建设经验进行消化和吸收的基础上，综合规划，将设计、施工队伍进行综合，形成了一批具有一定能力的建筑公司、设计院，实现了国内工程项目管理模式由自主管理向甲、乙、丙三方制模式的过渡，其中甲方指建设单位，乙方指设计单位，丙方指施工单位。

甲方是由政府部门组建完成的，而乙方和丙方的组建和管理则是在相关行政部门的协助下进行的。建设单位（甲方）对工程施工的全程进行全面的监督，由其所在的政府主管部门对设计施工单位下达具体的设计、施工任务，并由相关部门进行直接的组织和协调工作。

三方制模型通过清晰的建设参与各方之间的联系，可以在某种意义上改善建筑管理和节省投资。

在当时资源紧张、建设任务繁重、工期紧张的基础上，由政府主管部门通过行政指令的方式对建设项目资金、材料的供给进行管理，并指定相关的工程设计机构和建设机构，可以取得较好的经济效益。但由于社会的发展，这种模式的弊端也随之显现，比如以政府命令的形式来确定有关的施工企业，导致各参加者之间缺乏协作和沟通，力量分散，这对工程的顺利实施是不利的。

第三个时期，从 1965 年至 1984 年，是以工程指挥部模式为主的时期。

1965 年，在我国的工程项目中，工程指挥部模式全面铺开。相关单位根据上级机关的指派，组成指挥部，负责施工期间的设计、采购和施工管理工作，而项目的运行管理工作在施工结束后交由生产管理机构负责。该模式是高度集权的计划经济体制下的产物，它的优势在于将建筑和生产经营分离，并在“三线建设”的过程中全面发展起来，这种工程项目管理模式目前在我国仍然存在。

项目指挥部模式将工程建设的全过程作为一个整体来看待，在该模式应用的初期发挥了积极的作用。但工程指挥部模式严重违背了商品经济规律，难免会出现一些不可避免的缺点：由于不承担决策风险，导致决策人员无法全身心投入，而指挥部的主要负责人往往是由政府机关的领导兼任，缺乏工程管理工作经验，以及在管理中过分强调运用行政手段等，常常会导致建设项目的投入和质量无法得到保证，导致工期大幅增加，对项目的正常运行产生不利的影响。

第四个时期，1984 年至 1986 年，是学习和借鉴国外先进的工程项目管理模式时期。

改革开放后，随着中国经济的发展，大批的外国成套设备被引进来，中国的建筑市场也有外国资本和外国承包商的参与，同时也带来了国际通行的工程项目管理理论。其后，随着国际间交往增多和世界银行等国际金融组织贷款信贷的不断增加，各种工程项目管理理论和实践经验在国内得以广泛地传播和发展。尤其是在有关的国际项目运行中，运用国际通行做法进行项目管理，不仅加快了国内项目管理的发展，而且推动了项目管理模式和投资体制的全面改革。

第五个时期，从 1987 到现在，是我国从自身情况出发，不断探索、完善、规范、国际化的工程项目经营管理模式的时期。

（二）我国当前工程项目管理体制

当前，在我国的基本建设领域，随着经济的发展和形势的变化，推行项目法人责任制、招标投标制、建设监理制的三项制度，逐步形成了由政府宏观监管为主导，项目法人责任制为核心，招标投标制和建设监理制为服务体系的工程项目管理体制的基本格局；出现了以项目法人为主体的工程招标发包体系，以设计、施工、材料、设备等三个市场形式，以施工、施工和材料设备供应单位为主体的投标承包体系，以施工监理为主体的中介服务体系等市场三原体，三者以经济为纽带，以合同为依据，相互监督，相互制约，形成了我国工程项目管理体制的新模式，彻底改变了我国以往以政府投资为主、以指令性投资计划为基础的直接管理型模式，转变为以企业投资为主、政府宏观控制引导和以投资主体自主决策、风险自负为基础的市场调节资本配置机制。该制度的实施，强化了项目法人责任制和项目投资风险约束机制，使项目与企业融为一体。

1.项目法人责任制

1992 年 11 月，国家颁布《关于建设项目实行业主责任制的暂行规定》，在全国范围内实施由项目业主负责工程建设项目管理的模式，项目业主由投资方派出代表组成并承担项目投资风险，同时控制施工质量、进度和投资。

从理论上讲，项目业主责任制强化了业主的责任意识，从而有效克服了项目实施过程中投资主体和责任主体分离的现象。但是，由于国家具有立项的批准者和单一出资者的双重身份，政府机构组建的发包人单位不能在生产经营活动中自主决策、自负盈亏，它只是一个政府机关的附属物，导致了工程管理工作人员的责任感不强，管理建设任务执行不到位，不能有效地解决工程建设管理中存在的问题。

1996年，我国进一步颁布了《关于实行建设项目法人责任制的暂行规定》。该规定明确了法人在整体项目管理中的核心地位，同时明确了项目的投资主体和责任主体，法人要承担投资风险，并且要对项目的整个运营管理、资产保值增值的全过程负责。通过这种方式，解决了产权主体缺失、国有产权虚置等问题，实现了权利、责任、利益相一致的保障机制和三者相互制约的约束机制，有效避免了指挥不统一、管理不到位和投资失控现象，保证了项目资金的有效配置使用，极大提高了投资效益。

在中国实行建设项目法人责任制是一项重要的战略性改革举措，它的实施有利于我国转换项目建设与经营体制，有助于在工程建设和运营中运用现代企业制度进行管理，在项目管理模式上实现与国际标准的接轨。在我国建设项目管理史上，建设项目法人责任制是一个重要的转折点。

2.招标投标制

在过去的计划经济时代，由于国家实行的是以行政手段分配建设任务，而设计、施工、设备和物资供应单位则依靠行政手段来获得建设任务，缺乏必要的市场竞争和经济约束机制，使我国的工程投资经济效益受到了很大的制约。

由于过去的工程管理体制存在缺陷，我国在1984年开始采用了招标投标制度。招标投标，是在市场经济环境下进行工程项目发包与承包，以及服务项目的采购与提供时采用的一种竞争性交易形式。在此交易方式下，采购方通过发布招标公告将采购要求公布出来，各有意单位会根据招标要求参与投标竞争，最后由招标人根据一定的标准从投标方中择优选取中标人，并与其签订采购合同。招标制度极大地激励了业内各个部门之间的竞争，加强了中标人的资金控制，降低了发标者的不必要投入，增加了企业的经济效益，符合市场经济的发展原则。

3.建设监理制

1988 年 7 月，我国建设部颁发了《关于开展建设监理工作的通知》，1990 年 11 月，水利部颁发了《水利工程建设监理规定（实行）》，这标志着我国水利水电工程项目管理体制的改革进入了一个新阶段。建设监理制是指在工程建设过程中，由建设监理单位按照国家批准的工程建设文件和法律、法规、工程建设委托监理合同以及业主所签订的其他工程建设合同，对工程建设进行监督和管理活动，以实现项目投资的目的。

建设监理工作的重点是对施工项目施工合同、资料、工作关系的管理和协调。项目施工监理制的基本模式是由专业的监理机构来代替项目法人进行科学、公正、独立地管理。

目前，我国在水利水电领域已全面推行了招标投标制，建设监理制已经从试点阶段、全面推行阶段，正在向规范化、科学化、制度化阶段深入发展。与此同时，项目法人责任制也实现了良好的开局，并在水利水电工程方面迅速全面发展。通过实施三项建设管理制度，推动了我们国家水利水电建设事业的健康发展。

（三）我国水利水电工程建设管理体制的改革

水利枢纽工程属于我国的基础设施范畴。然而，它的建设与管理制度改革的转折点在云南鲁布革水电站项目上成功的实践，而随后在二滩水电站建设期间成立的二滩水电开发有限责任公司成为管理制度改革成功的一个显著标志。故其整个管理管理体制的发展可以分为三个阶段：

第一个阶段是新中国成立到 20 世纪 80 年代初期的传统体制阶段。由于我国实行高度的计划经济，所以工程建设计划、建设经费、人员分配、物资供给都是由国家完成是。丹江口、东风、龚嘴、龙羊峡、刘家峡和葛洲坝都是在这种管理体制下建设完成的。

第二个阶段改革开始的标志是 1984 年云南鲁布革水电站采用国际招标形式。鲁布革水利枢纽工程是我国首个使用世界银行贷款的工程，贷款总额 12600 万美元。按照世界银行的规定，对于利用世界银行贷款的引水系统工程要实行国际竞争性招标，最后，日本大成公司以8460万元的价格成交，只占标底14958万元的57%，且完成工期早于合同期5个月。当时，我们在工程项目建设方面的情况是“预算超概算，结算超预算”，鲁布革工程的改革实践，促使国内工程界对其进行了深刻的思考，1987年国家相关部门要求全国推广鲁布革经验，全面推行建设管理体制的改革。可以说，这次事件严重冲击了我国过去的项目管理制度。

第三个阶段的开始以1995年将二滩水电开发公司改组成为二滩水电开发有限责任公司为标志，由国家开发投资公司、四川省投资公司和四川省电力公司共同投资。在工程前期运作建设过程中，二滩创业者们不仅熟悉了国际上的一些习惯性做法，而且创造性地运用了“有条件的中标通知书”等，使之与世界标准相适应。从那时起，水利建设的管理体制就步入了一个新的时期，我们称之为现行体制形成阶段，直到现在我们还在对这一体制进行着不断的探索、实践、丰富和完善。

二、水利水电工程项目管理的主导模式

（一）我国常用的工程项目管理模式

随着中国入世，中国的建筑行业由原来的国内单位的竞争向国际化市场竞争转变，国家也在不断地对有关的政策、法规进行了相应的调整和修订，以便与世界接轨，并采纳了国际通用的职业注册制度。我国在积极改革应对国际竞争同时，还吸收国际先进、实用的工程项目管理模式。目前，在我国普遍应用的模式主要有三种，分别是有监理制、代建制和EPC。

1.工程建设监理模式

建设监理在国外称为项目咨询，是一种从投资业主的角度出发，通过对施工项目进行全面管理来实现投资者的目标。目前，在国内，传统项目管理模式下、PM模式下及DB模式下的工程监理模式已被广泛采用。

工程施工监理制的真正渊源是外国（设计－招标－建造）模式，工程施工监理制是由业主委派监理单位对工程项目进行管理，业主可以根据具体情

况决定监理工程师的介入时间和介入范围。目前，国内的工程项目监理工作大多集中在对项目施工阶段进行监测。

2.代建制模式

代建制是指政府通过招标的方式，选择专业化的项目管理单位，负责项目的投资管理和建设组织实施工作，项目建成后交付使用单位的制度。代建制是只在我国存在的一种施工管理模式，在世界其他国家还没有这样的模式。我国的代建制管理模式先是由个别地方政府进行初步尝试，在经过了一定的经验总结后，逐渐推广至全国，形成了一个由点到面、自下而上的发展过程。

目前，学界和政府部门对代建制的界定尚不清晰。这里综合各方见解认为，代建制指针对政府投资的非经营性项目进行招标，选择专业化的项目管理单位作为代建人，承担投资项目的建设与施工的组织，并在完成后将其交给业主。

政府投资的非经营性项目的三方主体括政府业主、代建单位和承包商。通常，这三者的关系是：

（1）业主与其他两方和设计单位签署相关的合同，业主对工程项目的设计和施工直接负责，而代理单位只对业主提供管理服务，这种模式与国际上的 PM 项目管理模式比较类似。

（2）业主与代建单位签订代建合同，代建单位再分别与设计单位和施工单位签订合同，代建单位向业主提供管理服务、全部设计和施工等方面的工作，这种模式与 PMC 模式相似。

（3）业主单位和代建单位签订的代建合同内容广泛，涵盖了从项目设计到施工的全部内容内容。

3.代建制的特点

（1）政府投资的非经营性项目以代建制为主。在非经营性项目建设中，政府通常以公共财政来补偿其投入上的不足，使公众的权益受到了损害，对整个社会的公平正义也造成了一定的影响。实行招投标制度选定代建单位，既能保证项目管理的专业化，又能避免“三超”（概算超估算、预算超概算、结算超预算）、工期延期等问题，并能确保工程施工质量；比如实行代建制北京市回龙观医院工程，在工程造价上超过了概算四百万元，经过多次的研究和论证，在保证工期和质量的基础上，最终消化掉了这四百万元的超出款。

（2）实行代建制，可以让政府脱离繁琐、具体的工程项目，以投资人的视角从宏观的角度来控制和监督工程的执行，从而提高了工程效益。

（3）在代建模式下，建设、管理、使用各环节彼此分开，解决了“投资、建设、监管、使用”四位一体的弊端，既能有效地遏制贪污行为的发生，又能有效地化解政府工程建设中的“软性约束”。

（二）平行发包模式

随着改革进程的推进，在我国的水利水电工程项目管理中，逐步出现了一种在项目法人责任制、招标投标制、施工监理制框架下的平行发包模式，成为现今水利水电工程项目管理的主导模式。

1.平行发包模式的概念及其基本特点

所谓平行发包模式，就是由业主按具体的内容将施工项目进行分解并分包，然后再与各施工单位分别订立经济合同，确定合同各方的责任和义务，以实现项目施工目标的项目管理模式。参与方相互之间的关系是平行的。

平行发包模式的主要特点是：在政府主管机关的监督和指导下，业主将施工项目进行科学的分解，然后再进行分类综合，按照内容选择合适的承包人。由各个承包人为业主提供服务，监理单位受业主的委托为其提供管理和监督服务，以确保施工项目的正常进行。

与传统的阶段法相比，平行发包模式借鉴了传统模式的细致管理和 CM 模式的快速轨道法，在施工图纸还没有完工时，就开始对施工单位进行招标，采取有条件的“边设计边施工”的方法进行施工。

2.平行发包模式的利与弊

平行发包模式在国内外已发展得较为完善，其优势在于，业主可通过招标方式选择各个承包商，从而更细致、更深入地把握工程的各个环节，并能较好地解决设计变更出现的问题；合同数量众多，合同界面之间存在相互制约关系：同一工程中，因多个隶属不同、专业不同的工程承包方联合承担同一工程，且工程作业面增加，施工面积扩大，施工过程中的勘察设计、施工各个环节和施工过程总体较为顺畅，对缩短施工工期具有重要意义。通常，对某些投资大、工期长、质量要求高的项目，多采用这种模式。

平行发包模式的最大弊端在于：工程承包的工作量加大，业主承包工程的管理任务繁重，协调难度大；在施工阶段，由于施工和采购的分离，导致成本无法得到最佳的控制。随着项目管理社会化、专业化的发展，将有利于克服该模式存在的缺点。

三、我国水利水电工程项目管理模式的选择

（一）工程项目管理模式选择的影响因素

工程项目的管理模式的选择应从工程的特点、业主的要求及建筑市场的总体情况三个方面加以考虑。

1.工程的特点

在选择工程项目管理模式前，考虑的主要问题是工程的特点，其包括工程项目的规模、设计深度、工期要求、工程其他的特性等因素。

在建设项目的管理中，建设项目的大小是一个重要的影响因素。对一些小型的建筑项目如住宅、单层工业建筑等来说，可以采取多种模式，这是由于它不仅结构简单，而且设计工作量和投资也相对容易确定。针对大型工程，要综合考虑现有的情况选择项目管理模式。若具备工程总承包资格的建筑企业数量较小，无法达到投标的需求，为避免投标者太少而造成流标，业主可自行选定分包模式；若业主缺乏相关经验，且所负责的项目要求具备专业技术与经验，或具备较高技术的项目，则可以采取设计施工总承包模式、项目总承包模式或者代理型 CM 模式。

在工程建设中，设计深度是一个重要的影响因素。假如项目的投标要求在最初的设计刚刚结束时就进行，而业主面临的情况却是整个项目的详细图纸都还没有做好，或者说还没有开始，不具备总承包的条件，这时，最适合的工程管理模式是分项发包模式、详细设计施工总包模式、咨询代理设计施工总包模式、CM 模式；若设计图相对完整，能够更精确地估算出工程量，则可采取总承包模式；某些工程在经过论证论证后即进行投标，可以采用传统

的设计施工总承包模式。

在施工项目的管理模式中，工期要求也是一个重要的影响因素。大部分项目对工期都有很高的标准，如果工期比较紧，那么就可以采取选择分项发包模式、设计施工总承包模式、项目总承包模式和 CM 模式。

另外，由于项目管理的复杂程度、业主的管理能力、资金结构和所有权的关系等都会对项目管理方式的选择产生影响，因此要结合上述几个方面的因素，才能最大限度地实现项目管理的目标。

2.业主的要求

项目特点所含的要素中，部分包含业主的要求，因而此处所说的主要是业主的其他要求，其中包括自身的偏好、需要达到的投资控制、参与管理的程度、愿意接受的风险程度等。比如，如果业主拥有某种管理能力，希望能够亲身介入到工程的管理中去，从而控制投资，他可以采取分项发包模式；如果业主既想节省资金而不想过于劳累，则可以采取 CM 模式来减少自己的工作量。

当业主由于时间和精力的限制而不愿意过多地介入工程的时候，可以选择采用设计总包和工程总包两种模式，整个工程都交给总承包人，而业主仅在宏观上进行控制。但在这两种模式下，业主很难对工程质量进行有效的监控。因此，业主必须采用其他的管理模式来解决工程质量控制方面的问题。对于这几种常见的工程管理模式，按照所有者的参与程度从大到小依次为：分项发包模式、施工总承包模式、CM 模式、设计施工总承包模式、项目总承包模式。

若要对项目进行控制，必须掌握项目建设的有关决策，则应采取分项发包模式、CM 模式或者施工总承包模式；在工程建设中，如果采取设计施工总承包模式和项目总承包模式，则会使业主对设计控制的难度较大。但是，在施工总承包模式下，由于设计与施工之间存在着一定的脱节，容易造成大量的设计变更，从而影响到工程的设计优化，容易造成合同纠纷和设计变更方面的索赔。

由于工程建设的范围和技术水平的提高，工程项目所面临的风险也随之增加，所以业主在选择项目管理模式时应当将其作为一个重要的考虑因素。

常见工程管理模式按照业主所承受的风险大小依次为：分项发包模式、非代理型 CM 模式、代理型 CM 模式、施工总承包模式、设计施工总承包模式、项目总承包模式。

3.建筑市场整体情况

选择项目管理模式也有考虑建筑市场整体情况，因为业主期望开展的相关工程项目并不一定会在建筑市场找到与之相对应的合同承包商。比如三峡水坝这样的大型工程，总不能将所有的建筑任务都交给一家建筑单位，因为在国内还没有一座建筑单位能够胜任这一工程的全部工作。常见项目工程模式对承包商的能力要求从高到低依次为：项目总承包模式、设计施工总包模式、代理型 CM 模式、施工总包模式、非代理型 CM 模式、分项发包模式。

（二）水利水电工程项目管理模式选择的原则

1.项目法人集中精力做好全局性工作

一般而言，水利工程规模大、战线长、工程点多，建筑工程的管理工作具有高度的复杂性，这就需要项目法人能够把重点工作放在宏观控制上。比如，在南水北调中，由于南水北调东线工程需要穿过的河流之多、长度之大、参与项目的施工单位之多、建筑施工中遇到的问题之复杂，任何一般的工程项目管理模式都无法适应，这就需要业主转变传统的项目管理模式，把工作重心放在有利于项目整体的决策上。

2.坚持“小业主、大咨询”的原则

目前，随着国民经济的迅速发展，推动着各种工程项目特别是水利水电工程项目的建设，由于水利水电行业的规模和行业分工的特点，使得原有的自营建设模式已经不能满足这种需求。只有通过运用市场化的机制采取竞争性的方法才能最大限度地集中资源，才能按时、高效、优质地实现工程建设目标。20 余年来，我国的建建设管理体制改已初见成效，然而，自营建设模式却多少制约着人们思维，“小业主、大监理”的运营模式没有得到推广就是一个明显的例证。因此，必须摒弃传统观念，遵循市场化的生产组织模式，在整个项目实施中充分依靠社会咨询机构的力量，贯彻“小业主，大咨询”的原则，以改善工程建设的质量，降低投资成本，提高工程效益。

3.鼓励工程项目管理创新，与国际惯例接轨

目前，在我国的建筑施工中，绝大多数都采用建设监理制。在水利水电施工的管理中，有关部门必须借鉴国外的先进经验和通行的做法，打破常规的思路，进行改革，选用运行低成本、高效率的项目管理模式，如CM模式。在有可能的条件下，也可推行一些设计施工总包模式和施工总包模式的试点。

4.合理分担项目风险的原则

在我国工程项目管理过程中，相关风险主要由单一主体予以承担。例如，在目前正在大力推广的建设监理制中，由项目法人或业主来承担工程的全部风险，而监理者则基本不承担任何风险；虽然监理单位和监理工程师是项目管理的主体，但在建设过程中却缺少强烈的责任感。在进行水利水电工程项目管理模式改革时，必须强化风险制约机制建设，使得项目管理主体承担一定的风险，从而促使法人的意图得到项目管理主体的切实贯彻，有效地监管工程的投资、质量和工期。

5.因地制宜，符合我国具体国情的原则

目前，我国形成了以项目法人责任制、建设监理制和招标投标制为基本框架的建设管理体制。但是目前我国大部分建设单位仍未能跳出专业水平单一的现状，能够从事设计、施工、咨询等综合服务的智力密集型企业数量很少，拥有从事大型工程项目管理资质、总承包管理能力和设计施工总承包能力的独立建筑单位更是寥寥无几。所以，在进行水利枢纽建设的项目建设时，必须根据国内建设的具体国情，因地制宜，构建适合中国实际的工程建设管理模式，而不能简单地照搬外国的施工组织模式。

（三）不同规模水利水电工程项目的模式选择

由于地形、地质、水文、天气等因素的不同，水利水电工程会有很大差异，水电站在规模上的差异导致各方面分差异也很大。与中小型水利水电工程相比，大型水利水电工程投资大、影响深远、风险大，必须采取更加谨慎、严格、规范的工程管理方式，其工程项目的管理模式应该与中小型水利水电工程不同。在大型、特大型水利水电项目的开发与施工中，应该基于现行主导模式，根据投资主体的变动以及工程实际，进行大胆的改革与尝试，只有

这样，才能使其的建设与管理既能够与国际管理相接轨，又能够适应我国水电项目建设情况。目前，国内中小型水利水电工程投资正在逐渐转向以企业投资和民间投资为主，因此，中小型水利水电工程的管理模式的选择与民间投资水电项目项目管理模式的创新具有类似之处，可以采取同样的项目管理模式。

（四）不同投资主体的水利水电工程的模式选择

中国的水利建设项目投资主体主要包括两类：一类是以国家出资为主的水利水电开发企业，另一类是由民间投资参股或控股为特征的混合所有制水利水电开发企业。与传统的水力发电开发企业相比，新型水利水电开发企业是一种较为规范、较为完备的公司所有制形式。当前，我国大型国有企业以发展大中型水利水电工程为主，而民间或者混合所有制企业则以开发中小型水利水电工程为主。由于投资方式不同、业务范围不同，二者在项目管理模式的选择上也不尽相同。

第一类应该在现有主导投资模式的基础上，将投资与建设分开。在具备一定的专业技术和管理能力后，业主可以自行组建自己的专业化建设管理公司；当业主自身无法完成建设管理的情况下，可以通过招投标等途径来确定合适的管理公司。目前，在世界范围内，有一种将设计和施工加以联合的倾向，所以当涉及大型或者技术要求复杂、投资量巨大的工程项目时，可以由设计和建设联合起来进行工程总承包。有些大的公司，在发展了一定的规模之后，可以组成一个具有设计、施工、监理等综合能力的大型公司来进行整体的施工。

对于民间资本入股或控股的水利水电开发企业，要实现更好更快的发展，就需要在改革开放的大环境下，进一步扩大与国外的合作；借鉴外国工程建设的先进经验，逐步形成一种适合于国内实际、具有中国特色的工程建设管理模式。在拥有足够的水电开发专业人才及管理人才，以及相应的技术储备时，可自行组建建设管理机构，充分利用社会资源，在施工过程中，采用目前主导模式——平行发包模式进行工程项目建设。在业主无法组织起专业的工程建设管理机构，无法对施工全过程进行全面、高效管理时，可以采用“小业主、大咨询”的方式，通过 EPC、PM 或 CM 模式等完成项目的开发建设。

第四节　水利水电工程项目管理模式发展的建议

目前，无论是从水电站的投资规模还是年发电量来衡量，我国都已跃居世界首位，成为水利水电建设大国。新中国建立后，中国的水利水电项目管理模式经过了一段弯弯曲曲的发展历程，正不断地与国际市场接轨，一些国际通用的工程项目管理模式也得到逐步推广和应用。目前，我国水利水电工程建设已有较大进展，但还不够成熟，还存在一些问题。根据目前国内的工程建设情况，通过与国际项目管理的比较，下面就如何进一步完善我国的水利枢纽建设管理模式提出一些有益的建议：

一、创建国际型工程公司和项目管理公司

当前，无论是国内还是在国外，工程建设市场都出现了新的特征：项目规模越来越大，项目风险也越来越高；技术的复杂性使得对于施工技术创新更为紧迫。国内工程建设市场越来越全球化，而且竞争越来越剧烈，投资的对象也越来越多样化。这为发展国内的工程项目管理模式、培育我国国际型工程公司和项目管理公司提供了有利的环境。

（一）创建国际型工程公司和项目管理公司的必要性

当前，创建国际型工程公司和项目管理公司具有十分重要的意义。

1.深化我国水电建设管理体制改革的客观需要

在我国水利建设的管理制度改革不断取得成绩的大背景下，随着我国水利水电事业的发展，我国的设计、施工、咨询、监理等企业已经具有了建设世界一流水平的国际工程公司或项目管理公司的能力。从主观上看，各大企业都已经意识到了单一功能的限制，有些已经开始改变自己的观念，承担一部分项目的施工和管理工作，并相应地进行组织结构的优化。从客观上讲，业主也充分认识到了项目管理的重要性，越来越多的业主，尤其是以外资或民间投资作为主体的业主，都要求施工单位在施工过程中采取符合国际惯例

的通行模式进行工程项目管理。

2.与国际接轨的必然要求

目前，国内工程建设市场正在努力与世界接轨，而EPC、PMC等一些国际上已被广泛采用的工程项目管理模式，都需要有国际水平的大型工程公司和项目管理公司来实现。1999年， 国际工程师联合会发布了四种标准合同范本，包括适用于不同管理模式的合同文本。只有适应这种趋势，我国的企业才能在国际上实现更大的发展。

3.壮大我国水利水电工程承包企业综合实力的必然选择

当前，国内水利水电建设的状况是设计、施工、监理等部门各自独立，各自负责各自领域的有关工作，设计和施工不衔接，监理与咨询之间没有任何关联，不利于工程项目的投资控制和工期控制。

当前，中国已成为全球水利水电开发的中心，我们应充分吸取国外大型工程公司、项目管理公司的成功做法，通过兼并、联合、重组等方式，加强建设企业间的资源整合，促使一批具有设计、施工、采购等综合实力的大型工程公司和项目管理公司发展壮大起来，为业主全面提供技术咨询和管理服务。因此，建立一批具有国际影响力的大型工程公司和项目管理公司，使其成为增强我国国际竞争力的大型工程承包企业。

（二）创建国际型工程公司和项目管理公司的发展模式

正如上文所述，中国是世界上最大的水利水电市场，建立和发展自己的在国际上有相当竞争力的国际工程公司已刻不容缓。作为一个企业来说，其核心竞争力是最重要的，所以，必须通过整合重组来改善公司的组织架构培育一批具有国际竞争力的国际工程公司和项目管理公司，他们可以为客户提供从项目的可行性研究到项目的设计、采购、施工项目管理及试运行等多阶段或全阶段的全方位服务。

当前，我国施工总承包的主体多种多样，这些主体单位包括设计单位、施工单位、设计与施工联合体以及监理、咨询单位为项目管理承包主体等多种模式。由于承包主体所扮演的社会角色和经济属性的差异，使得其在项目施工和工程管理中发挥的作用也各不相同，从而形成了一些可供建设跨国工程公司和项目管理公司选择的发展模式。

1.大型设计单位自我改造成为国际型工程公司

以设计单位作为工程总承包主体的工程公司模式，就是设计单位按照目前国际工程公司的惯例，在单位内部建立和健全适应工程项目施工的组织结构，完成向具有工程总承包能力的国际型工程公司转变。大的设计单位所拥有的监理和咨询公司通常都具有一定的工程管理能力，所以，只要对其进行稍稍的结构调整，就可以实现完美转型，就可以为业主提供全方位的服务。大型设计单位逐步向综合性发展，成为以设计为主，具备工程咨询、设计、采购、建设和管理能力的国际型工程公司。

当前，国内众多的设计单位由于专业水平较低，普遍缺乏工程建设和项目管理经验以及处理实际工程项目问题的应变能力，尤其是对大型工程问题进行统筹、把握能力不足，这将成为影响设计单位向大型国际性工程公司转变的障碍。近年来，国内各大水电勘察设计单位纷纷提出了建设国际化企业的发展目标，但是现阶段大中型水电站勘测设计任务繁重，还没有开展相关转变的实质性工作，设计单位开展工程总承包业务时还存在着管理知识缺乏、专业人才短缺、社会认同不高等问题，迫切需要提升自己的项目管理水平。

2.大型施工单位兼并组合发展成为工程公司

可以说，改革开放40年来，中国的水利水电建设取得了飞速发展，许多水利水电建设经过了磨砺获得了发展。目前，我国已成长壮大一批水利水电施工单位，有些大型水利水电施工单位不但在国内水利水电建设项目中大展拳脚，而且还在世界范围内拓展业务，并取得了一定的施工管理经验。然而，相比于国际上的大型水利水电施工单位而言，我国的水利水电施工单位虽然建设能力虽高，却也难免有其自身的不足和缺陷，例如勘察设计、咨询等方面就有所欠缺，无法为业主提供全面、高质量的咨询和管理服务，在工程设计优化、投资控制、工期控制等方面也存在着明显的短板。为了解决上述问题，我们可以把一些具有勘察、设计、咨询等服务能力的设计单位整合起来，以填补自己在这一领域的不足，在激烈的竞争中不断成长，最终成功地发展成大型的综合性工程公司。

3.咨询监理单位发展成项目管理公司

咨询监理单位本身就是一家工程项目管理公司，他们之间可以通过兼并联合，或者通过对自身重组改造，从而成为大型一个项目管理公司，为业主提供咨询和工程管理服务。目前，我国的水利建设工程咨询监督单位的组建形式多种多样，主要有项目业主组建的、设计单位组建的、施工单位组建的、民营企业组建的以及科研院校组建的。但是这些单位都存在着一个共同点：成立时间不长，人员素质不高，资金力量薄弱，业务领域狭窄等。若由上述机构承接项目，必须具备良好的现场施工技术，并有一定的综合管理与协作能力，但总体上却缺少高素质的设计团队，再加上本身没有足够的资金实力，在施工中难以对各类风险进行有效管控。所以，可以将部分具有一定的实力的监理、咨询单位合并、整合，形成具有较强的工程承包经营能力的大型项目管理公司，在大型水利水电工程施工中提供诸如 PMC 等形式的管理服务。

4.大型设计单位与大型施工单位联合组建工程公司

所谓大型设计和施工单位联合组建工程公司，就是将大型设计单位与大型施工单位进行整合，形成一个综合性的工程公司，为客户提供全方位、全阶段、全要素的服务，就是项目公司发展的高峰，可以针对不同的项目进行不同的管理。尽管采用这样的方式组建工程公司难度很大，成本也很高，但是它却是我们国家组建具有国际竞争优势的大型公司的捷径。由于这种设计单位与施工单位的组合是一种强强联合，两者之间相辅相成，不仅使设计者在工程设计方面的优势得以充分的体现，同时也使设计和施工更加密切地联系在一起，通过对工程质量、进度、投资的全面控制，促进工程技术的创新和优化，从而提高工程公司的整体实力，使工程公司在世界工程市场承建更多、更大的工程总承包项目。这种组建大型施工公司的模式将成为我国未来一个阶段发展发展的重心。

考虑到目前国内建筑设计和施工分开的现状，本文认为，组建国际化的工程公司可分为两步走：第一个阶段是由设计单位与施工单位双方联合投标并参与建设工程的总包。在国内水利水电工程投标中，比较普遍的做法是多个施工单位成立联合体进行投标，而设计单位和施工单位联合招标的现象比较罕见。之所以会出现这样的情况，是因为在国内的水利水电工程中，这种模式应用得较少，具体的投标方案还不完善。目前，我国在水利水电工程施工倡导工程总承包和项目管理模式，有必要支持业主实行工程总承包的模式进行招标，鼓励投标人以“设计+施工”的模式进行投标，从而逐渐形工程总承包及项目管理的意识。通常来说，联营分为法人型联营、合伙型联营和协作型联营三种形式。目前，国内水利水电工程施工企业之间大多采取合伙型联营或协作型联营的方式。今后，国内水利水电企业联合发展的初期应当是法人型联营，为其最终发展成为设计与施工联合型工程公司奠定良好的基础。第二个阶段，在工程总承包和项目管理服务发展比较成熟，成为水利水电开发的常见模式时，则可以将设计单位与施工单位重组或改造成为大型的项目管理公司，从根本上扭转工程施工中设计和施工分离的现象。

5.中小型企业发展成为专业承包公司

对于中小型的施工单位和设计单位，要充分发挥自己的优势，发挥自己的特长，向专业化的服务公司的方向发展。公司不但独立管理相关业务，而且可以在大型、复杂的工程项目中配合大型公司做好相关方面的工作。

6.发展具有核心竞争力的大型工程公司和项目管理公司

一个公司的管理水平是其核心竞争力，它主要表现在管理体制科学、管理模式独特、经营方法、运营机制等方面，以及由此带来的规模经济效益。

中国已经是全球的水利水电建设的中心，但我国的水利水电工程企业无论是在营业额、企业规模、管理模式等方面，都无法与国际一流的大型建筑公司相比，两者之间差距明显，这与我国全球水利水电建设中心的地位非常不相符。为此，我们应加大投入，培养和提升公司的核心能力，发展一批具有国际竞争力的工程公司和项目管理公司。

二、我国水利水电工程项目管理模式的选择

（一）推广 EPC（工程总承包）模式

工程总承包已是国际建筑界广泛采用的一种工程承包模式。在国内大力推广工程总承包模式，将会带来一系列的正面效应：既能促进我国工程施工组织与施工管理体制的变革，又能促进我国工程施工管理水平的提高，有利

于进行投资与质量的控制，促进我国建筑行业的有序发展；有利于增强勘察、设计、施工、监理单位的综合实力，促进我国工程项目管理方式与国际衔接。

EPC模式在国内工程实践中取得了明显的成效，比如白水江梯级水电站由九寨沟水电开发有限公司负责设计、采购和施工总承包，从而解决了业主新组建的项目管理班子对工程施工不熟悉的问题，并在施工的全过程中，最终在项目建设的过程中确定了项目总投资、工期以及工程质量。目前，我国水利枢纽项目引入 EPC 模式面临着许多问题，比如：业主主观能动性变弱，承建单位的风险增加，以及承担风险的能力不高等。由于水利水电项目容易受地形、物价、建设周期、投资等的影响，因而在推行 EPC 模式时要注意以下问题：

1.明确总承包的范围

在水电工程施工总承包中，大部分的合同项目和费用都是按预算编制的，因此，为防止出现不必要的成本和工期损失，必须将工程的具体内容列入合同中。在水利水电工程建设中，总承包人在施工中往往会遇到在合同中未列入的施工项目，从而使总承包成本上升，损害了承包单位的利益。例如，白水江黑河塘水电站的施工中，在预算中未列入水库防护设施、闸坝及地方电源供电系统等，从而造成了承包人的利益损失。

2.确定合理的总承包合同价格

在水利水电项目 EPC 总承包中，总承包合同价格并不是工程初步总概算的价格，由于业主会向总承包商提出工程费用“打折”的要求，从而使承包商承担的风险大大增加。

（1）概算编制规定的风险。根据行业标准，每几年进行一次水利工程概算的调整。如果总承包方采用的是已实施了多年却未调整的项目来编制预算，最终会导致项目的预算与现实不相符。例如，黑河塘水电站项目预算是按照1997 的标准来编制的，但由于按照该标准编制的预算费用低于市场价格，从而损害了总承包人的利益。

（2）市场价格的风险。由于水力发电项目工期较长，施工中施工单位必须充分考虑原材料、设备价格的上涨因素，尽量减少由此带来的风险。比如说在黑河塘水电项目施工中，发改委公布的成品油价格涨幅接近 40%；再比如说，双江电站施工后的上半年，铜价飙升 100%，这些都是总承包商应该提前考虑到的。

（3）现场状况的不确定性和难以预测的风险。在水利枢纽工程施工过程中，由于存在着较大的地质条件变化和许多未知困难，按照预算编制的原则，在基础预算不足时，可以对常规水力发电项目的预算进行调整。但是根据 EPC 合同的有关条款，总承包方要自己来承受这些风险。所以，在工程造价预算调整后，总承包方要承担巨大损失并延误施工进度。因此，总承包方必须对施工项目进行全面的了解，并对可能出现的各种风险因素进行全面的评估，并与业主进行交流和磋商，使合同价格符合盈利的需要。与此同时，总承包商在与业主订立合同时，要按照风险共担原则，明确规定一旦发生上述风险时双方必须就固定价格进行协商，从而降低自身风险。

3.施工分包合同方式

EPC 总包的要旨在于在工程的施工中“边设计边施工”，有利于降低成本，缩短工期。而在水利枢纽建设项目的招标过程中，由于设计进度不能完全满足施工要求，因而在实际施工中往往会出现一些变化，从而引起分包商的索赔。笔者建议，与以单价合同结算方式的施工合同相比，采用成本加酬金的合同方式更适合于水电工程的 EPC 模式。然而，直到现在，在国内还没有合适的施工合同条件来满足此类 EPC 模式。

（二）实施 PM 模式

近年来，我国工程建设管理的范围、深度和水平都在逐步提高。各行业，包含煤炭、化工、石油天然气、轻工、电力、公路、铁路等，都有了较为成熟的工程管理模式。例如，由中国石化工程建设公司负责承建的中海壳牌南海石化项目是国内规模最大的石油化工项目，以 PM 模式进行施工；中国寰球工程公司与越南化工总公司签订了海防磷酸二铵项目采用 PMC 模式，该项目的总投资额达 1.5 亿美元。而反观我国水利水电行业，在项目管理和工程建设上远远落后，我们必须正视现实，准确定位，找出差距，借鉴国外先进的施工技术，努力追赶。

1.PM 模式的优势

与我国传统的项目管理基建指挥部模式相比，PM 模式具有如下优势：

（1）有利于改善工程施工全过程的管理水平，提高工程建设质量。长期以来，因应现场施工需求，我国采用的是业主指挥部模式，在这些工程完工交付后，指挥部自行解散。这种模式缺少持续性，导致业主无法积累起施工管理的相关经验，无法提高施工的专业化水平。为了克服指挥部模式的弊端，我国工程建设领域引入了一系列较为成熟的施工和管理模式，而PM模式便是其中之一。

（2）有利于为业主节省工程建设资金。在与PM签约时，业主在合同中就已经约定好在节约了建设资金后可以获得一定的资金回报。这就促使PM在从项目的设计之初，就以最优的原则来进行费用控制，降低采购、施工、运行等各环节的支出，以实现项目生命周期运营的最低成本。

（3）对业主施工期间的行政机关进行优化。在大的工程中，由于要成立一个指挥中心，要有大量的人手，要设立一个层级较高的行政组织，因此，在建设后如何安排好剩余的工作也是一个很难解决的问题。在施工过程中，PM单位将按照项目的特性组建相关的组织机构，帮助业主进行施工，这种结构简单、效率高，大大减轻了施工人员的工作压力。

2.水利水电工程实施PM模式的必要性

（1）这是国内外激烈市场环境对我国工程建设管理能力和管理水平提出的要求。随着中国入世，中国的市场逐渐对外开放，近年来国内发展迅速，中国成为世界瞩目的焦点；外资涌入中国，国际市场的竞争日益加剧。很多国际著名的建筑设计公司和项目管理公司都盯上了中国的大蛋糕，开始进入中国，与中国的传统工程公司相比，他们的优势是显而易见的：优秀的项目管理能力、超前的服务意识、丰富的管理经验和雄厚的经济实力。这就使得国内大型项目竞标中，国内企业难以望其项背。许多国内工程企业都意识到了这种不足，纷纷引进和实施PM项目管理模式，不断提高自己的能力和水平。

（2）推行PM模式，是国内工程公司引进现代化工程管理模式、提升工程管理水平的一种主要方式。要达到现代化的工程项目管理水平，必须具备五个基本要素：①必须在实际工作中持续引入国际项目的管理方式，而不是简单地引进，要对其加以完善，寻找和发展适合于国内实际的现代项目管理理论；②重点是选拔和培训高质量的专门技术人员；③必须有计算机技术的支持，需要开发和完善计算机集成项目管理信息系统；④组建专业、高效、合理的管理机构，确保工程管理的科学化；⑤要有健全的工程管理制度。PM模式恰好具有上述5项特征，因而PM具有很强的生命力。我们可以通过实施PM的水利工程项目，为我国水利工程建设探索先进的项目管理模式。

（3）PM模式与水利水电工程的特点相匹配。水利水电工程总体上有如下特征：地质条件复杂、规模庞大、投资多、工程周期长、变更多等，这需要有丰富经验和实力的项目管理公司对工程项目实施全流程PM模式管理，为业主提供优质工程管理服务，以达到客户的期望。这样可以使业主不用过多考虑施工流程中繁琐的管理工作，而将自己的时间和力量集中于做好重大事件决策、建设资金筹集等方面。

（三）推行CM模式

CM模式在世界应用了40多年，通过实际应用，它在项目管理、信息管理、投资管理、质量控制与组织与协调等方面具有独特的特点，是一种可供国内借鉴和采用的先进管理模式。国内也有一些大的工程采用了CM模式，其中上海证券大厦就是国内首次采用CM模式进行建设的大型民用建筑项目，但目前国内在水利水电工程领域尚无CM模式可供借鉴的项目。将CM模式引入到我国的水利水电工程的施工中，需要对CM模式的特点和应用领域进行深入的研究，并根据我国的实际情况进行相应的完善。

1.在中国水利水电工程建设中引入CM模式的原因

（1）随着我国水利水电建设事业的发展，我们在勘察、设计和施工方面已积累了丰富的经验。为了缩短工期，大部分的水利水电项目都采取边设计边施工的做法，不过，这一做法没有“快速轨道法”科学，而且“快速轨道法”也可以使施工合同的价格确定得更为合理。

（2）CM模式中的CM承包商可以帮助业主进行大规模复杂工程的工程管理工作，而通常情况下水利水电工程项目都存在着技术复杂、人员和合同管理复杂等特点。

（3）由于水利水电工程规模大、环境复杂，因此变更较多，而CM模式可以让CM承包商在早期就参与到工程设计中来，并为其提出可施工性的合理建议，通过将设计与施工有机联系在一起，使得设计者对水利水电项目建设的全流程有较深入的认识，减少设计变更，从而减少了在履行合同时发生的索赔争议，保证了项目的顺利进行。

（4）运用 CM 模式，可以精简业主管理机构，减少员工，节省开支。业主还可以在任何时候查看 CM 承包商和分包商的合同，这样双方的合作是公开和透明的。同时，CM 承包方还承担 GMP（最大工程费用）保证，从而有助于业主有效控制工程总投资。

（5）在我国水利水力项目建设中，已成长壮大了一批具备较高建设水平和较高管理水平的队伍，他们有发展为 CM 承包商的素质和基础。

根据上述分析我们不难看出，CM 模式更适宜于中国的水利水电工程项目管理，具有广阔的发展前景，并有望改变目前我国水利水电工程管理的现状。

2.我国发展 CM 模式应该注意的问题

（1）对 CM 模式进行法律和法规方面的规范，确认 CM 模式的合法地位。目前，国内水利水发项目管理方式被国家法律和法规所承认的主要是施工总承包和工程建设总承包，同时，由于施工法规中要求施工前必须先设计后方能施工，这对 CM 模式"边设计、边施工"的施工方式造成了一定的阻碍。为了更好地推广 CM 模式，我国应推出相关建筑法规条例。

（2）CM 模式的适用性。不同类型的工程项目管理模式都有其自身的特点和适用范围，没有哪一种工程管理模式适用于所有工程的情况，CM 是一种具有强大发展力的项目管理模式，但是，该模式只是适用于较复杂的大型项目，而不适用于普通的水利水电项目。此外，若采用代理型 CM 模式，在签约时未明确约定最大项目建设成本，则会使业主面临巨大的投资风险，这就要求业主提高自身的投资控制能力。

（3）注意 CM 单位与工程监理的职责分工。目前，我国实行的是项目监理制，由项目监理代表建设单位，按照有关法律、行政法规和有关技术标准、设计文件和合同，对施工质量、工期、资金的运用进行监督。基于当前我国的项目管理工作现状，在发展 CM 模式时，可以发挥工程监理的优势，工程监理负责施工期工程质量的控制，而 CM 单位负责掌控全局，注意以项目进度与资金管理为主。

（4）发展专业的国际化的水利水电工程 CM 公司。尽管目前国内工程项目管理还达不到世界一流水准，但经历了“鲁布革”“三峡”等重大水利枢纽工程的实践，国内已形成一批具备相应资质和实力的施工企业，可以对这些公司进行有目的的培育，培养专业人才，使其能够尽快具备 CM 的素质与管理能力，并在国际水利水电市场提高竞争力，占据一席之地，使我国的水利水电事业踏上一个新台阶。

第六章　水利水电工程质量管理与控制

第一节　水利水电质量管理与控制理论

一、水利水电建设项目管理概述

（一）工程项目管理

项目是在一定的条件下，具有明确目标的一次性事业或任务。每一个项目都必须具有一次性、目的性和整体性的特征。建筑项目是指按照一个总体设计进行施工，由一个或多个独立的、具有内部关联性的单项工程所组成的、在财务上统一核算、行政上统一管理的建设实体。比如，建设一座工厂、一个水电站、一个港口等，通常都需要限定投资、工期和质量标准。

工程项目管理是在工程生命全过程中进行的有效的计划、组织和协调工作。其目的是在一定的限制条件下（例如资源可用、质量要求、进度要求），通过对工程质量、工期和投资的最优化控制，从而使工程质量、工期和投资的最佳控制指标得到优化。按照建设项目管理的定义及现行建设程序，我国建设项目应通过一定的组织形式，采取各种方法，对建设项目的所有工作（如建议书、可行性研究、决策、设计、施工、设备询价、完成竣工验收等）进行计划、组织、协调，对其进行有效的管理，从而达到保证质量、缩短工期、提高投资效益的目的。

建筑项目管理的范围很广。建筑项目管理按照阶段，可划分为项目可行性研究阶段的项目管理、设计阶段的项目管理、施工阶段的项目管理；按照管理对象划分，可划分为业主的项目管理、设计单位的项目管理、承包商的项目管理和“第三方”的项目管理。而业主的项目管理则是对工程项目进行全面、全过程的管理，其首要工作就是对投资、质量、工期进行严格的控制。业主通常会聘请咨询工程师或监理工程师来协助进行项目管理。

这里从工程业主和监理工程师的视角出发，结合水利水电工程的特点，对工程建设中的质量控制及质量控制信息系统进行探讨。

（二）水利水电建设项目管理的特点

水利水电工程具有施工规模大、工期长、施工条件复杂的特点，这使得水利水电工程项目管理具有强烈的实践性、复杂性、多样性、风险性和不连续性等特点；另外，由于我国体制与国外情况也不相同，因此我国水利水电建设项目管理具有以下特征：

1.严格的计划性和有序性

我国的水利水电工程项目管理是在水利部和其他相关部门的指导下有计划进行的，这与国外自发开展水利水电工程项目管理有很大的区别。我国通过国家水利部等相关部门制定的各项规章制度和规范，使得水利水电建设项目管理做到了有章可循，从而大大加快了工程项目管理的实施进度。与此同时，我国的水利工程项目管理也是按照国家制定的轨道进行的，这样就保证了工程管理的有序进行。

2.较广的监督范围和较深的监督程度

我国是以生产资料公有制为主的国家，水利水电工程的投资主体是政府和公有制企事业单位，私人投资的项目很小，也很少。政府相关部门不仅要对“公共利益”进行监管，而且要对水利水电项目的经济效益、建设布局以及与国家发展规划相适应进行调控。而在生产资料私有制国家里，绝大多数项目都是由私人出资，国家对工程的管理则仅限于对其“公共利益”进行监管，而不会对其效益进行任何干预。从这一点可以看出，我们国家相关机构在水利水电工程建设中的监管范围更广、程度更深入。

3.明显的“政府行为”特征

我国水利水电工程项目管理的许多方面，都体现出明显的“政府行为”特征。

（1）在制定和颁布的各类标准化合约文本方面。英、美等国家各种标准合同条件都是由行业协会和团体共同制定并发布的。比如《土木工程施工合同条件（FIDIC）》是由国际咨询工程师联合会（Federation Intemationale Des Ingenieuis Conseils）编制的，《IEC 合同条件》由英国土木工程师学会（Institute of Civil Engineers）编写等。目前，我在国，各类标准合同条件均由国家相关机构制定并发布，例如《水利水电工程施工合同和招标文件示范文本》是由水利部、国家电力公司、国家工商总局联合发布的，并明确规定，凡是国家或地方规划的大中型水利枢纽项目都使用该《范本》，小型水利水电工程项目也可参考该范本的规定。这些都体现了工程建设中的“政府行为”特征。

（2）在水利水电工程项目的建设程序方面。在国外，建设程序仅仅突出工程施工中最优决策、竞争择优、施工监理等方面。这可以充分体现出工程咨询、监理、仲裁等中介机构在工程施工过程中所扮演的角色。我国水利水电工程项目的建设程序是在计划经济时期形成的，虽然逐渐有市场经济条件的因素渗入，但仍然存在着计划性的内容，比如招标申请、竣工验收等，在工程建设的程序中都体现了“政府行为”。

（3）在建设项目管理模式方面。在外国，建筑项目的管理模式是业主自行选定的，而建筑项目的管理模式也是多种多样的，只有当业主觉得某种工程的管理模式最符合他们的要求，就会选用相应的模式。可见，在施工项目的管理模式选择上，业主拥有较大的自主权。目前，我国相关政府部门在项目管理上强调“项目管理标准模式”，这就导致了施工企业通常无权选择其他的项目管理模式。这体现了项目管理策略的“政府行为”。

这些特征给工程建设项目的管理工作既有有利的一面，也有不利的一面。在这里的研究中充分考虑了这方面的影响因素。

二、水利水电工程质量控制概述

建筑施工的质量是施工成功与否的关键因素，是建设项目三大控制目标的重点。本文对工程质量控制的相关术语、水利水电工程项目质量的特点、水利水电工程质量管理体制等问题进行分析阐述。

（一）建设项目质量管理术语

ISO8402-1994（GB/T6583-94）《质量管理和质量保证术语》中共有67个术语，现分别介绍相关术语。

1.质量

质量是指实体满足明确和隐含需要的能力的特性总和。质量主体是“实体”。“实体”既包括产品，也包括活动、过程、组织系统或人员，以及它们的结合。“明确需要”是指在标准、规范、图纸、技术需求和其他文件中已经作出规定的需要。“隐含需要”是指所有者或社会对某一组织的预期，以及人们公认的、不言自明的“需要”。很明显，在合同环境下，应规定明确需要，而在其他的情形中，应分析、研究、识别“隐含需要”。“特性”是一个事物具体的属性，它体现该事物满足需要的能力。

2.工程项目质量

工程项目质量是国家有关法律、法规、技术标准、工程设计和工程承包合同中对工程的安全、使用、经济、美观等特性的综合要求。工程施工通常根据施工合同条款进行的，并在“合同环境”下产生。工程项目质量的具体内容应该包含三个层面。

（1）工程项目实体质量。工程项目包括分项工程、分部工程和单位工程，工程施工的各个环节相互联系、相互制约，是按照一定程序进行的，所以，工序质量是工程项目实体质量的基本要素。工程项目的实体质量应包括工序质量、分项工程质量、分部工程质量和单位工程质量。

（2）功能和使用价值。从功能和使用价值的角度来分析，工程项目质量体现在性能、寿命、可靠性、安全、经济等方面，这些指标直接体现了项目质量。

（3）工作质量。工作质量是指施工单位在施工过程中，为确保工程施工品质所承担工作的水平和完善程度。工作质量包括社会工作质量（主要包括社会调查、市场预测等社会工作方面的质量）、生产过程工作质量（如政治工作质量、管理工作质量等）。为了确保工程质量，各相关单位和工作人员必须认真对待，对影响工程质量的各方面工作严格管理，以确保实现工程质量。

3.工程项目质量控制

质量控制是指为了达到质量需求而采取的作业技术和活动。工程项目的质量控制，是为满足工程建设的质量而进行的作用技术和活动。工程项目质量要求主要表现为工程合同、设计文件、技术规范规定的质量标准。因此，工程项目质量控制就是为了达到合同质量要求而采取的一系列措施、方法和手段。工程项目质量按照实施者的不同，分为三方面：一是业主方面的质量控制，二是政府方面的质量控制，三是承包商方面的质量控制。工程业主或监理工程师的施工质量控制主要是通过对施工单位的施工组织方案和技术措施进行审核，对施工所用施工材料、施工机械和施工过程的监督、检验和对施工单位的施工成果进行检查验收，从而实现对施工工程质量的控制。

（二）水利水电工程项目质量的特点

要想对水利水电工程项目质量进行有效控制，就必须把握水利水电工程项目质量形成的过程，根据其形成过程掌握其特点。监理工程师要根据上述特征，对其进行质量管理。在进行水利水电工程施工质量管理相关问题的分析研究时，也应充分考虑这些特点。

1.水利水电工程项目质量形成的系统过程

水利水电工程项目质量是按照水利水电工程项目的程序，根据施工过程中的不同阶段逐步形成的。

2.水利水电工程项目质量的特点

由于水利水电工程项目自身的特点，所形成的工程项目质量呈现出如下特点：

（1）主体的复杂性。一般的工业产品通常由一个企业来完成，质量易于控制，而工程产品质量一般由咨询单位、设计承包商、施工承包商、材料供应商等多方参与来完成，质量形成较为复杂。

（2）影响质量的因素多。影响质量的主要因素有决策、设计、材料、方法、机械、水文、地质、气象、管理制度等。这些因素都会直接或间接地影响工程项目的质量。

（3）质量隐蔽性。水利水电工程项目在施工过程中，由于工序交接多，中间产品多，隐蔽工程多，若不及时检查并发现其存在的质量问题，事后看表面质量可能很好，容易产生第二类判断错误，即将不合格的产品判为合格的。

（4）质量波动大。工程产品的生产没有固定的流水线和自动线，没有稳定的生产环境，没有相同规格和相同功能的产品，容易产生质量波动。

（5）终检局限大。工程项目建成后，不可能像某些工业产品那样，拆卸或解体来检查内在的质量。所以终检验收时难以发现工程内在的、隐蔽的质量缺陷。

（6）质量要受质量目标、进度和投资目标的制约。质量目标、进度和投资目标三者既对立又统一。任何一个目标的变化，都将影响到其他两个目标。因此，在工程建设过程中，必须正确处理质量、投资、进度三者之间的关系，达到质量、进度、投资整体最佳组合的目标。

（三）水利水电工程质量管理体制

《水利工程质量管理规定》（中华人民共和国水利部令第 7 号）规定：水利工程质量实行项目法人（建设单位）负责、监理单位控制、施工单位保证和政府监督相结合的质量管理体制。水利水电工程质量监督机构负责监督设计，监理施工单位在其资质等级允许范围内从事水利水电工程建设的质量工作；负责检查、督促建设、监理、设计、施工单位建立健全质量体系；按照国家和水利行业有关工程建设法规、技术标准和设计文件实施工程质量监督，对施工现场影响工程质量的行为进行监督检查。项目法人（建设单位）应根据工程规模和工程特点，按照水利部有关规定，通过资质审查招标选择勘测设计、施工、监理单位并实行合同管理。监理单位应根据监理合同参与招标工作，从保证工程质量全面履行工程承建合同出发，签发施工图纸；审查施工单位的施工组织设计和技术措施；指导监督合同中有关质量标准、要求的实施；参加工程质量检查、工程质量事故调查处理和工程验收工作。施工单位要推行全面质量管理，建立健全质量保证体系，在施工过程中认真执行“三检制”，切实控制好工程质量的全过程。

三、水利水电工程质量评定方法

（一）水利水电工程质量评定项目划分

在对水利水电工程质量进行评定时，首先必须对评定项目进行划分。划分时，应按从大到小的顺序依次进行，以便于在宏观上把握项目评定的规划，避免在分期实施阶段从低到高评定时出现层次、级别和归类上的混乱。在质量评定时，要按照从低层到高层的顺序依次进行，这样可以在微观上严格控制各分类项目的工程质量，最终确保整个项目符合质量要求。

1.基本概念

水利水电工程一般可以划分成几个扩大单位工程。扩大单位工程是由若干个单位工程组成，这些单位工程可以共同实现相同的效益和功能，或具有同一性质和用途。

单位工程是一项能够单独运作或具备单独建造条件的工程，通常是在多个分部工程完工后才能够运行使用或发挥其一功能的工程。单位工程通常是一座独立的建筑（构筑）物，在一些特定的条件下，还可以作为独立建筑（构筑）物的一部分或一个构成部分。

分部工程是指组成单位工程的各个部分。分部工程常常是建筑构件中的一部分，或不能单独发挥作用的安装工程。

单元工程是指组成分部工程的由一个或几个工种施工完成的最小综合体，它是进行质量管理的基础。根据结构设计、施工部署或质量考核要求，可以将建筑物划分为层、块、区、段等来进行。

2.单元工程与国标分项工程的区别

（1）分项工程通常是按照项主要工种工程划分，例如土方工程、混凝土工程就是分项工程，通常在国标中就不再往下划分了。而水利部颁发的标准中，考虑到水利工程的具体条件，像土坝、砌石、混凝土坝等，如作为分项工程，其工作量和投资都很大，也有可能一项工程仅有这么一个分项工程，如果再采用国标进行质量检验评定，明显是不科学的。针对此问题，部颁标准规定，将质量评定项目等级分解为层次、块、段、区等层次。为了使其与国标中的分项工程区分开来，我们将层、块、段、区等称为单元工程。

（2）分项工程这个名词概念，以前在工程验收规范中也有提及，它与设计规定是一致的，而且多应用于安装工程中。执行单元工程质量检验评定标准以来，分项工程一般不作为水利工程日常质量考核的基本单位。在质量评定项目规划中，按不同条件，分项工程有时划为分部工程，有时又划为单元工程，分项工程不再是水利工程质量评定的一个项目，而以单元工程的术语出现。单元工程往往包含多个分项工程，例如，一个钢筋混凝土工程包含了多个分项工程，即钢筋的捆扎、焊接、混凝土拌制和灌浆；有时候就是一种单元工程。也就是说，单元工程可以是一道施工工序，也可以是几道施工工序。

（3）国标中的分项工程完工后，并不必然构成工程实物量，或只构成尚未就位的构件或构筑物，如模板分项工程、钢筋焊接、钢筋绑扎、钢材构件的焊接等。单元工程是一个或几个工种施工完成的最小综合体，是形成工程实物量或安装就位的工程。

（二）质量检验评定分类及等级标准

1.单元工程质量评定分类

在进行水利水电项目的质量评估之前，必须对其进行等级划分。单元工程的质量评价方法有很多种，本文只对其中两个最常见的进行简单的阐述。按照工程特点，可以划分为：①建筑工程质量检验评定；②机电设备安装工程质量检验评定；③金属结构制作及安装工程质量检验评定；④电气通信工程质量检验评定；⑤其他工程质量检验评定

按项目划分可以分为：①单元、分项工程的质量检查和评价；②分部工程验收和评价；③单位工程的验收和评价；④扩大单位或整体工程的验收和评价；⑤单位或整体工程外观质量验收和评价。

2.评定项目及内容

我国目前对中小型水利水电项目的评价标准仍然分为“合格”　“优良”两个等级。如果单元工程不符合国家标准则不予评定等级，其所属的分部工程、单位工程或扩建工程也不予评定等级。

在总体上，单元工程一般由保证项目、基本项目和允许偏差项目三部分组成。

（1）保证项目。保证项目是确保水利工程安全性和使用性能的关键项目。不论质量级别是合格还是优良，都应符合所要求的质量标准。规范中用“必须”和“严禁”等词语表达的均列入了保证项目的范围，另外还将有关质量、性能、使用安全等方面的内容也纳入其中。优良工程必须确保所有的项目都满足高质量要求，并且若干个关键的子项目必须达到优良的标准。

（2）基本项目。基本项目是确保水利设施安全运行的基本检验项目。通常在规范条款中以“应”“宜”等词语表示，其检验子项目应当达到基本质量要求。基本项目的质量状况划分为“合格”和“优良”两个级别，在质的定性上用“基本符合”和“符合”来区别，并将其作为划分单元工程质量的分级标准之一。在量上用单位强度的保证率或偏差系数的不同要求，以及用符合质量标准点数占占总测点的比例来区别。总体而言，达到检验点数70%及以上的为“合格”，达到90%或更高的项目为“优良”。当每个子项目质量都达到“合格”级别的时候，如果有50%及以上的子项目是优良级别，则此单元工程的基本项目则被评定为优良。

（3）允许偏差项目。允许偏差项目是指在单元项目施工过程中或施工完成后，实测检验时规定允许有一定偏差范围的项目，并按其所占据的百分比来判断该单元工程是“合格”还是“优良”。

四、水利水电工程施工质量评定管理系统的规划

（一）水利水电工程施工质量评定工作的特点

就《水利水电工程施工质量评定表》来说，水利水电工程外观质量评定是由建设（监理）单位组织，负责该项工程的质量监督部门主持，有建设（监理）施工及质量检测等单位参加的，在评定前由设计、建设（监理）及施工单位共同研究提出方案，经负责该项工程的质量监理部门确认后执行，这部分的表式是没有固定标准的。不过，其余的评审表格必须严格遵守《水利水电工程施工质量评定表填表说明与示例》的要求，因为这部表实质上都是单元工程质量评定表或工序质量评定表，其中的大量重复性工作可以通过计算

机来做。因而，可以基于计算机系统建立一个以单元工程（工序）为基础的水利水电工程建设质量评价体系。

（二）单元工程（工序）质量表中保证项目和基本项目的量化方法

1.一票否决法处理保证项目子项目

由于保证项目是确保水利设施安全性和使用性能的一个关键项目，不论质量级别是合格还是优良，都应符合所规定的质量标准。如果有一个不符合质量要求的子项目，那么这个单元工程将被视为不合格。

2.用层次分析法确定指标权重

保证项目和基本项目的子项目的检测点应属于定性描述，只有在量化的基础上才能用于打分计算，从而得到质量评定结果。这里采用系统工程的层次分析法来计算保证项目和基本项目的评价指标权重，从而准确计算单元工程（工序）的综合质量得分，客观评定单元工程质量或工序质量。

第二节　水利水电工程施工质量管理与评价存在的问题

一、水利水电工程施工质量管理存在的问题

（一）工程设计中存在问题

1.项目决策咨询评估有待加强

水利水电工程建设评估是国家进行项目决策的基础，只有通过科学合理的评估，才能有效地防止项目建设的盲目性或决策失误。然而，许多中小水电项目往往很少组织可行性论证。国家或水利部先后颁布了一系列的法律、法规、技术标准，但很多水利基层单位和个人并没有认真落实。

2.工程前期勘测设计的深度不如大型工程，设计不规范

一些水利水电在项目规划、可行性研究、初步设计等方面，由于前期缺乏足够的资金投入，规划仅限于对现有数据的分析，缺乏对环境、经济和社

会水源配置的综合性的分析，尤其是缺乏对项目的科学、全面、系统的地质勘测，致使项目的比选较弱，新材料、新技术、新工艺的运用还很落后，项目的评估、立项、进度等都受到了很大的制约。而设计机构普遍存在资质低、设计水平低、施工图不标准等问题，这就给工程的设计和建设带来了一些难度。水利水电工程建设通常采取国家拨款和地方政府集资相结合的方式，而其中当地政府的集资占一个很大的比重。有的地方因为经济原因，往往很难支付足够的前期勘测设计费用，而一旦项目立项，就会投入大量的资金急于开工建设，由于项目前期勘察和规划工作不足，这些工程建设运行存在很大的风险。

（二）工程施工材料管理中存在问题

1.原材料质量问题

水泥、粉煤灰、外加剂等是混凝土工程所用的材料，一般是厂家生产的成品，其所使用的砂石骨料一般是就地取材。当前有些厂家的产品未达到国际标准，属于假冒伪劣品，部分沙石骨料也存在质量问题，但由于项目建设需要，只能“凑合”地用，导致了混凝土质量不稳定。目前，我国水利水电工程建设中所使用的钢筋、止水材料中也出现了一些伪劣产品，这给工程的安全运行带来了隐患。

2.施工中的问题

在水利水电工程施工过程中，由于没有按照水利部和电力部颁布的相关技术规程对各工序进行质量管理，导致出现的问题较多。比如，在工程建设过程中，一些工程承包商为了加快工程建设进度而不按照技术规范进行爆破，导致基岩面出现大量的裂缝，使基础岩体修复工作量增大；在混凝土浇筑时没有按照相关技术规范进行严格的施工，出现入仓混凝土骨料分离、振捣不密、漏振等现象，致使层面结合不良，产生蜂窝、架空现象。在冬夏季节施工时没有按照相关规程进行施工，造成大量的混凝土开裂现象，加大了修复工作量。土石填筑施工中，出现填充物不符合设计要求、没有按设计规范进行分级处理等问题。

3.承包单位偷工减料引起的质量问题

有些项目分包商为攫取非法利益，在工程建设中偷工减料，为欺骗监理单位，就想方设法伪造数据蒙混过关。比如在某项目基础工程的帷幕注浆中，一些承包商通过调整浆液比例，降低压力灌浆，并编造相关数据。这些问题在隐蔽工程施工中比较常见，严重影响了工程建设质量，对工程安全运行留下了隐患。

4.金属结构及机电设备的问题

一些工程金属结构由于工艺粗糙、焊接质量差、装配偏差大，导致部分金属结构部件无法正常工作，需要进行回修，从而对项目施工进度造成一定的影响。部分机电设备是假冒伪劣产品，影响正常使用，常需要定期更换，从而影响到项目的质量。

（三）质量控制中存在问题

1.水利工程专业多，项目多，单项工程量多

在施工过程中，施工质量的控制是困难的。如果采用大型设备，并有专门的团队来完成，则无法控制项目成本；如果采用简化的办法，不使用专门的施工团队，则工程质量难以保障。

2.如果在水利水电项目建设早期出现失控，为弥补损失而赶工，会对质量管理工作造成很大的阻碍。

在某些工程招投标中，存在着压低临时建设费、不可预见费的现象，这会使项目建设质量陷入非常不利的境地。这就是为什么很多水利水电工程项目都会被分包甚至“隐性转包”的原因。分包单位在以较低廉的价格获得项目后，往往想方设法偷工减料，弄虚作假，这对项目质量造成隐患。

3.建筑现场监督不到位，质量保证制度不完善，工程建设水平低下

项目部的管理方式大多是由公司管理层加包工头组成，设备投入少，技术水平低。工程建设的设备和技术人员偏少，管理网络还不健全，缺乏一个比较稳定的专业人员队伍，导致工程组织混乱，低级错误不断发生。

（四）监理工作中存在的问题

1.项目监督管理水平欠缺

项目法人中的组织机构人员质量意识淡薄，重视工期，轻视质量。项目

部管理人才缺乏，项目管理决策不科学，技术支持水平低，质量管理工作任重而道远。中小水电项目大多是地方政府投资，投资额普遍偏低，加之费用落实状况欠佳，使得项目常常无法如期进行；而且，在某些地区，由于地方矛盾没有得到足够的重视，在某种程度上也会对项目的建设造成很大的阻碍。在项目实施过程中，业主对项目的质量没有给予足够的关注，只口头上说“以质取胜”，而在建设过程中，一旦出现质量与进度相冲突的问题，就放弃了质量。凡此种种，对我国的水利水电事业的发展都是十分有害的。

2.不能严格执行合同

在招投标过程中，过分降低项目造价，项目随意变更，不能严格遵守合同条款，长官意识严重，行政指挥较多；有些项目不能很好地履行合同，主观性强，对工程影响很大。

3.项目建设中服务意识不强

建设项目前期手续不完备就开工，造成的地方矛盾比较多，使得施工方忙于处理各种矛盾，弱化了对项目的质量控制。此外，由于业主过分干预工程设计及监理工作，也会对他们工作的开展带来一些不利影响。在工程项目中，由于服务意识不到位，造成了许多问题。

二、现行水利水电工程质量评价方法

（一）水利水电工程质量的评价等级

现行水利水电工程按单元工程、分部工程、单位工程及工程项目的顺序依此评定，工程质量分为“合格”和“优良”两个等级。

（二）单元工程质量评定标准

单元工程质量评定的主要内容包括主要项目与一般项目。按照现行评定标准分为“合格”和“优良”两个等级。在基本要求（检测项目）合格的前提下，主要检测项目的全部测点全部符合上述标准；每个一般检测项目的测点中，有 70%以上符合上述标准，其他测点基本符合上述标准，且不影响安全和使用即评定为合格；在合格的基础上，一般检测项目的测点总数中，有90%以上的测点符合上述标准，即评定为优良。

单元工程质量达不到合格标准时，必须及时处理。其质量等级按下列条款确定全部返工重做的可重新评定质量等级，经加固补强并经鉴定能达到设计要求，其质量只能评定为合格；经鉴定达不到设计要求，但项目法人和监理单位认为基本满足安全和使用功能要求，可以不加固补强的或经加固补强后，改变外形尺寸或造成永久性缺陷，经项目法人和监理单位认为基本满足设计要求的，其质量可按合格处理。

（三）分部工程质量评定标准

1.合格标准

单元工程质量全部合格，中间产品质量及原材料质量全部合格，启闭机制造与机电产品质量合格。

2.优良标准

单元工程质量全部合格，有50%以上达到优良，主要单元工程质量优良，且未发生过质量事故；中间产品质量全部合格，如以混凝土为主的分部工程混凝土拌和物质量达到优良，原材料质量合格，启闭机、闸门制造及机电产品质量合格。

（四）单位工程质量评定标准

1.合格标准

分部工程质量全部合格，中间产品质量及原材料质量全部合格，启闭机制造与机电产品质量合格，外观质量得分率达到以上工程使用的基准点符合规范要求，工程平面位置和高程满足设计和规范要求，施工质量检验资料基本齐全。

2.优良标准

分部工程质量全部合格，其中有50%以上达到优良，主要分部工程质量优良，且施工中未发生重要质量事故；中间产品质量及原材料质量全部合格，其中各主要部分工程混凝土拌和物质量达到优良，原材料质量、启闭机制造与机电产品质量合格；外观质量得分率达到85%以上，工程使用基准点符合规范要求，工程平面位置和高程满足设计和规范要求；施工质量检验资料基本齐全。水利水电工程、泵站工程的质量评定还需经机组启动试运行检验，达到工程设计要求。

（五）工程项目质量评定标准

1.合格标准

单位工程全部合格。

2.优良标准

单位工程全部合格，其中50%以上达到优良，且主要单位工程质量优良。

三、水利水电工程施工质量评价存在的问题

目前的评价体系中，对项目的评价要求是五个方面都要达到要求，任何一项不满足都会否定整个项目质量，且现有的评价标准并未将各个因素造成的差异纳入到评价体系中，也就是未设定权重，评价体系不能完全体现科学性和合理性。

水利部在总结新中国成立几十年在大中型水利建设方面实践经验的基础上，制定了一套较为完备、实用的评价方法——《质量评定表》《质量评定标准》。但在水利水电工程建设中，至今尚无一套较为完备的质量检测与评价办法，只能在实际工作中参考现行的《质量评定表》《质量评定标准》，而现有的评定方法没有充分考虑到工程质量的模糊性和工程质量等级的模糊性，因而不能全面地反映工程质量。

在水利水电项目中，因单元工程或分部工程划分的数量较小，评价对象少，导致评价结果与实际情况有一定的偏差，无法客观、公正地反映出项目的真实质量状态。

第三节　施工阶段质量控制的研究

对水利水电工程进行质量管理，目的是保证工程建设的整体质量，从而实现投资效益、社会效益和环境效益。水利水电工程项目质量是按照施工程序，按照建设各阶段要求逐渐形成的。质量控制的任务，就的按照项目施工中各个环节的要求，对项目施工的各个环节进行质量控制。

各个阶段的质量目标不同，其管理对象和工作内容也是不一样的。在水利水电工程建设中，施工阶段的质量管理是水利水电工程项目全过程质量控制的关键环节。工程质量很大程度上取决于施工阶段的质量控制。因此，施工期的质量管理是工程质量管理的重中之重，也是工程监理人员的主要工作内容。工程监理人员的质量管理工作主要集中在工程建设阶段。

一、水利水电工程质量控制信息系统开发应用现状

（一）建设项目管理信息系统开发应用现状

国际上的工程项目管理系统软件经历了三个不同的发展时期。其中，第一层次的工程项目管理系统软件主要是满足项目管理的基本功能，第二层次的软件是以实现分析和预测功能及计算机网络的使用和通信功能为目的，第三层次是基于 Internet 项目管理软件的集成开发。我国的工程项目管理系统软件的应用还处在第一层次为主，而在国际上已经基本上实现了第二层次的应用，在国内已经是开发的主流方向。由于我国和国外的情况不同，很少有国外成熟的软件可以在国内直接使用。当前，随着计算机技术的广泛使用，以及国内市场与国外的接轨，国内越来越多的单位开始开发和应用项目管理软件。其中最具代表性的就是建设项目管理信息系统。

建设项目管理信息系统（Project Management Information System，简称 PMIS），是由计算机硬件、软件、数据、管理人员、管理制度等组成，并应用

于项目施工管理系统。该系统能够进行项目信息的收集、加工、传递、存贮、维护和使用，能够反映施工进度、质量、费用等方面的控制状态，能够根据以往的资料预测未来，并能从全局出发辅助决策。建设项目管理信息系统辅助管理功能的内容包括：投资（或成本）控制功能、进度控制功能、质量控制功能、合同管理功能和行政事务处理功能。根据项目管理对象的不同，项目管理可划分为业主的项目管理、监理工程师的项目管理、承包商的项目管理。

当前，我国在这三个领域中的项目管理信息系统开发和应用水平各不相同。业主方的项目信息管理系统开发较多，其中，福建水口水电站工程的管理信息系统、黄河小浪底水利枢纽工程控制信息系统、长江三峡水利枢纽右岸一期工程管理信息系统及三峡工程管理系统（TGPMS）等都是这方面的典型，这表明目前国内业主方的管理信息系统已经进入了工程管理软件开发的第二层次水平。承包商项目管理软件的应用主要集中在进度控制、成本控制等方面。在水利水电工程领域，中国葛洲坝集团公司应用项目管理软件进行计划网络管理，成功实现了对三峡工程的动态监控。我国目前已开始研究开发监理工程师的项目管理信息系统，并在实践中获得了一些成效，但是受各种因素的限制，距全面实现计算机辅助工程监理工作还有相当远的路要走，还需要我们在这方面做更多的工作。

（二）水利水电工程质量控制信息系统开发应用现状

工程监理工程师的主要工作内容是进行工程建设合同管理，按照合同进行质量控制、进度控制、投资控制，协调相关方面的工作，使施工质量、工期、投资目标达到最佳。工程监理信息管理系统是监理人员提高工作效率、科学决策的重要辅助手段，该系统包括文件管理子系统、合同管理子系统、质量控制子系统、进度控制子系统和投资控制子系统等。

目前，在国内的水利枢纽工程建设领域，具有以上 5 个子系统的工程监理信息管理系统尚处在研发阶段，投入应用的很少，即使有，也是处于单独应用阶段。经调查，已经开发并投入应用的子系统有文件管理系统、合同管理系统、进度控制系统和投资控制子系统，其缺少一些重要的子系统，如质量管理系统等。质量管理是项目管理的重要环节之一，它涉及项目管理全过程，具有信息量大、综合性强、技术难度大等特点。

目前，在世界主要发达国家，计算机辅助工程质量控制已经相当普遍，并且已经达到了较高水平。与先进国家相比，国内水利水电建设管理信息化建设还处于起步阶段，主要表现在以下几个方面：①没有成熟的实践可借鉴。虽然国外已经有了相关的规范，但是国内外的规范制度存在很大差异，特别是在我国水利水电项目受“政府行为”的影响，无法直接将国外成熟的标准软件用于我国的水利枢纽工程；②虽然目前我国已经开发了部分软件，但是大部分都没有充分满足信息集成的需要，而且功能也不够完备；③现有系统（软件）缺乏对监理工程师质量控制任务的详尽分析；④没有建立一个适合于水利水电项目质量管理的数学模型；⑤大部分监理人员仍是用局部处理代替手工处理达到辅助人工质量控制的目的，没有进入辅助决策阶段；⑥软件的开发距离商业化应用还很遥远。

二、质量控制的系统过程及程序

（一）质量控制的系统过程

施工阶段的质量控制是一个经由对投入的资源和条件的质量控制进而对生产过程及各环节质量进行控制，直至成品的质量控制的整个过程。根据质量构成阶段，可其质量控制分为三个阶段。

1.事前控制

事前控制是指项目前期的质量控制工作，也就是在项目正式施工之前，对影响项目质量的前期准备工作以及各个环节的质量管理工作的总和。

2.事中控制

事中质量控制是指工程建设过程各环节进行的质量管理，也包括对施工过程中的中间产品（工艺产品，分部、分项工程，工程产品）的质量管理。

3.事后控制

事后质量控制是指经过施工过程而形成的成品的质量控制。

在这三个阶段的质量控制中，重点内容是事前控制和事中控制。

（二）质量控制的程序

项目质量控制与简单的质量检测有很大区别，它不仅是对产品最终质量的检查与验收，而且要保证对项目全过程、全方位的监督和控制。

三、事前质量控制

在水利水电工程建设中，影响质量的五个主要因素有“人（Man）、材料（Mate-riel）、机械（Machine）、方法（Method）和环境（Environment）”等五大方面，简记为 4M1E 质量因素。监理工程师事前质量控制的内容有两个：一方面，监理工程师要做好承包商施工前期的质量控制工作，也就是要对施工人员、施工单位提供的各类材料、施工设备、施工方法、施工所必备的环境条件的控制；另一方面，监理工程师需要做好的事前质量控制工作，即为了有效地进行质量预控，监理工程师需要按照项目的相关规范，建立项目质量控制方案。同时，还要做好工程设计图的审核和发放。

（一）承包商准备工作的质量控制

1.承包商的质量控制

根据相关法规，承包商应当根据招标文件和《水利水电土建工程施工合同条件》中相关条款要求提交《拟投入合同工作的主要人员表》，将招标中的重要人物纳入双方签署的合同中。承包人在没有征得业主同意不得擅自变更其工作岗位。承包商在接到开工通知 84 天内将承包人在现场的施工单位人员安排报告提交给监理工程师。对承包人的事前控制，就是检查承包人所提供的人事计划（特别是重要人员）与合同中所规定的人员安排计划是否相符。然后监理工程师按照招标文件和工程合同审查进入现场的主要人员的数量和质量是否符合要求。此外，监理工程师还要检查技术人员和特殊工种作业人员（例如钢管工和焊工）的上岗资格证明。

2.材料的控制

根据合同的要求，为履行本合同所要求的材料包括原材料、半成品和成品，一般情况下应有承包商自行购买，也就是说承包商负责材料的采购、验收、运输和保管。承包人按照《技术条款》及项目安排，编制材料采购方案，提交监理工程师审核。

3.工程设备的控制

（1）由业主负责购置的工程设备。根据《水利水电土建工程施工合同条件》，承包商和业主在合同约定的交付地点对业主交付的工程装备进行现场交货验收，也就是业主采购的工程设备由生产厂家直接移交给承包商。施工机械的检验测试由承包人负责。承包人向监理工程师提交相关设备的检验测试报告并由监理工程师审核并签字确认。

（2）承包商负责购置的工程设备。按照《水利水电工程施工合同技术条款》的有关规定，由承包商自行购置和装配的工程装备，由承包商根据《工程量清单》中列出的有关工程的具体内容以及技术条件，提交给监理工程师审核。承包商须按照监理工程师所核准的工程装备定购单订购相关工程设备。

不管是由业主自行负责的工程设备，或由承包商自行购置和装配的工程设备，承包商都应与业主或监理工程师共同进行验收，并将检验结果报送监理工程师签字确认。针对工程设备的事前控制，监理工程师应从测量、统计、质保等方面进行审核。

4.施工机械设备的质量控制

施工单位在施工开始之前，必须充分考虑施工场地条件、施工结构和机械设备的性能，编制《进场施工设备申报表》，注明设备名称、规格型号、生产能力、数量、进场日期、完好状况、计划使用的项目等。除了审查承包商提交的《进场施工设备申报表》，监理工程师应重点从施工机械设备选型、机械设备的关键技术指标以及施工机械设备的使用操作等方面加以控制。

（1）机械设备的选型。机械设备的选型要根据实际情况，兼顾施工的适用性、技术的先进性、操作的方便性、使用的安全性和工程质量的可靠性等方面。如从适用性的角度看，正向铲适用于开挖停机面以上的土层，反向铲适用于开挖停机面以下的土层，而抓铲则适用于水中开挖。

（2）主要性能参数的选择。选用工程机械的主要依据是其主要性能参数标，既要符合工程建设的要求又要保证工程质量。为了确保工程的顺利进行，起重设备的各项性能指标应满足起重量、起重高度和起重半径的要求。

（3）机械设备使用操作要求。机械设备的合理使用和操作是确保工程质量的关键，实行“三定”即定机、定人、定岗位责任制度。作业工人在作业时应严格按照作业规范，遵守作业程序，避免发生安全、质量问题。

5.施工方法和措施的控制

在施工招投标阶段，承包商按照标书所列的施工任务、技术要求、工期和场地的自然情况，并结合自己单位的人员、设备、技术水平和工作实践，制订了施工组织设计和施工技术措施设计，并对承包项目做出总的安排。若投标人最终中标，则这一施工组织设计与施工技术措施设计将成为工程承包合同的一个重要内容。但是，该文件不能用于指导承包商施工。《水利水电工程施工合同技术条款》规定，承包商应在接到开工通知书后的一段时间内，按照合同规定的内容提交主要建筑物的施工方法和技术。在监理工程师的要求下，承包商应向监理工程师提交工程的施工方案和措施并获监理工程师批准。施工单位提交的施工方法和措施主要有施工方案，施工技术，施工步骤，施工材料、设备和劳动力，施工质量检查，施工安全保障，施工进度安排等。

工程监理工程师的事前控制就是对承包商提交的主要工程建筑物的施工方法和措施做出合理的批示。

由于工程建设的技术与措施关系到项目的质量与工期，因此，在审批过程中，监理工程师应综合考量各种影响因素，并对承包商提交的施工方案及措施做出适当的评价。根据《水利水电工程施工技术条款》的有关要求，对监理工程师的审核提出了以下几点：①同意按此执行；②按修改意见执行；③修改后重新递交；④不予批准。

6.环境因素的质量控制

工程建设中的环境状况直接关系到工程质量，因此，在开工建设之前，监理工程师必须严格监督和控制施工现场各种环境条件和相关准备工作。控制的环境因素有以下三个方面。

（1）技术环境因素的控制。技术环保因素包括水、电、安全防护设备、施工场地的空间状况和通道、交通和路面状况等。这些状况的好坏将会对工程的成功实施和工程质量产生重要的影响。如水、电供应中断，会引起停水、停水和冰冻裂缝。因此，监理人必须事先核实承包商在技术环境方面的相关准备工作，并在确认其准备工作可靠有效后，才能开始施工工作。

（2）施工质量管理环境因素的控制。监理工程师对施工管理环境的事前控制，其内容主要有：承包商的质量管理体系、质量保证体系及质量管理体系是否健全；系统的组织机构、检测制度、人员配备等是否健全；准备使用的质量检验、试验、计量设备的仪器和仪表等能否达到规定的标准；仪器、设备的管理是否遵守相关的法律法规；委托检验机构的资质等级是否符合要求等。

（3）自然环境因素的控制。监理工程师应检查承包商对未来施工过程中可能出现的对建筑施工带来不良影响的环境因素是否采取了有效的应对措施，以确保工程质量。例如冬季的防冻、工地的防洪与排水等。

（二）监理工程师的事前质量控制

1.监理工程师事前质量控制计划

监理工程师对准备工作质量的控制也就是对质量影响因素的控制，它不仅是对一个建设项目在施工阶段的事前控制，对于该项目的每个分项目也应进行 4M1E 的事前控制。从以上的论述中可以看出，监理工程师对 4M1E 的事前控制工作主要从两个方面进行，一方面是对承包商提交的建设计划进行审批，另一方面是对承包商提交的进场报告进行审核。不管是批准施工计划，还是对进场报告进行审核，都要按照质量标准来进行。因此，在项目施工之前，监理工程师应建立质量控制计划。监理工程师根据合同文件、监理方案、承包商的相关规划制定质量计划，计划内容应该包含以下两个方面的内容。

（1）施工质量目标计划。施工质量目标虽然在初步设计和施工图设计中有所安排，但比较分散，很难达到工程质量管理的要求。为此，监理工程师应结合项目的实际，将其系统化、具体化，并作详细说明。质量目标具体化，根据质量影响因素，可以分成下列方面：

承包商人员质量目标。根据工程特点、承包商提交的工程组织方案等，监理工程师应分析为满足工程质量、进度要求，承包商应配备的主要管理人员和技术人员，做到在审批计划时心中有数。

建筑材料质量目标。按项目清单列出所需要的物料，并根据《技术条款》的要求和相关规范，提出具体的质量要求。

工程设备质量目标。按照《技术条款》的要求和相关规范，对工程设备质量提出明确的要求。

土建施工质量目标。根据《技术条款》、施工验收规范及验收评定等有关条款，对各分项目土建工程提出具体的施工质量要求。

设备安装质量目标。根据《技术条款》、质检和验收规范等有关规定，对各种设备提出具体的安装质量要求。

施工机械设备质量目标。根据本工程特点和承包商提交的工程组织方案，监理工程师经过分析，得出对承包商施工机械的数量、型号和主要性能参数的要求，以确保工程质量。

环境因素的质量目标。根据工程特点和承包商提交的工程组织方案，确定工程项目的质量要求。

（2）施工质量控制体系组织形式的规划。根据施工项目的构成、施工发包方式、施工项目的规模，以及工程承包合同中的有关规定，建立监理工程师质量控制体系的组织形式。监理工程师质量控制的组织形式有以下 3 种：

①纵向组织形式。一个合同项目应设置专职的质量控制工程师，大多数情况下，质量控制工程师由工程师代表兼任。然后再按分项合同或子项目设置质量控制工程师，并分别配备适当的专业工程师。根据需要，在各工作面上配有质量监理员。

②横向组织形式。一个合同项目设置专职的质量控制工程师，下面再按专业配备质量控制工程师，全面负责各子项目的质量控制工作。

③混合组织形式。这种组织形式是纵向组织形式与横向组织形式的组合体。每一子项目配置相应的质量控制工程师，整个合同项目配备各专业工程师。各专业工程师负责所有子项目相应的质量控制任务。

根据该工程的特点，选择适宜的质量控制体系的组织形式，将质量控制任务具体化，使质量控制有效地进行。

2.施工图纸的审查和发放

施工图纸是建设项目施工的合法依据，也是监理工程师进行质量检查的依据。施工图纸的来源分两种情况：第一种情况是业主在招标时提供一套“招标设计图”，它是由设计单位在招标设计的基础上提供的。在签订施工承包合同后，再由设计单位提供一套施工详图；业主在签订施工承包合同后，由施工承包商根据招标设计图、设计说明书和合同技术条款，自行设计施工详图。第二种情况在国内较少采用，最多让施工承包商负责局部的或简单的次要建筑物的设计。不管是由设计单位设计还是由施工承包商设计，监理工程师都要对施工图进行审查和发放。

（1）施工图的审查。施工图的审查一般有两种方式，一是由负责该项目的监理工程师进行审查，这种方式适用于一般性的或者普通的图纸；二是针对工程的关键部位，隐蔽工程或者是工程的难点、重点或有争议的图纸，采用会审的方式，即由业主、监理工程师、设计单位、施工承包商会审。图纸会审由监理工程师主持，由设计单位介绍设计意图、设计特点、对施工的要求和关键技术问题，以及对质量、工艺、工序等方面的要求。设计者应对会审时其他方面的代表提出的问题用书面形式予以解释，对施工图中已发现的问题和错误及时修改，提供施工图纸的修改图。

（2）施工图的发放。由于水利水电工程技术复杂、设计工作量大，施工图往往是由设计单位分期提供的。监理工程师在收到施工图后，经过审查，确认图纸正确无误后，由监理工程师签字，作为“工程师图纸”下达给施工承包商，施工图即正式生效，施工承包商就可按“工程师图纸”进行施工。

四、事中质量控制

工程实体质量是在施工过程中形成的，施工过程中质量的形成受各种因素的影响，因此，施工过程的质量控制是施工阶段工程质量控制的重点。而施工过程是由一系列相互关联、相互制约的施工工序所组成，它们的质量是施工项目质量的基础，因此，施工过程的质量控制必须落实到每项具体的施工工序的质量控制。

（一）工序质量控制内容

工序质量控制主要包括两个方面，对工序活动条件的控制和对工序活动效果的控制。

1.工序活动条件的质量控制

工序活动条件的质量控制，即对投入到每道工序的4M1E进行控制。尽管在事前控制中进行了初步控制，但在工序活动中有的条件可能会发生变化，其基本性能可能达不到检验指标，这就使生产过程的质量出现不稳定的情况。所以必须对4M1E在整个工序活动中加以控制。

2.工序活动效果的质量控制

工序活动效果的质量控制主要反映在对工序产品质量性能的特征指标的控制。即对工序活动的产品采取一定的检测手段进行检验，根据检验结果分析，判断该工序活动的质量（效果）。

工序活动条件的质量控制和工序活动效果的质量控制两者是互为关联的，工序质量控制就是通过对工序活动条件和工序活动效果的控制，达到对整个施工过程的质量控制。

（二）监理工程师的工序质量控制

1.工序质量控制计划

在整个项目施工前，监理工程师应对施工质量控制做出计划，但这种计划一般较粗，在每一分部分项工程施工前还应根据工序质量控制流程制订详细的施工工序质量控制计划。施工工序质量控制计划包括质量控制点的确定和工序质量控制计划。

（1）工序质量控制流程。当一个分部分项的开工申请单经监理工程师审核同意后，承包商可按图纸、合同、规范、施工方案等的要求开始施工。

（2）质量控制点的确定。质量控制点是为了保证施工质量必须控制的重点工序、关键部位或薄弱环节。设置质量控制点是对质量进行预控的有效措施。施工承包商在施工前应根据工程的特点和施工中各环节或部位的重要性、复杂性、精确性，全面、合理地选择质量控制点。监理工程师应对承包商设置质量控制点的情况和拟采取的控制措施进行审核。审核后，承包商应进行质量控制点控制措施设计，并交监理工程师审核，批准后方可实施。监理工程师应根据批准的承包商的质量控制点控制措施，建立监理工程师质量控制点控制计划。

（3）工序质量控制计划。根据已确定的质量控制点和工序质量控制内容，监理工程师应制定工序质量控制计划。质量控制计划包括工序（特别是质量控制点）活动条件质量控制计划和工序活动效果质量控制计划。

工序活动条件质量控制计划。以工序（特别是质量控制点）为对象，对工序的质量影响因素 4M1E 所进行的控制工作进行详细计划。如，控制该工序的施工人员：根据该工序的特点，施工人员应当具备什么条件，监理工程师需要查验哪些证件等应先做出计划；控制工序的材料：在施工过程中，要投入哪些材料，应检查这些材料的哪些特性指标等做出计划；控制施工操作或工艺过程：在工序施工过程中，根据《水利水电工程施工合同技术条款》的要求及确定的质量控制点，需对哪些工序进行旁站，在旁站时监督和控制施工及检验人员按什么样的规程或工艺标准进行施工等应做出计划；控制施工机械：在工序施工过程中，施工机械怎样处于良好状态，需检测哪些参数等做出计划。总之，充分考虑各种影响因素，对控制内容做出详细的计划，做到控制工作心中有数。

工序活动效果质量控制计划。工序活动效果通过工序产品质量性能的指标来体现。针对该工序，需测定哪些质量特征值、按照什么样的方法和标准来取样等应做出计划。

2.工序活动条件的控制

对影响工序产品质量的各因素的控制不仅在开工前的事前控制中，而且应贯穿整个施工过程。监理工程师对于工序活动条件的控制，要注意各因素或条件的变化，按照控制计划进行。

3.工序活动效果的控制

按照工序活动效果质量控制计划，取得反映工序活动效果质量特征的质量数据，利用质量分析工具得出质量特征值数据的分布规律，根据该分布规律来判定工序活动是否处于稳定状态。当工序处于非稳定状态，就必须命令承包商停止进入下道工序，并分析引起工序异常的原因，采取措施进行纠正，从而实现对工序的控制。

五、事后质量控制

事后质量控制是指完成施工过程而形成产品的质量控制，其工作内容包括：审核竣工资料；审核承包商提供的质量检验报告及有关技术性文件；整理有关工程项目质量的技术文件，并编目、建档；评价工程项目质量状况及水平；组织联动试车等。

工程质量评定和工程验收是进行事后质量控制的主要内容。工程质量评定，即依据某一质量评定的标准和方法，对照施工质量具体情况，确定其质量等级的过程。对水利水电工程，要求按照水利部 1996 年颁发的 SL176-96《水利水电工程施工质量评定规程》进行质量评定。

工程验收是在工程质量评定的基础上，依据一个既定的验收标准，采取一定的手段来检验工程产品的特性是否满足验收标准的过程。质量评定和质量验收的应用软件，国内开发已比较成熟，作为一个完整的质量控制信息系统，在系统开发时，可将质量评定和质量验收作为独立的子系统，直接借用国内已成熟的软件的内容。

第七章　水利水电工程安全风险管理

第一节　施工安全评价与指标体系

一、施工安全评价

（一）施工特点

水利水电工程施工与我们常见的建筑工程施工如公路建设、桥梁架设、楼体工程等有很多相似之处。例如：工程一般都是针对钢筋、混凝土、沙石和钢构等由大型机械设备进行施工，施工理论和方法也基本相同，一些工具器械也可以通用。同时，相比于一般建筑工程施工而言，水利水电工程施工也有一些自身特点：①水利水电工程多涉及大坝、河道、堤坝、湖泊、箱涵等建设工程，环境和季节对工程的施工影响较大，并且这些影响因素很难进行预测并精确计算，这就为施工留下很大的安全隐患；②水利水电工程施工范围较广，尤其是线状工程施工，施工场地之间的距离一般较远，造成了各施工场地之间的沟通联系不便，使得整个施工过程的安全管理难度加大；③水利水电工程的施工场地环境多变，且多为露天环境，很难对现场进行有效的封闭隔离，施工作业人员、交通运输工具、机械工程设备、建筑材料的安全管理难度增加；④施工器械、施工材料质量也良莠不齐，现场操作带来的机械危害也时有发生；⑤由于施工现场环境恶劣，招聘的工人普遍文化教育程度不高，专业知识水平不足，也缺乏必要的安全知识和保护意识，这也为整个项目的施工增加了安全隐患。

综上所述，水利水电工程施工过程中存在着大量安全隐患，我们要增强安全意识，提高施工工艺的同时更应该采取科学的手段与方法对工程进行安全评价，发现安全隐患及时发布安全预警信息。

（二）安全评价内容

安全评价起源于20世纪30年代，国内外诸多学者对安全评价的概念进行了概括和总结，目前普遍接受的是《安全评价通则》中给出的定义：以实现安全为宗旨，应用安全系统的工程原理和方法，识别和分析工程、系统、生产和管理行为和社会活动中存在的危险和有害因素，预测判断发生事故和造成职业危害的可能性及其严重性，提出科学、合理、可行的安全风险管理对策建议。在国外，安全评价也称为风险评估或危险评估，它是基于工程设计和系统的安全性，应用安全系统的工程原理和方法，对工程、系统中存在的危险和有害因素进行辨识与分析，判断工程和系统发生事故和职业危害的可能性及其严重性，从而提供防范措施和管理决策的科学依据。

安全评价既需要以安全评价理论为支撑，又需要理论与实际经验相结合，两者缺一不可。

对施工进行安全评价目的是判断和预测建设过程中存在的安全隐患以及可能造成的工程损失和危险程度，针对安全隐患提早做出安全防护，为施工提供安全保障。

（三）安全评价的特点和原则

1.安全评价的特点

安全评价作为保障施工安全的重要措施，其主要特点如下：

（1）真实性。进行安全评价时所采用的数据和信息都是施工现场的实际数据，保障了评价数据的真实性。

（2）全面性。对项目的整个施工过程进行安全评价，全面分析各个施工环节和影响因素，保障了评价的信息覆盖全面性。

（3）预测性。传统的安全管理均是事后工程，即事故发生后再分析事故发生的原因，进行补救处理。但是有些事故发生后造成的损失巨大且大多很难弥补，因此我们必须做好全过程的安全管理工作，针对施工项目展开安全评价就是预先找出施工或管理中可能存在的安全隐患，预测该因素可能造成的影响及影响程度，针对隐患因素制订出合理的预防措施。

（4）反馈性。将施工安全从概念抽象成可量化的指标，并与前期预测数据进行对比，验证模型和相关理论的正确性，完善相关政策和理论。

2.安全评价的原则

安全评价是为了预防、减少事故的发生，为了保障安全评价的有效性，对施工过程进行安全评价时应遵循以下原则：

（1）独立性。整个安全评价过程应公开透明，各评估专家互不干扰，保障了评价结果的独立性。

（2）客观性。各评价专家应是与项目无利益相关者，使其每次对项目打分评价均站在项目安全的角度，以保障评价结果的客观性。

（3）科学性。整个评价过程必须保障数据的真实性和评价方法的适用性，及时调整评价指标权重比例，以保障评价结果的科学性。

3.安全评价的意义

安全评价是施工建设中的重要环节，与日常安全监督检查工作不同，安全评价通过分析和建模，对施工过程进行整体评价，对造成损害的可能性、损失程度及应采取的防护措施进行科学的分析和评价，其意义体现在以下几个方面。

（1）有利于建立完整的工程建设信息底账，为项目决策提供理论依据。随着社会现代信息化水平的不断提高，工程需逐步完善工程建设信息管理，完善现有的评价模型和理论，为相关政策、理论的发展提供大数据支持。建立完善的信息底账意义重大，影响深远。

（2）对项目前期建设进行反馈，及时采取防护措施，使得项目建设更规范化、标准化。我国安全施工的基本方针是“安全第一，预防为主，综合治理”，对施工进行安全评价，弥补前期预测的不足，预防安全事故的发生，使得工程朝着安全、有序的方向发展，有助于完善工程施工的标准。

（3）减少工程建设浪费，避免资金损失，提高资金利用率和项目的管理水平。对施工过程进行安全评价不仅能及时发现安全隐患，更能预测隐患所能带来的经济损失。如果损失不可避免，及早发现可以减少事故损失，提高资金的利用率。

（四）安全评价方法

1.定性分析法

（1）专家评议法。专家评议法是多位专家参与，根据项目的建设经验、当前项目建设情况以及项目发展趋势，对项目的发展进行分析、预测的方法。

（2）德尔菲法。德尔菲法也称为专家函询调查法，基于该系统的应用，采用匿名发表评论的方法，即必须不与团队成员之间相互讨论，与团队成员之间不发生横向联系，只与调查员之间联系，经过几轮磋商，使专家小组的预测意见趋于集中，最后做出符合市场未来发展趋势的预测结论。

（3）失效模式和后果分析法。失效模式和后果分析法是一种综合性的分析技术，主要用于识别和分析施工过程中可能出现的故障模式，以及这些故障模式发生后对工程的影响，从而制订出有针对性的控制措施，以有效地减少施工过程中的风险。

2.定量分析法

（1）层次分析法。层次分析法（简称 AHP 法）是在进行定量分析的基础上将与决策有关的元素分解成方案、原则、目标等层次的决策方法。

（2）模糊综合评价法。模糊综合评价法是一种基于模糊数学的综合评价方法。该方法根据模糊数学的隶属度理论的方法把定性评价转化为定量评价，即用模糊数学对受到多种因素制约的事物或对象做出一个总体的评价。

（3）主成分分析法。主成分分析法（PCA）也被称为主分量分析，在研究多元问题时，变量太多会增加问题分析的复杂性，主成分分析法是用较少的变量去解释原来资料中最原始的数据，将许多相关性很高的变量转化成彼此相互独立或不相关的变量。它是利用降维的思想，将多变量转化为少数几个综合变量。

二、评价指标体系的建立

（一）指标体系建立原则

影响水利水电工程施工安全的因素很多，在对这些评价元素进行选取和归类时，应遵循以下建立原则：①系统性。各评价指标要从不同方面体现出影响水利水电工程施工安全的主要因素，每个指标之间既要相互独立，又存在彼此之间的联系，共同构成评价指标体系的有机统一体；②典型性。评价指标的选取和归类必须具有一定的典型性，尽可能地体现出水利水电工程施工安全因素的一个典型特征。另外指标数量有限，更要合理分配指标的权重；③科学性。每个评价指标必须具备科学性和客观性，才能正确反映客观实际系统的本质，能反映出影响系统安全的主要因素；④可量化性。指标体系的建立是为了对复杂系统进行抽象以达到对系统定量的评价，评价指标的建立也要通过量化才能精确地展现系统的真实性，各指标必须具有可操作性和可比性；⑤稳定性。建立评价体系时，所选取的评价指标应具有稳定性，受偶然因素影响波动较人的指标应予以排除。

（二）评价指标的建立影响

水利水电工程施工安全的指标多种多样，经过调研，将影响安全的指标体系分为四类：人的风险、机械设备风险、环境风险、项目风险。

1.人的风险

在对水利水电工程施工安全进行评价时，人的风险是每个评价方法都必须考虑的问题。研究表明，由于人的不安全行为而导致的事故占80%以上。水利水电工程施工大多是在一个有限的场地内集中了大量的施工人员、建筑材料和施工机械机具。施工过程人工操作较多，劳动强度较大，很容易由于人为失误酿成安全事故。

（1）企业管理制度。由于我国现阶段水利水电工程施工安全生产体制还有待完善，施工企业的管理制度很大程度上直接决定了施工过程中的安全状况，管理制度决定了自身安全水平的高低以及所用分包单位的资质，其完善程度直接影响到管理层及员工的安全态度和安全意识。

（2）施工人员素质。施工人员作为工程建设的直接实施者，其素质水平直接制约着施工的成效，施工人员的素质主要包括文化素质、经验水平、宣传教育、执行能力等。施工人员受文化教育的情况很大程度上影响着施工操作规范性以及对安全的认识水平；水利水电工程施工的特点决定了施工过程烦琐，面对复杂的施工环境，施工人员的经验水平直接影响到能不能对施工现场的危险因素进行快速、准确地辨识；整个施工队伍人员素质良莠不齐，对安全的认识水平也普遍不高，公司的宣传教育力度能大大增加人员的安全意识；安全施工规章、制度最终要落实到具体施工过程中才能取到预期的效果。

（3）施工操作规范。施工人员必须经过安全技术培训，熟知和遵守所在岗位的安全技术操作规程，并应定期接受安全技术考核，针对焊接、电气、空气压缩机、龙门吊、车辆驾驶以及各种工程机械操作等岗位人员必须经过专业培训，获得相关操作证书后方能持证上岗。

（4）安全防护用品。加强安全防护用品使用的监督管理，防止安全帽、安全带、安全防护网、绝缘手套、口罩、绝缘鞋等不合格的防护用品进入施工场地。根据《建筑法》《安全生产法》规定，在一些场景必须配备安全防护用具，否则不允许进入施工场地。

2.机械设备风险

水利水电工程施工是将各种建筑材料进行整合的系统过程，在施工过程中需要各种机械设备的辅助，机械设备的正确使用也是保障施工安全的一个重要方面。

（1）脚手架工程。脚手架既要满足施工需要，又要为保证工程质量和提高工效创造条件，同时还应为组织快速施工提供工作面，确保施工人员的人身安全。脚手架要有足够的牢固性和稳定性，保证在施工期间对所规定的荷载或在气候条件的影响下不变形、不摇晃、不倾斜，能确保作业人员的人身安全；要有足够的面积满足堆料、运输、操作和行走的要求；构造要简单，搭设、拆除及搬运要方便，使用要安全。

（2）施工机械器具。施工过程使用的机械设备、起重机械（包含外租机械设备及工具）应采取多种形式的检查措施，消除所有损坏机械设备的行为，消除影响人身健康和安全的因素和使环境遭到污染的因素，以保障施工安全和施工人员的健康，形成保证体系，明确各级单位安全职责。

（3）消防安全设施。参照相关规定在施工场地内安设消防设施，适时展开消防安全专项检查，对存在安全隐患的地方发出整改通知书，制订整改计划，限期整改。定期进行防火安全教育，检查电源线路、电器设备、消防设备、消防器材的维护保养情况，检查消防通道是否畅通等。

（4）施工供电及照明。高低压配电柜、动力照明配电箱的安装必须满足相关标准要求，电气管线保护要采用符合设计要求的管材，特殊材料管之间连接要采用丝接方式。电缆设备和灯具的安装要满足施工规范，做好防雷设施。

3.环境风险

由水利水电工程施工的特点可知，施工环境对施工安全作业也有很大影响。施工环境又是客观存在的，不会以人的意志为转移，因此面对复杂的施工环境，只能采取相应的控制措施，尽量减弱环境因素对安全工作的不利影响。

（1）施工作业环境。施工作业环境对人员施工有着很大影响，当环境适宜时人们会进入较好的工作状态，相反，当人们处于不舒适的环境中时，会影响工人的作业效率，甚至导致意外事故的发生。

（2）物体打击。作业环境中常见的物体打击事故主要有以下几种：高空坠物、人为扔杂物伤人、起重吊装物料坠落伤人、设备运转飞出物料伤人、放炮乱石伤人等。

（3）施工通道。施工通道是建筑物出入口位置或者在建工程地面入口通道位置，该位置可能发生的伤亡事故有火灾、倒塌、触电、中毒等。在施工通道建设时要防止坍塌、流沙、膨胀性围岩等情况。该位置的施工为了防止物体坠落产生的物体打击事故，防护材料及防护范围均应满足相关标准。

4.项目风险

在进行水利水电工程施工安全评价时，项目本身的风险也是不可忽略的重要因素，项目本身影响施工安全的因素也是多种多样。

（1）建设规模。建设规模由小变大使得施工难度增大，危险因素也随之变化，会出现多种不安全因素。跨度的增大、空间增高会使施工的复杂程度成倍增加，也会大大增加施工难度，容易造成安全隐患。

（2）地质条件。施工场地地质条件复杂程度对施工安全影响很大，如土洞、岩溶、断层、断裂等，严重影响施工打桩建基的选型和施工质量的安全。如果对施工场地岩土条件认识不足，可能会造成在施工中改桩型、严重的质量安全隐患和巨大的经济损失。

（3）气候环境。对于水利水电工程施工，从基础到完工整个工程的70%都在露天的环境下进行，并且施工周期一般较长，工人要能承受高温、寒冷等各种恶劣天气。根据施工地的气候特征选择不同的评价因素，常见的有高温、雷雨、大雾、严寒等。

（4）地形地貌。我国地域广阔，具有平原、高原、盆地、丘陵、山地等多种地形地貌。对地形地貌进行分析是因地制宜开展水利水电工程施工安全评价的基础工作之一。

（5）涵位特征。在箱涵施工时，不可避免地要跨越沟谷、河流、人工渠道等。涵位特征的选择也决定了它的功能、造价和使用年限，进行安全评价时要查看涵位特征是否因地制宜，综合考虑所在地的地形地貌、水文条件等。

（6）施工工艺。水利水电工程施工过程中，由于机械设备需要大范围使用，一些施工工艺本身的复杂性使得操作本身具有一定的危险性，因此相关人员施工工艺的成熟度有必要提高。

第二节　水利水电工程施工安全管理系统

由于水利水电工程施工项目规模日趋庞大，施工工艺复杂，技术参与人员密集，每个大型的水利水电工程施工项目都被看作一个开放的复杂巨系统，因此单纯地选择一种评价方法对施工进行安全评价已经不能完整地解决系统问题，必须用开放的复杂巨系统理论研究水利水电工程施工的安全管理问题。

在水利水电工程施工中应用一个以人为主，借助网络信息化的系统，其中专家体系在系统中的作用是最重要的。例如，评价体系指标元素的确定、评价方法的选择、评价指标体系的建立、评价结果的真实性判断等，这些环节在进行安全管理中是非常普遍的，但是在大型水利水电工程施工项目中只有依靠专家群体的经验与知识才能把工作处理好。这里所说的专家体系由跨领域、跨层次的专家动态组合而成。专家体系包含五部分：政府部门、行业部门、建设单位（包括监理）、施工企业和安全专家。在这五种力量协同管理的五位一体模式中，政府及主管部门随时检查监督，安全监理可根据日常监管如实反映整体安全施工的情况，专家可以根据安全管理信息进行安全评判和潜在风险识别，施工企业则可以及时得到反馈和指导，劳动者也可以及时得到安全指导信息，学习安全施工的有关知识，与现场安全监管有机结合，最终实现全方位、全过程、全时段的施工安全管理。

一、系统分析

目前水利水电工程施工安全管理对于信息存储仍然采用纸介质方式，这就使存储介质的数据量大，资料查找不方便，给数据分析和决策带来不便。信息交流方面，由于各种工程信息主要记载在纸上，使工程项目安全管理相关资料都需要人工传递，这影响了信息传递的准确性、及时性、全面性，使各单位不能随时了解工程施工情况。因此，各级政府部门、行业部门、建设及监理单位、施工企业以及施工安全方面的专家学者应该协同工作，形成水利水电工程安全管理的五位一体机制。

二、系统架构

软件结构的优劣从根本上决定了应用系统的优劣，良好的架构设计是项目成功的保证，能够为项目提供优越的运行性能。本系统的软件结构根据目前业界的统一标准构建，为应用实施提供了良好的平台。系统采用了 B/S 实施方案，既可以保证系统的灵活性和简便性，又方便远程客户访问系统。本系统服务器部分采用三层架构，由表现层、业务逻辑层、数据持久层构成，具体结构由 J2EE 多个开源框架组成，即 Struts2、Hibernate 和 Spring。业务层采用 Spring，表示层采用 Struts2，而持久层则采用 Hibemate，模型与视图相分离。利用这 3 个框架各自的特点与优势，将它们无缝地整合起来应用到项目开发中，这 3 个框架分工明确，充分降低了开发中的耦合度。

三、系统功能

根据水利水电工程施工安全管理需求进行系统分析，将水利水电工程施工安全管理系统按照模块化进行设计，将系统按功能划分为6个模块：安全资料模块、评价体系模块、工程管理模块、评分管理模块、安全预警模块、用户管理模块。

用户管理模块主要为用户提供各种施工安全方面的文件资料；法规与应急管理模块主要负责水利水电工程施工的法规与标准和应急预案资料的查询及管理；评价体系和安全信息管理模块作为水利水电工程施工安全管理系统的核心部分，充分发挥自身专业化的技能，科学管理施工的安全性，保证施工的进度、质量和安全性；评价模型库模块主要是通过打分法、定量与定性结合法、模糊评价、神经网络评价以及网络分析法等对施工项目进行评价，且相互之间可以相互验证，提高评价的公正性与准确性。施工单位必须按照水利水电工程施工行业的质量检验体系和施工标准规范，依托国家相关施工法律和相关行业规范，科学合理地编制本工程质检体系和检验标准，确保工程的施工进度和施工验收工作的顺利开展。工程管理模块用来对在建工程进行管理，可对工程进行分段划分，对标段资料信息管理，对标段的不同施工单元进行管理，并可根据评价体系为不同施工单元指定不同评价内容；安全预警模块主要是对施工安全预警的管理及发布，它贯穿项目管理的始末，可以有效地对施工过程中存在的不安全因素进行预警，做到提前预防。

（一）系统主界面

启动数据库和服务器，在任何一台联网的计算机上打开浏览器，地址栏输入服务器相应的URL，进入登录界面。为防止恶意用户利用工具进行攻击，页面采用了随机验证码机制，验证图片由服务器自动生成。用户点击安全资料链接可进入安全资料模块，进行资料的查阅；也可点击进行用户注册。会员用户输入用户名、密码、验证码，信息正确后进入系统。任何用户注册后需经业主方审核通过后才能登录系统。

（二）法规与应急管理

水利水电工程施工是一个危险性高且容易发生事故的行业。水利水电工程施工中人员流动较大、露天和高处作业多、工程施工的复杂性及工作环境的多变性都导致施工现场安全事故频发。因此，非常有必要对按照相关的法律法规进行系统化的管理。此模块主要用于存储与管理各种信息资源，包括法规与标准（存储水利水电工程施工安全评价管理参考的相关法律、行政法规、地方性法规、部委规章、国家标准、行业标准、地方标准）、应急预案参考（提供各类应急预案、急救相关知识、相关学术文章、相关法律法规、管理制度与操作规程，为确保事故发生后能迅速有效地开展抢救工作，最大限度地降低员工及相关方安全风险）。用户可根据需求，方便地检索所需要的资料，为各种用户提供施工安全方面的文件资料。

（三）评价体系模块

不同角色用户登录后，由于权限不同，看到的页面是不同的。系统主要设置了四个用户角色，分别是业主、施工单位、监理、专家。

1.评价类别（一级分类）管理

评价体系模块主要由业主负责，包括对施工工程进行评价的评价方法及其相对应的指标体系。主要有参考依据、类别管理、项目管理、检查内容管理以及神经网络数据样本管理等部分。

安全评价是为了杜绝、减少事故的发生，为了保障安全评价的有效性，对施工过程进行安全评价时应遵循以下原则：

（1）独立性。整个安全评价过程应公开透明，各评估专家互不干扰，保障了评价结果的独立性。

（2）客观性。各评价专家应是与项目无利益相关者，使其每次对项目打分评价均站在项目安全的角度，以保障评价结果的客观性。

（3）科学性。整个评价过程必须保障数据的真实性和评价方法的适用性，及时调整评价指标权重比例，以保障评价结果的科学性。参考依据部分为安全评价的有效进行提供了依据。

评价类别主要是一级类别的划分，用户可根据不同行业标准以及参考依据进行自行划分，本系统主要包括安全管理、施工机具、桩机及起重吊装设备、施工用电、脚手架工程、模板工程、基坑支护、劳动防护用品、消防安全、办公生活区在内的10个一级评价指标，用户还可以根据施工安全评价指标进行类别的添加、修改、删除。页面打开后默认显示全部类别，如内容较多，可通过底部的翻页按钮查看。

通过点击上面的添加按钮，可弹出窗口进行类别的添加。其中内容不能为空，显示次序必须为整数数字，否则不能提交。显示次序主要是用来对类别进行人工排序，数字小的排在前面。类别刚添加时，分值为0，当其中有二级项目时（通过项目管理进行操作），其分值会更新为其包含的二级项目分值的总和。用户在某一类别所在的行用鼠标左键单击，可选中这一类别。在类别选中的状态下，点击修改或删除按钮可进行相应的操作。如未选中类别直接操作，则会弹出对话框，提示相关信息。

对于一级分类下还有二级项目内容的情况，此分类是不允许直接删除的，需在二级项目管理页面中将此分类下的所有数据清空后才行，即当其分值为0时方可删除。

2.评价项目（二级分类）管理

评价项目属于类别（一级分类）的子模块。如“安全管理”属于一级分类，即类别模块，其下包含“市场准入”“安全机构设置及人员配备”“安全生产责任制”“安全目标管理”“安全生产管理制度”等多个评价项目。

在默认情况下，项目管理页面不显示任何记录，用户需点击搜索按钮进行搜索。所属类别为一级分类，从已添加的一级分类中选取，检查项目由用户手工输入，可选择这两项中的任何一项进行搜索。在检查结果中，用户可以用鼠标选中相应记录，进行修改、删除，方法同一级分类操作。也可点击添加按钮，添加新的项目。管理评价内容的操作主要是为评价项目（二级分类）添加具体内容，用户选择类别和项目后，可点击添加按钮进行评价内容的添加。经过对不同工程的各种评价内容进行分类、总结归纳，一共划分出3种考核类型：是非型、多选型、文本框型。

3.检查内容管理

检查内容管理负责对施工单元进行评价，是评价体系的核心内容，只有选择科学、实用、有效的评价方法，才能真正实现施工企业安全管理的可预见性以及高效率，实现水利水电工程施工安全管理从事后分析型转向事先预防型。经过安全评价，施工企业才能建立起安全生产的量化体系，改善安全生产条件，提高企业安全生产管理水平。

本系统为检查内容管理方面提供了打分法、定量与定性相结合、模糊评价法、神经网络预测法以及网络分析法等多种评价方法。定性分析方法是一种从研究对象的“质”或对类型方面来分析事物，描述事物的一般特点，揭示事物之间相互关系的方法。定量分析方法是为了确定认识对象的规模、速度、范围、程度等数量关系，解决认识对象“是多大”“有多少”等问题的方法。系统通过专家调查法对水利水电工程施工过程中的定性问题，如边坡稳定问题、脚手架施工方案等进行评价。由于专家不能随时随地在施工现场，可以将施工现场中的有关资料上传到系统，专家可以通过本系统做到远程评价。定量评价是现场监理根据现场数据对施工安全中的定量问题，如安全防护用品的佩戴及使用、现场文明用电情况等进行具体精细的评价。一般来说，定量比定性具体、精确且具操作性。但水利水电工程施工安全评价不同于一般的工作评价，有些可以定量评价，有些不能或很难量化。因此，对于不能量化的成果，就要选择合适的评价方法使其评价结果公正。

运用定性定量相结合的方法，在评价过程中将专家依靠经验知识进行的定性分析与监理基于现场资料的定量判断结合在一起，综合两者的结论，辅助形成决策。评价人员可以通过多种方式进行评价，充分展示自己的经验、知识，还可以自主搜索和使用必要的资源、数据、文档、信息系统等，辅助自己完成评价工作。

（四）工程管理模块

工程管理模块主要是业主对整个工程的管理、施工单位对所管辖标段的管理。此模块主要包括标段管理、施工单元管理、施工单元考核内容管理、评价得分详情、模糊评价结果以及神经网络评价结果等部分。不同的角色用户在此模块中具有的权限是不同的。

1.标段管理

此模块分为两部分，一部分是业主对标段的管理，另一部分是施工单位对标段的管理。

（1）业主对标段进行管理。此模块是业主特有的功能，主要用于将一个工程划分为多个标段，交由不同的施工单位去管理。业主可为工程添加标段，也可修改标段信息，或删除标段。选中一个标段后，点击其中的“查看资料”将会弹出新页面，显示此标段的“所有信息”（这些信息是由施工单位负责维护的，其中施工单位是从已有用户中选择，是否开放有开放（开放给施工单位管理）和“关闭”（禁止施工单位对其操作）两个选项，所有数据不能为空。

（2）施工单位对标段进行管理。施工单位通过登录主界面登录后，会进入标段管理界面。如果某施工单位负责对多个标段的施工，则首先选择要管理的标段后才可进入标段管理主界面，如施工单位只负责一个标段，则直接进入标段管理主界面。施工单位可通过菜单栏对相应信息进行管理，总体分为 2 类。

企业资质安全证件。这部分主要是负责管理有关安全管理的各种证件（企业资质证、安全生产合格证），用户第一次点企业资质安全证件时，系统会提示上传相关信息并转入上传页面。施工单位可在此发布图片、文件信息，并作文字说明，点击提交即可发布。点击右上角的编辑，可进入编辑页面，对信息进行修改。

信息的发布与管理。除企业资质安全证件以外的信息，全部归入信息发布与管理类别进行发布管理。主要包含规章制度和操作规程（安全生产责任制考核办法，部门、工种队、班组安全施工协议书，安全管理目标，安全责任目标的分解情况，安全教育培训制度，安全技术交底制度，安全检查制度，隐患排查治理制度，机械设备安全管理制度，生产安全事故报告制度，食堂卫生管理制度，防火管理制度，电气安全管理制度，脚手架安全管理制度，特种作业持证上岗制度，机械设备验收制度，安全生产会议制度，用火审批制度，班前安全活动制度，加强分包、承包方安全管理制度等文本，各工种的安全操作规程，已制订的生产安全事故应急救援预案、防汛预案、安全检查制度，隐患排查治理制度，安全生产费用管理制度），工人安全培训记录，施工组织设计及批复文件，工程安全技术交底表格，危险源管理的相关文件（包括危险源调查、识别、评价并采取有效控制措施），施工安全日志（翔实的），特种作业持证上岗情况，事故档案，各种施工机具的验收合格书，施工用电安全管理情况，脚手架管理（包括施工方案、高脚手架结构计算书及检查情况）。点击“信息发布”，选择栏目后可发布文字、图片、文件、视频等信息。

2.施工单元管理

施工单元代表着标段的不同施工阶段，此模块主要由施工单位负责，业主也具有此功能，同时比施工单位多了评价核算功能。施工单位可在此页面增加新的施工单元，也可修改、删除单元资料。同时，在菜单栏点击，可以发布此施工单元有关的文字、图片、视频等信息。施工单位只能管理自己标段的单元信息，而业主可以对所有标段的施工单元进行操作（但不能为施工单位发布单元信息），同时可对各施工单元进行评价结果核算。业主可选择打分法核算、模糊评价核算、神经网络核算中的一种方法进行核算，核算后结果会显示在列表中。

（五）评分模块

此模块主要涉及的角色是业主和专家。业主负责指定评价内容，专家负责审核标段资料，并对施工单元进行打分。最后由业主对结果进行核算。

首先由业主确定施工单元要考核的内容，选好相应施工单元后，可点击添加按钮，选择要评价的项目，其中的评价项目来自于评价体系模块。每个标段可以根据现场不同情况指定多个考核项目，同时可以点击查看打开测试页面，了解具体评分内容。

专家通过登录主界面登录到系统，首先选择要测评的标段，选择相应标段后，可进入标段信息主页面，对施工单位所管理的标段信息进行检查。点击施工单元评价，可对施工单元信息进行检测和评价。点击“进行评价”，专家进入评分主界面。选择其中的一项，点击“进行打分”，进入具体评分页面。

（六）安全预警模块

安全预警机制是一种针对防范事故发生制订的一系列有效方案。预警机制顾名思义就是预先发布警告的制度。

此模块主要是由专家向施工单位发布安全预警信息，提醒施工单位做好相应工作。由专家选择相应标段，进行信息发布。业主对不同标段预警信息可以进行删除与修改。施工单位登陆标段管理主界面后，首先显示的就是标段信息和预警信息。

第三节　项目风险管理方法

一、国内外研究现状

（一）国外研究现状

项目管理自 20 世纪 30 年代在美国出现后，经过几十年的研究，得到了很大发展。而风险管理是项目管理的一个重要的组成部分，源于一战后的德国。20 世纪 50 年代以后受到了欧美各国的普遍重视和广泛应用，自 80 年代以来，项目风险管理的研究在施工建筑工程领域、财务金融领域引起了高度重视，欧美国家的大中型企业成立了专门的风险研究机构，美国还成立了风险研究所和保险与风险管理协会等学术团体，专门研究全美和工商企业的风险管理工作。

20 世纪 70 年代中期，风险管理课程已在大部分的美国大学工商学院开设。同时还对通过风险管理资格考试的人员颁发了 ARM 证书。专家学者还在 1983 年的风险管理年会上通过了风险管理的一般原则，即 101 条风险管理准则。

（二）国内研究现状

我国的风险研究起步较晚。改革开放前，我国执行的是高度集中的计划经济体制。1991 年，在《航空学报》上顾昌耀和邱苑华两位学者首次开展了风险决策研究。我国特别针对项目安全风险管理的著作出版很少，大部分是对国外理论的简单论述，风险管理研究重点着眼于进度风险、投资风险控制，对施工过程的风险识别和分析以及风险应对措施重视程度不足，这主要是由于项目管理理论是从引进国外的网络计划技术开始的。我国从建国开始，到改革开放初期，由于长时间是计划经济体制，工程项目建设一般以国家和国有大型企业为主体，所有风险责任由国家承担，与企业没有直接利害关系。体制改革后，工程项目建设投资已从单一的国家主体向多元化主体转变，施工企业由过去计划经济体制下的大型国有企业向民营、国营、个体企业逐渐转化，工程风险管理越来越引起政府有关部门和企业的重视。

目前，我国工程建设企业项目管理与国外发达国家相比，主要存在以下几个方面的差距：

（1）国内大部分勘察设计单位、施工承包商、监理单位没有一个完整健全的项目管理组织机构和项目管理体系，没有建立一个自始至终贯穿于工程项目建设全过程的项目经济管理组织，“项目班子因项目而建，班子随项目完工而散”的现象十分普遍。大多数勘察设计单位除极少数设立项目控制部、综合管理部、现场协调管理部、试运行（开车）部等组织机构外，其余只是设立了一个现场二级机构——现场设代处，在设计咨询服务、内部管理组织、技术服务、人才结构等方面不能满足工程建设设计咨询方面的要求。监理单位、施工承包单位、施工总承包单位等一般也是把服务领域局限在工程的施工阶段上，在组织结构、人员构成、设备、设施配置、技术标准和服务水平上都不能满足全过程项目管理的要求。

（2）现行的法律、规章制度不完善。我国虽然已经有了相关法律、规章，但至今仍没有一个在项目管理专业和行业范围的指导性实施准则。有些工程没有按照国家有关规定实行招投标制，有些却采用议标或是假招标。

（3）大部分设计、施工、监理单位均没有建立系统的项目管理工作手册和工作程序，现有的项目管理方法和手段落后，缺乏先进的项目信息管理系统。项目风险管理的体系、进程、措施方法等也与国际通行模式有一定的差距。许多投资者仅仅看重项目的经济效益而忽视了风险因素对项目的巨大影响，往往盲目投资却造成巨大的经济损失，也为后续的安全事故的发生造成了隐患。而国外建设工程一般都具备高水平的信息管理技术和计算机应用技术，有强大的基础数据库为工程项目实施和管理作支撑，在项目管理系统中，高水平的CAD辅助设计系统和集成化得到普遍采用，并发挥着重要作用。

（4）国内的科技创新机制不健全，对新技术研发与科研成果在生产实践中的应用不重视。国内大部分施工建筑企业普遍缺乏国际先进水平的工艺技术和工程技术，缺少自己独有的专利技术和专有技术，项目管理人员素质普遍低下，能够独立进行工艺设计和科技创新的能力比较匮乏。由于我国到1991年才成立全国性的项目管理研究会，对项目管理，特别是风险管理的研究和实践起步较晚，而且我国项目管理人才培养和资质认定工作目前多偏重于施工承包商和监理工程师方面，忽视了对投资方、建设项目业主方的项目管理人员的培训、考核和资质认定，所有这些都造成了我国项目管理人员素质的低下。

（5）企业内部未能按照国际通用的项目管理模式、程序、标准进行项目风险管理，熟悉项目管理软件，熟悉法律、合同、技术文件，熟练对安全、进度、质量、投资、信息进行掌控的复合型的高级项目管理人才严重不足。

（6）具有国际竞争实力的工程公司数量相对较少，目前只有中国石化、中国石油等特大型国际工程公司，在国外进行简单的国际总承包施工，基本还是过去劳动密集型管理模式，业务范围狭窄，市场份额较小。而到了2007年，世界排名第一的工程公司美国柏克德公司的年营业收入比美国排名第二的美国福陆公司大约高32.73%，比排名第三的凯洛格布朗路特公司（KBR）大约高147.18%，2007年合同总额达到341亿美元。这些外国跨国公司业务领域宽，涉及多个专业，对外国际承包营业额占总营业额的一半左右，有的甚至更高，具有较强的抗风险能力和投融资能力，国际竞争力很强。

（7）由于工程总承包和项目管理的市场发育不健全，多数大中型项目投资单位均为国有投资主体，建设项目业主出于自身的利益考虑，对项目的施工建设不愿采用工程总承包和项目管理方式组织实施。

二、项目风险

（一）项目风险的含义

在日常生活中，我们经常谈论到风险（Risk）一词，人们经常从不同的角度来理解风险的含义。风险既是一种概率事件，又代表一种不肯定性，它是一种潜在的、对将来有可能发生并造成损害的判断和推测。一般来说，风险的概念是指损害的不明确性。它是指在一定期限内和特定条件下发生的各项可能的变化幅度。但这一概念，还没有在经济领域、决策分析领域、保险界形成一个公认的定义。美国学者罗伯特·梅尔在《保险基本原理》一书中和英国学者拉尔夫·L·克莱因在《项目风险管理》中都对风险做出了自己的定义。

北京航空航天大学管理学院杜端甫教授则认为，风险是指损害发生的不明确性，它是人们预期目标与实际效果发生偏差的一种综合。

目前，要全面理解风险的定义，主要从以下7个方面进行：

（1）风险与人的行为息息相关，它涵盖了个人、单位、组织等各个层面。风险的发生与人的行为有联系，不以人的客观意志为转移。

（2）风险是随着客观条件的改变而变化的。虽然人们在施工过程中无法全面掌控客观条件，但是通过分析、判断来把握客观条件发生转变的规律，对有关的风险变化的状况做出科学合理的推断，以此做好风险管理工作。

（3）决策行为与风险状态是风险发生的基础条件，二者相辅相成，缺一不可，所有风险都是二者相互统一的结果。

（4）风险是指事件的后果与目标发生的偏差，它具有可变性。在产生风险的条件发生转变时，风险的性质和数量也会随之发生变化，具体表现在风险发生性质的变化、风险造成的损害程度以及产生新的风险类别。

（5）风险是指实际产生的结果与预定目标发生了一定的偏差，它真实反映了现实活动中人们的理想目标与现实目标之间的差异。

（6）根据概率理论，风险的损害程度取决于其导致损失的概率分布。人们可以发挥个人的主观能动性，对风险产生的概率及其所造成的破坏程度做出判断，从而对风险因素做出推论和评判。

（7）水利水电工程由于施工工期较长，涉及建设范畴广泛，存在一定的风险因素及种类繁多且复杂，致使工程项目在建设期限内面临的危险因素各不相同，而且众多的风险因素由于相互之间有一定的内在联系，与外界的关系也错综复杂、相互影响，又使得风险目标呈现出多样、多层次的特点。

（二）项目风险的特征

工程施工建设项目是一项繁杂的系统工程，而项目风险则是在项目施工建设这一特定的环境下发生的，工程项目风险与项目建设活动息息相关，通过对工程项目风险特征的研究能够使我们深刻认识到工程项目风险的独特性。

风险是普遍存在的客观因素。风险发生的不确定性，超出了人的主观意识并独立存在，它贯穿于项目发展的全过程。人类一直渴望采取一种有效的控制方法和手段，来降低或消除风险，但至今为止也只是在一定区域内改变其存在和发展的环境，减少其发生的次数，降低其造成的损失程度，而不能从根本上消除风险。

偶然性和必然性。任何风险都是各种因素相互影响的结果。个别的风险事故从表象上看具有偶然性，但经过对大量风险事故的调查、分析，就能发现风险的发生具有较为显著的规律性。这就使得人们能够采用概率分析或其他风险统计方法去估计风险发生的概率和破坏程度，确保了工程建设的正常运行。

风险不是一成不变的，它具有可变化性。这是指在项目实施的整个寿命周期内，各种风险随着项目的进行而发生着变化。项目何时何处发生风险、发生何种风险及风险程度是不确定的。

水利水电建设施工项目的开发时间长、投资额大、工程施工区域广，受环境、地质条件、资金、进度、质量、安全等多方面的影响，风险因素种类繁多且复杂，各种各样的风险存在于施工建设的各个环节中。各类风险之间关系的复杂性以及与项目建设的交叉影响，使得风险具备不同的层次。

风险和收益可以相互转化。风险和收益是相辅相成的，可以同时存在。

高收益一定伴随着高风险。任何事情和行为的发生都有它存在的原因和相应的结果。在一定的环境下，风险和收益能够相互顺利转化。随着人们对风险因素的辨识能力增强，逐渐能够有效地认识、分析、抵制和控制风险，就能在一定程度上降低项目风险带来的损失范围和程度及项目风险的不确定性程度。

三、项目风险管理

项目风险管理是项目管理研究的一个重要内容，也是风险管理理论在建设项目管理领域的发展与应用。近年来，随着全球范围内工程建设的持续繁荣，工程项目建设过程的安全风险管理已成为项目管理研究领域中一个尤为突出的问题。如何做好工程项目风险管理工作，减少发生概率和降低风险损失，成为目前工程建设项目管理的重要议题。期刊上工程项目风险管理论文的不断涌现也表明了学术界和工业界对工程项目风险管理研究与实践的重视。

（一）项目风险管理的定义

项目风险管理（Project Risk Management）是指对项目风险从识别到分析乃至采取应对措施等一系列过程，它是一个动态循环、系统完整的过程。

要认识项目风险，就必须了解风险的特征。首先，风险的潜在特征，容易使人们忽视它的存在，导致发生的概率增加和损失增大；它的客观性，也使得人们只能采取一些措施使其潜在风险最小化，并不能完全消除；它的主观特性，会使其受到特定环境的影响而变化；它的可预见性，能够让我们通过一系列的管理方法，来减少项目风险的不确定性。

（二）建设工程项目风险管理的特征

工程项目建设活动是一项错综复杂的、具备多学科知识的综合性系统工程，涉及社会、自然、经济、技术、系统管理等多门学科。项目风险管理是在项目施工建设这一特定范围内发生的，与项目建设的各项工作联系紧密，通过对项目风险系统特性的研究，能更加清楚地认识到项目风险管理的独特性。建设工程项目风险管理的风险来源、风险的发生过程、风险潜在的破坏能力、风险损失的波及范围以及风险的破坏力复杂多样，仅凭单一的管理理论或单一的工程技术、合同、组织、教育等措施来进行管理都有其一定的局限，必须采用全方位、多元化的方法、手段，才能以最少的成本得到最大的效益。

建设工程项目风险管理有其独特的特征。项目风险控制是一项具有综合性的高端管理工作，它涉及项目管理的全过程和各个方面，项目管理的各个子系统，必须与安全、质量、进度、合同管理相融合；不同的风险处理方法也不尽相同。项目风险之间对立统一、相辅相成，通过项目特殊的环境和方法进行结合，形成特定的综合风险。只有对项目管理系统以及系统的环境进行深入、细致的了解，才可能采取切实可行的应对措施，进行有效的风险管理。风险管理实质上是做好事前控制，其目的就是依据过去的经验教训，采取概率分析法对将要发生的情况进行预测，据此采用相应的应对措施。

工程项目风险管理在不同阶段随项目建设的不断进展，各种风险依次相继显现或消亡，它必须与建设项目所在行业、施工区域、施工环境、项目的复杂性等条件进行全方位的综合考虑。任何系统都有其生存的特殊环境，施工环境不同，同一类型的项目风险因素造成的影响也存在差异。风险管理应该以投资安全为核心，采取更加有效的风险控制、监控措施，降低风险的发生概率，减少事故损失，保证工程项目目标的圆满完成。

（三）项目风险的管理过程

项目风险管理过程一般由若干个阶段组成，这些阶段不仅相互作用，而且也相互影响。对于项目风险管理过程的认识，不同的组织和个人有不同的认识。

美国项目管理协会（PMI）编制的 PMBOOK（2000）版中将风险管理过程分为风险管理规划、识别、定性分析、量化分析、应对设计、风险监控和控制 6 个部分。

2000 年复旦大学出版的《项目管理》一书把项目风险管理划分为识别、

分析与评估、处理和监视 4 个过程。

根据我国对项目管理的定义和特性的研究，将风险的过程分为风险规划、风险识别、风险分析与评估、风险处理和风险监控几个阶段：

1.项目风险管理规划

风险管理规划是指在进行风险管理时，对项目风险管理的流程进行规划，并形成书面文件的一系列工作。风险规划采取一整套切实可行的方法和策略，对风险项目进行辨别和追踪。制订出风险因素的应对方法，对施工项目开展风险评估，以此来推断风险变化的状况。风险规划主要考虑的因素有风险策略、预定角色、风险容忍程度、风险分解结构、风险管理指标等。

风险管理规划过程是设计和进行风险管理活动内容的依据，表达了在风险管理规划过程中内部与外部活动的相互作用。风险管理规划的方法有风险管理图表法、项目工作分解结构（WBS）。

风险管理规划一般包括以下几项内容：①通过调查、研究，对可能存在的潜在风险及损失进行分析、辨识；②对已经辨识的风险采取科学有效的方法进行定量的估计和评价；③研究可能减少风险的措施方案，对其可操作性、经济性进行考虑，评估残留风险因素对项目造成的影响；④初步制订风险因素的动态管理计划及监控方案；⑤根据项目实际的变动状况，对现在执行的风险规划进行追踪并做出修改。

2.项目风险管理识别

风险识别是项目管理者识别风险来源、确定风险发生条件、描述风险特征并评价风险影响的过程。有风险来源、风险事件和风险征兆 3 个相互关联的因素。

风险识别的目的主要是方便评估风险危害的程度以及采取有效的应对方案。风险具有隐蔽性，而人们无法观察到存在的内在危险，往往被表面现象迷惑。因此，风险识别在风险管理中显得尤为重要。管理风险的第一步是识别风险，要充分考虑到风险造成的危害程度及潜在损失，只有正确进行了识别，才能有效地采取措施来控制、转移或管理风险。进行风险识别的主体范围较广，包括工程项目责任方、风险管理组、主要持股人、主管风险处理的责任人以及风险负责人等。在对风险进行识别时，风险识别主体需要确定风险类型、影响范围、存在条件、因素、地域特点、类别等各方面内容。

风险识别具备的全员性、整体性、动态变化、综合性等特点，决定了风险管理识别的首要步骤是对各种风险因素和可能发生的风险事件进行分析，重点分析项目中有哪些潜在的风险因素，这些因素引发的危害程度多大，这些风险造成的影响范围及后果有多大。任何忽视、无限扩大和压缩项目风险的范围、种类和后果的做法都会给项目带来极大的影响。

风险识别主要采用故障树法、专家调查法、风险分析问询法、德尔菲法、头脑风暴法、情景分析法、SWOT 分析法和敏感性分析法等来进行有效辨别。其中专家调查法是邀请专家查找各种风险因素，并对其危险后果做出定性估量。故障树法是采用图标的方式将引起风险发生的原因进行分解，或把具有较大危害的风险分解成较小的、具体的风险。

风险识别就是从项目的整体系统入手，贯穿工程项目的各个方面和整个发展过程，将导致风险事件发生的复杂因素细化为易识别的基础单位。从众多的关系中抓住关键要素，分析关键要素对项目建设的影响。通常包括资料的收集与风险形势估计两个步骤。

工程项目的全面风险管理的首要步骤是风险识别，它在风险管理控制中有着承上启下的作用。

3.项目风险管理

风险分析是由工程项目风险管理人员应用风险分析工具、风险分析技术，根据各种风险因素的类别，对风险存在的条件和发生的期限、地点、风险造成的危害影响和损失程度、风险发生的概率、危害程度以及风险的可控性进行分析的过程。目前风险管理分析的主要方法包括决策树法、模糊分析法等。

所谓决策树法，就是运用图形来表示各决策阶段所能达到的预期值，通过核算，最终筛选出效益最大、成本最小的方法。决策树法是随机决策模型中最常使用的，能有效控制决策风险。

模糊集合理论是由美国自动控制专家查德教授在 1965 年提出的。该综合评价法采用模糊数学对受到多种因素制约的事物或对象做出一个总体评价。它结果清晰，系统性强，能较好地解决模糊的、不易量化的问题，适合各种非确定性问题。

4.项目风险管理评估

项目风险评价是以项目风险识别和分析为基础，运用风险评价特有的系统模型，对各种风险发生的概率及损失的大小进行估算，对项目风险因素进行排序的过程，为风险应对措施的合理性提供科学的依据。工程项目风险评价的标准有项目分类、系统风险管理计划、风险识别应有的效果、工程进展状况等。进行分析与评价的数据应准确和可靠。

风险评估又称风险测定、估算、测量。它是对已经识别、分析出来的风险因素的权重进行检测，对一定范围内某一风险的发生测算出概率。主要目的是比较、评估项目各实施方案或施工措施所造成的风险发生的概率和损失大小程度，以便从中选择最优化的方案。

风险识别之后才能实施风险评估计划，它是对已存在的工程项目风险因素进行量化的过程。人们将已分类的、经过辨别的风险，综合考虑风险事件发生的概率和引起损失的后果，按照其权重进行排序。通过风险识别能够加深风险管理人员对工程项目本身和所在环境的了解，可以使人们用多种方法来加强对施工过程中存在的风险因素进行控制。

风险评估工作一般是由经过培训的专业人员来进行的，但在施工企业内部基本上是由工程项目部的计划、财务、安全、质量、进度控制等部门人员分别实施的。他们利用所掌握的风险评估方法与工具，对承担的工程项目的目标工期、进度要求、质量要求、安全目标等方面加以评估，对安全风险因素进行定量预测。风险评估在项目风险管理研究中是一个热门话题。目前，风险评估的方法主要有综合评价法、模糊评价法、风险图法、模拟法和主观概率法等。

5.项目风险管理处置

对项目进行风险处置就是对已辨识的风险因素，通过采取减轻、转移、回避、自留和储备等风险应对手段，来降低风险的损失程度，减少风险事件的发生。不同的风险类型有不同的应对处理方式。风险处置由专业的管理人员来处理，主要包括对风险因素的辨识、风险事件发生的原因分析、可采取措施的成本分析、处理风险的时间以及对后续工程的影响程度等。风险管理处置的风险控制是指采取相应技术措施，降低风险事件造成的影响。工程项目管理者一般情况下采用以下一些方法来控制风险：①风险回避：充分考虑风险因素发生及可能造成的危害程度，拒绝实施该方案，杜绝风险事件的发生。该措施属于事前控制、主动控制。②风险转移：为降低或减轻风险损失，通过其他方式或手段将损害程度转嫁给他人，分为非保险转移及保险转移两种形式。在工程项目施工中，风险转移一般以建筑（安装）施工一切险、投标保证金、履约保函等形式出现。③风险自留：建设投资方自己主动承担风险损失。④风险分散：根据项目的多样性、多层次性的特点，将项目投资用于不同的项目层次和不同的项目类别。⑤风险降低：采取必要措施，来减少事件发生概率和风险损失。

6.项目风险管理监控

风险监控就是通过对风险规划、识别、估计、评价、应对全过程的监视和控制，从而保证风险管理能达到预期的目标。其目的是检查应对措施的实际效果是否与所设想的效果相同；寻找进一步细化和完善风险处理措施的机会，从中得到信息的反馈，以便使将来的决策方法更加符合实际情况。

风险监控由风险管理人员实施，主要是利用风险监控工具和技术，对已发现或潜在的问题及时提出警告，进行反馈。风险监控实际上是一个实时的、连续不间断的过程。它主要采取审核检查法、项目风险报告、赢得值法等方法。

第四节　水利水电工程项目风险管理的特征

一、水利水电工程风险管理目的和意义

随着我国国民经济的发展，我国的工程建设项目越来越多，投资规模逐年增加，新技术、新工艺、新设备的不断研发利用，导致项目工程建设过程中面临的各种风险也日渐增多。有的风险会造成工期的拖延；有的风险会造成施工质量低劣，从而严重影响建筑物的使用功能，甚至危害到人民生命财产的健康；有的风险会使企业经营处于破产边缘。

减少风险的发生或降低风险的损失，将风险造成的不利影响降到最低程度，需要对工程项目建设进行有效的风险管理和控制，使科技发展与经济发展相适应，更有效地控制工程项目的安全、投资、进度和质量计划，更加合理地利用有限的人力、物力和财力，提高工程经济效益，降低施工成本。加强建设工程项目的风险管理与控制工作将成为有效加强项目工程管理的重要课题之一。

中国是世界上水能资源最丰富的国家，可能开发的装机容量达378.53GW，占世界总量的16.74%。水利水电工程是通过对大自然加以改造并合理利用自然资源产生良好效益的工程，通常是指以防洪、发电、灌溉、供水、航运以及改善水环境质量为目标的综合性、系统性工程，它包括高边坡开挖、坝基开挖、大坝混凝土浇筑、各种交通隧洞、导流洞和引水洞、灌浆平洞等的施工以及水力发电机组的安装等施工项目。在水电工程施工建设过程中，受到各种不确定因素的影响，只有成功地进行风险识别，才能更好地做好项目管理，要及时发现、研究项目各阶段可能出现的各种风险，并分清轻重缓急，要有侧重点。针对不同的风险因素采取不同的措施，保证工程项目以最小的风险损失得到最大的投资效益。

风险管理理论在20世纪80年代中期进入我国后，在二滩水电站、三峡水利枢纽工程、黄河小浪底水利枢纽工程项目都已成功地进行了运用。在水电站施工过程中加强现场安全风险管理，提高施工人员的安全风险意识，运用科学合理的分析手段，加强水电项目工程建设中风险因素监控力度，采取有针对性的控制段，能够有效提高水电项目的投资效益，保证水利水电工程项目的顺利实施，提高我国的水利水电工程建设的设计与项目管理水平。

随着风险管理专题研究工作的不断深入进行，工程项目的安全风险意识也不断增强。在项目建设过程中，熟练运用风险识别技术，认真开展风险评估与分析，对存在的风险事件及时采取应对措施，减少或降低风险损失。科学、合理地利用现有的人力、物力和财力，确保项目投资的正确性，树立工程项目决策的全局意识和总体经营理念，对保证国民经济长期、持续、稳定协调地发展，提高我国的项目风险管理水平和企业的整体效益具有重要的实际意义。

二、水利水电工程风险管理的特点

水利水电工程建设是按照水利水电工程设计内容和要求进行水利水电工程项目的建筑与安装工程。由于水利水电工程项目的复杂性、多样性，项目及其建设有其自身的特点及规律，风险产生的因素也是多种多样的，各种因素之间又错综复杂，水电生产行业有不同于其他行业的特殊性，从而导致水电行业风险的多样性和多层次性。因此，水利水电工程与其他工程相比，具有以下显著特征：

（1）多样性。水利水电建设系统工程包括水工建筑物、水轮发电机组、水轮机组辅助系统、输变电及开关站、高低压线路、计算机监控及保护系统等多个单位工程。

（2）固定性。水利水电工程建设场址固定，不能移动，具有明显的固定性。

（3）独特性。与工民建设项目相比，水利水电工程项目体型庞大、结构复杂，而且建造时间、地点、地形、工程地质、水文地质条件、材料供应、技术工艺和项目目标各不相同，每个水电工程都具有独特的唯一性。

（4）水利水电工程主要承担发电、蓄水和泄洪任务，施工队伍需要具备国家认定的专业资质，并且按照国家规程规范标准进行施工作业。

（5）水利水电工程的地质条件相对复杂，必须由专业的勘察设计部门进行专门的设计研究。

（6）水利水电工程建设要根据水流条件及工程建设要求进行施工作业，对当地的水环境影响较大。

（7）水利水电工程建设基本是露天作业，易受外界环境因素影响。为了保证质量，在寒冬或酷暑季节须分别采取保暖或降温措施。同时，施工流域易受地表径流变化、气候因素、电网调度、电网运行及洪水、地震、台风、海啸等其他不可抗力因素的影响。

（8）水利水电工程建设道路交通不便，施工准备任务量大，交叉作业多，施工干扰较大，防洪度汛任务繁重。

（9）对环境的巨大影响。大容量水库、高水头电站的安全生产管理工作，直接关系到施工人员和下游人民群众的生命和财产安全。

水电生产的以上特点，决定了水电安全生产风险因素具有长期性、复杂性、瞬时性、不可逆转性、对环境影响的巨大性、因素多维性等特性。

三、水利水电工程风险因素划分

水利水电工程建设工程项目按照不同的划分原则，有不同的风险因素。这些风险因素并不是独立存在的，而是相互依赖，相辅相成的，不能简单地进行风险因素划分。

一般而言，水利水电工程项目有以下 3 种划分方式：

（一）水利水电工程发展阶段

1.勘察设计招投标阶段风险

主要存在招标代理风险、招投标信息缺失风险、投标单位报价失误风险和其他风险等。

2.施工阶段风险

主要是工程质量、施工进度、费用投资、安全管理风险等。

3.运行阶段风险

主要是地质灾害、消防火灾、爆炸、水轮发电机设备故障、起重设备故障等风险。

（二）风险产生原因及性质

1.自然风险

主要指由于洪水、暴雨、地震、飓风等自然因素带来的风险。

2.政治风险

主要指由于政局变化、政权更迭、罢工、战争等引发社会动荡而造成人身伤亡和财产损失的风险。

3.经济风险

主要指由于国家和社会一些大的经济因素变化的风险以及经营管理不善、市场预测错误、价格上下浮动、供求关系变化、通货膨胀、汇率变动等因素所导致经济损失的风险。

4.技术风险

主要指由于科学技术的发展而来的风险，如核辐射风险。

5.信用风险

主要指合同一方由于业务能力、管理能力、财务能力等有缺陷或没有圆满履行合同而给另一方带来的风险。

6.社会风险

主要指由于宗教信仰、社会治安、劳动者素质、习惯、社会风俗等带来的风险。

7.组织风险

主要指由于项目有关各方关系不协调以及其他不确定性而引起的风险。

8.行为风险

主要指由于个人或组织的过失、疏忽、侥幸、故意等不当行为造成的人员伤害、财产损失的风险。

（三）水利水电工程项目主体

1.业主方的风险

在工程项目的实施过程中，存在很多不同的干扰因素，业主方承担了很多，如投资、经济、政治、自然和管理等方面的风险。

2.承包商的风险

承包商的风险贯穿于工程项目建设投标阶段、项目实施阶段和项目竣工验收交付使用阶段。

3.其他主体的风险

包括监理单位、设计单位、勘察单位等在项目实施过程中应该承担的风险。

第五节　水利水电工程建设项目风险管理措施

一、水利水电工程风险识别

在水利水电工程建设中实施风险识别是水电建设项目风险控制的基本环节，通过对水电工程存在的风险因素进行调查、研究和分析辨识后，查找出水利水电工程施工过程中存在的危险源，并找出减少或降低风险因素向风险事故转化的条件。

（一）水利水电工程风险识别方法

风险识别方法大致可分为定性分析、定量分析、定性与定量相结合的综合评估方法。定性风险分析是依据研究者的学识、经验教训及政策走向等非量化材料，对系统风险做出决断。定量风险分析是在定性分析的研究基础上，对造成危害的程度进行定量的描述，可信度增加。综合分析方法是把定性和定量两种方式相结合，通过对最深层面受到的危害的评估，对总的风险程度进行量化，能对风险程度进行动态评价。

1.定性分析方法

定性风险分析方法有头脑风暴法、德尔菲法、故障树法、风险分析问询法、情景分析法。在水利水电项目风险管理过程中，主要采用以下几种方法：

（1）头脑风暴法：又叫畅谈法、集思法。通常采用会议的形式，引导参加会议的人员围绕一个中心议题畅所欲言，激发灵感。一般由班组的施工人员共同对施工工序作业中存在的危险因素进行分析，提出处理方法。主要适用于重要工序，如焊接、施工爆破、起重吊装等。

（2）德尔菲法：通常采用试卷问题调查的形式，对本项目施工中存在的危险源进行分析、识别，提出规避风险的方法和要求。它具有隐蔽性，不易受他人或其他因素影响。

（3）LEC 法：根据 D=LEC 公式，依据 L—发生事故的概率、E—人员处于危险环境的频率、C—发生事故带来的破坏程度，赋予三个因素不同的权重，来对施工过程的风险因素进行评价的方法。其中：

L 值：事故发生的概率，按照完全能够发生、有可能发生、偶然能够发生、发生的可能性小除了意外、很不可能但可以设想、极不可能、实际不可能共 7 种情况分类。

E 值：处于危险环境频率，按照接连不断、工作时间内暴露、每周一次或偶然、每月一次、每年几次、非常罕见共 6 种情况分类。

C 值：事故破坏程度，按照 10 人以上死亡、3～9 人死亡、1～2 人死亡、严重、重大伤残、引人注意共 6 种情况分类。

2.定量分析方法

（1）风险分解结构法（RBS）。RBS（Risk Breakdown Structure）是指风险结构树。它将引发水利水电建设项目的风险因素分解成许多“风险单元”，这使得水电工程建设风险因素更加具体化，从而更便于风险的识别。

风险分解结构（RBS）分析是对风险因素按类别分解，对投资影响风险因素系统分层分析，并分解至基本风险因素，将其与工程项目分解之后的基本活动相对应，以确定风险因素对各基本活动的进度、安全、投资等方面的影响。

（2）工作分解结构法（WBS）。WBS（Work Breakdown Structure）主要是通过对工程项目的逐层分解，将不同的项目类型分解成为适当的单元工作，形成 WBS 文档和树形图表等，明确工程项目在实施过程中每一个工作单元的任务、责任人、工程进度以及投资、质量等内容。

WBS 分解法的核心是合理科学地对水电工程工作进行分解，在分解过程中要贯穿施工项目全过程，同时又要适度划分，不能划分得过细或者过粗。划分原则基本上按照招投标文件规定的的合同标段和水电工程施工规范要求进行。

3.综合分析方法

（1）概率风险评估：是定性与定量相结合的方法，它以事件树和故障树为核心，将其运用到水电建设项目的安全风险分析中。主要是针对施工过程中的重大危险项目、重要工序等进行危险源分析，对发现的危险因素进行辨识，确定各风险源后果大小及发生风险的概率。

（2）模糊层次分析法：是将两种风险分析方法相互配合应用的新型综合评价方法。主要是将风险指标系统按递阶层次分解，运用层次分析法确定指标权重，按各层次指标进行模糊综合评价，然后得出总的综合评价结果。

（二）水利水电工程风险识别步骤

①对可能面临的危害进行推测和预报；②对发现的风险因素进行识别、分析，对存在的问题逐一检查、落实，直至找到风险源头，将控制措施落实到实处；③对重要风险因素的构成和影响危害进行分析，按照主要、次要风险因素进行排序；④对存在的风险因素分别采取不同的控制措施、方法。

二、水利水电工程风险评估

在对水利水电建设工程的风险进行识别后，就要对水利水电工程存在的风险进行估计，要遵循风险评估理论的原则，结合工程特点，按照水电工程风险评估规定和步骤来分析。水电工程项目风险评估的步骤主要有以下 4 个方面：①将识别出来的风险因素，转化为事件发生的概率和机会分布；②对某一种单一的工程风险可能对水电工程造成的损失进行估计；③从水利水电工程项目的某种风险的全局入手，预测项目各种风险因素可能造成的损失程度和出现概率；④对风险造成的损失的期望值与实际造成的损失值之间的偏差程度进行统计、汇总。

一般来说，水利水电工程项目的风险主要存在于施工过程当中。对于一个单位施工工程项目来说，主要风险是设计缺陷、工艺技术落后、原材料质量以及作业人员忽视安全造成的风险事件，而气候、恶劣天气等自然灾害造成的事故以及施工过程中对第三者造成伤害的机会都比较小，一旦发生，会对工程施工造成严重后果。因此，对水利水电工程要采取特殊的风险评价方法进行分析、评价。

目前，水利水电工程建设项目的风险评价过程采用 A1D1HALL 三维结构图来表示，通过对 A1D1HALL 三维结构的每一个小的单元进行风险评估，判断水利水电系统存在的风险。

三、水利水电工程风险应对方案

水利水电工程建设项目风险管理的主要应对方案有回避、转移、自留三种方式。

（一）水利水电工程风险回避

主要是采取以下方式进行风险回避：①所有的施工项目严格按照国家招投标法等有关规定进行招投标工作，从中选择满足国家法律、法规和强制性标准要求的设计、监理和施工单位；②严格按照国家关于建设工程等有关工程招投标规定，严禁对主体工程随意肢解分包、转包，防止将工程分包给没有资质资格的皮包公司；③根据现场施工状况编制施工计划和方案。施工方案在符合设计要求的情况下，尽量回避地质复杂的作业区域。

（二）水利水电工程风险自留

水利水电建设方（业主）根据工程现场的实际情况，无法避开的风险因素由自身来承担。这种方式事前要进行周密的分析、规划，采取可靠的预控手段，尽可能将风险控制在可控范围内。

（三）水利水电工程风险转移

水电工程项目中的风险转移，行之有效且经常采用的方式是质保金、保险等方式。在招投标时为规避合同流标而规定的投标保证金、履约保证金制度；在施工过程中为了杜绝安全事故造成人员、设备损失而实行的建设工程施工一切险、安全工程施工一切险制度等都得到了迅速地发展。

四、水利水电工程安全管理

在水利水电工程项目建设中推行项目风险管理，对减少工程安全事故的发生，降低危害程度具有深远的意义和重大影响。在工程建设施工过程中，如何将风险管理理论与工程建设实际相结合，使水利水电工程建设项目的风险管理措施落到实处，将工程事故的发生概率和损害程度降到最低，是当前水利水电工程项目管理的首要问题。

根据我国多年的工程建设管理经验、教训告诉我们，在水利水电工程建设项目施工过程中预防事故的发生，降低危害程度，最大限度地保障员工生命财产安全，必须建立安全生产管理的长效机制。

风险管理理论着眼于项目建设的全过程的管理，而安全生产管理工作着重于施工过程的管理，强调“人人为我，我为人人”的安全理念，在生产过程中实行安全动态管理，加强施工现场的安全隐患排查和治理。风险管理理论是安全生产管理的理论基础，安全生产管理是风险管理理论在工程建设施工过程的具体应用，因此更具有针对性和实践性。

第八章　水利水电工程建设进度管理和诚信建设

第一节　国内水利水电工程进度控制和管理

一、水利水电工程进度控制和管理的常用方法

（一）项目进度管理的概念

项目进度管理是根据工程项目的进度目标，编制经济合理的进度计划，并据此检查工程项目进度计划的执行情况，若发现实际执行情况与计划进度不一致，就要及时分析原因，并采取必要的措施对原工程进度计划进行调整或修正的过程，工程项目进度管理的目的就是实现最优工期，多快好省地完成任务。

项目进度控制的一个循环过程包括计划、实施、检查、调整四个过程。计划是指根据施工项目的具体情况，合理编制符合工期要求的最优计划；实施是指进度计划的落实与执行；检查是指在进度计划的落实与执行过程中，跟踪检查实际进度，并与计划对比分析，确定两者之间的关系；调整是指根据检查对比的结果，分析实际进度与计划进度之间的偏差对工期的影响，采取切合实际的调整措施，使计划进度符合新的实际情况，在新的起点上进行下一轮控制循环，如此循环下去，直到完成施工任务。

（二）项目进度管理的原理

工程项目进度管理是以现代科学管理原理作为其理论基础的，主要有系统原理、动态控制原理、弹性原理和封闭循环原理、信息反馈原理等。

1.系统控制原理

该原理认为，工程项目施工进度管理本身是一个系统工程，它包括项目施工进度计划系统和项目施工进度实施系统两部分内容。项目必须按照系统控制原理，强化其控制全过程。

2.动态控制原理

工程项目进度管理随着施工活动向前推进，根据各方面的变化情况，应进行实时的动态控制，以保证计划符合变化的情况，同时，这种动态控制又是按照计划、实施、检查、调整这四个不断循环的过程进行控制的。在项目实施过程中，可分别以整个施工项目、单位工程、分部工程为对象，建立不同层次的循环控制系统，并使其循环下去。这样每循环一次，其项目管理水平就会提高一步。

3.弹性原理

工程项目进度计划工期长、影响进度因素多，其中有的已被人们掌握，因此，要根据统计经验估计出影响的程度和出现的可能性，并在确定进度目标时进行实现目标的风险分析。在计划编制者具备了这些知识和实践经验之后，编制施工项目进度计划时就会留有余地，使施工进度计划具有弹性。在进行工程项目进度管理时，便可以利用这些弹性，缩短有关工作的时间，或者改变它们之间的搭接关系。如果检查之前拖延了工期，通过缩短剩余计划工期的方法，仍能达到预期的计划目标，这就是工程项目进度管理中对弹性原理的应用。

4.封闭循环原理

工程项目进度管理是从编制项目施工进度计划开始的。由于影响因素的复杂和不确定性，在计划实施的全过程中，需要连续跟踪检查，不断地将实际进度与计划进度进行比较，如果运行正常可继续执行原计划；如果偏差，应在分析其产生的原因后，采取相应的解决措施和办法，对原进度计划进行调整和修订，然后再进入一个新的计划执行过程。这是一个由计划、实施、检查、比较、分析、纠偏等环节形成的一个封闭的循环回路。工程项目进度管理的全过程就是在许多这样的封闭循环中不断地调整、修正与纠偏，最终实现总目标。

5.信息反馈原理

反馈是控制系统把信息输送出去，又把其作用结果返送回来，并对信息的再输出施加影响，起到控制的作用。

工程项目进度管理的过程实质上就是对有关施工活动和进度的信息不断搜集、加工、汇总、反馈的过程。施工项目信息管理中心要对搜集的施工进度和相关因素的资料进行加工分析，由领导做出决策后，向下发出指令，指导施工或对原计划做出新的调整、部署；基层作业组织根据计划和指令安排施工活动，并将实际进度和遇到的问题随时上报。每天都有大量的内外部信息、纵横向信息流进流出，因而必须建立健全工程项目进度管理的信息网络，使信息准确、及时、畅通，反馈灵敏、有力，以便能正确运用信息对施工活动进行有效控制，这样才能确保施工项目的顺利实施和如期完成。

（三）项目进度管理的办法

1.分析影响工程项目进度的因素

水利水电工程项目的施工具有项目工期长（往往跨四至五年或更长）、地理条件复杂、决定工期的因素众多的特点。编制计划和执行施工进度计划时必须充分认识和估计这些因素，才能克服其影响，使得施工进度尽可能按计划进行。一般影响进度计划的主要因素有：①项目管理内部原因；②相关单位的因素；③不可预见因素。

2.项目进度管理方法

项目进度管理方法主要是规划、控制和协调。规划是指确定施工项目总进度管理目标和分进度管理目标、年进度管理目标，并编制其进度计划。控制是指在施工项目实施的全过程中，进行施工实际进度与施工计划的比较，出现偏差时及时进行调整。协调是指协调与施工进度有关的单位、部门和工作队组之间的进度关系。

3.施工进度管理的主要措施

项目进度管理采取的主要措施有组织措施、技术措施、合同措施、经济措施。

组织措施主要是指：①落实各层次的进度控制人员、具体任务和工作责任；②建立进度控制的组织系统；③按照施工项目的结构、进展阶段或合同结构等进行项目分解，确定进度目标，建立控制目标体系；④确定进度控制工作制度，如检查时间、方法、协调会议时间、 参加人等；⑤对影响进度的因素分析和预测。技术措施主要是采取加快施工进度的技术方法。合同措施是指签订合同时合同条款对合同工期和与进度有关的合同约定。经济措施是指实现进度计划的资金保证措施。

具体的措施种类和主要内容：①管理信息措施：建立对施工进度能有效控制的监测、分析、调整、反馈信息系统和信息管理工作制度，随时监控施工过程的信息流，实现连续、动态的全过程，实现目标控制；②组织措施：建立施工项目进度实施和控制的组织系统，订立进度管理工作制度、检查方法、召开协调会议时间、人员等，落实各层次进度管理人员、具体任务和工作职责，确定施工项目进度目标，建立工程项目进度管理目标体系；③技术措施：尽可能采取先进的施工技术、方法和新材料、新工艺、新技术，保证进度目标实现；落实施工方案，做好设计优化工作，出现问题时要及时调整工作之间的逻辑关系，加快施工进度；④合同措施：以合同的形式保证工期进度的实现。即：保证总进度管理目标与合同总工期相一致；分部工程项目的工期与单位工程总工期目标相一致；供货、供电、运输、构件、材料加工等合同规定的提供服务时间与有关的进度管理目标相一致；⑤经济措施：落实实现进度的保证资金；签订并实施关于进度和工期的经济承包责任制、责任书、合同；建立并实施关于工期和进度的奖惩办法、制度。

4.项目进度管理体系

（1）进度计划体系。进度计划体系的内容主要有：施工准备工作计划、施工总进度计划、单位工程施工进度计划、分部工程进度计划。

（2）项目进度管理目标体系。项目进度管理总目标是依据施工项目总进度计划确定的。对项目进度管理总目标进行层层分解，便形成实施进度管理、相互制约的目标体系。

（3）项目进度管理目标的确定。在确定施工进度管理目标时，必须全面细致地分析与建设工程进度有关的各种有利因素和不利因素，只有这样，才能制定出一个科学的、合理的进度管理目标。确定施工进度管理目标的主要依据有：建设工程总进度目标对施工工期的要求，工期定额、类似工程项目的实际进度，工程难易程度和工程条件的落实情况等。

（4）项目进度管理程序。工程项目进度管理应严格按照以下程序进行进度管理：

根据施工合同的要求确定施工进度目标，明确计划开工日期、计划总工期和计划竣工日期，确定项目分期分批的开竣工日期。

编制施工进度计划，具体安排实现计划目标的工艺关系、组织关系、搭接关系、起止时间、劳动力计划、材料计划、机械计划及其他保证性计划。分包人负责根据项目施工进度计划编制分包工程施工进度计划。

进行计划交底，落实责任，并向监理工程师提交开工申请报告，按监理工程师开工令确定的日期开工。

实施项目进度计划。项目管理者应通过施工部署、组织协调、生产调度和指挥、改善施工程序和方法的决策等，应用技术、经济和管理手段实现有效的进度管理。项目管理部门首先要建立进度实施、控制的科学组织系统和严密的工作制度，然后依据工程项目进度管理目标体系，对施工的全过程进行系统控制。全部任务完成后，进行进度管理总结并编写进度管理报告。

二、项目进度计划的编制和实施

（一）项目进度计划的编制

项目进度计划是表示各项工作（单位工程、分部工程或分项工程、单元工程）的施工顺序、开始和结束的时间以及相互衔接关系的计划。

它既是承包单位进行现场施工管理的核心指导文件，也是监理工程师实施进度控制的依据。项目进度计划通常是按工程对象编制的。

1.项目计划的编制要求

（1）组织应依据合同文件、项目管理规划文件、资源条件与内外部约束条件编制项目进度计划。

（2）组织应提出项目控制性进度计划。控制性进度计划包括：整个项目的总进度计划、分阶段进度计划、子项目进度计划和单体进度计划、年（季）度计划。

（3）项目经理部应编制项目作业性进度计划。作业性进度计划可包括分部分项工程进度计划、月（旬）作业计划。

（4）各类进度计划应包括编制说明、进度计划表、资源需要量及供应平衡表。

2.项目进度计划编制的程序

确定进度计划目标→进行工作分解→收集编制依据→确定工作起止时间及里程碑→处理各工作之间的逻辑关系→编制进度表→编制进度说明书→编制资源需求量及供应平衡表→报批

3.项目进度计划的编制方法

项目进度计划的编制可使用文字说明、里程碑表、工作量表、横道图计划、网络计划等方法。作业性进度计划必须采用网络计划方法或横道计划方法。

（二）项目进度计划的实施

项目进度计划的实施就是施工活动的进展，也就是施工进度计划指导施工活动落实和完成计划。施工项目计划逐步实施的进程就是施工项目建设逐步完成的过程。

1.项目进度计划实施要求

（1）经批准的进度计划，应向执行者进行交底并落实责任。

（2）进度计划执行者应制订实施计划方案。

（3）在实施进度计划的过程中应进行的工作。跟踪检查收集实际进度数据，将收集的实际数据与进度计划数据比较，分析计划执行的情况，对产生的计划变化采取相应措施进行纠偏或调整，检查纠偏措施落实的情况，进度计划的变更必须与有关部门和单位进行沟通。

2.项目进度计划实施步骤

为了保证施工项目进度计划的实施，并且尽量按照编制的计划时间逐步实现，工程项目进度计划的实施应按以下步骤进行：①向计划执行者进行交底并落实责任；②制订实施计划的方案；③跟踪记录、收集实际进度数据；④做好施工中的调度和协调工作。

三、工程项目进度计划的调整

工程项目进度计划的调整应依据进度计划检查结果，在进度计划执行发生偏离的时候，通过对工程量、起止时间、工作关系、资源提供和必要的目标进行调整，或通过局部改变施工顺序、重新确认作业过程等相互协作的方式对工作关系进行的调整，充分利用施工的时间和空间进行合理交叉衔接，并编制调整后的施工进度计划，以保证施工总目标的实现。

（一）分析进度偏差的影响

在工程项目实施过程中，通过比较实际进度与计划进度，发现有进度偏差时，需要分析该偏差对后续工作及总工期的影响，从而采取相应的调整措施对原进度计划进行调整，以确保工期目标的顺利实现。进度偏差的大小及其所处的位置不同，对后续工作和总工期的影响程度是不同的，分析时需要利用网络计划中工作总时差和自由时差的概念进行判断。分析的步骤：分析进度偏差的工作是否为关键线路的关键工作→分析进度偏差是否大于总时差→分析进度偏差是否大于自由时差。

经过如此的分析，进度控制人员可以确认应该调整的产生进度偏差的工作和调整偏差值的大小，以便确定采取调整新措施，获得新的符合实际进度情况和计划目标的新进度计划。

（二）项目进度计划调整方法

当工程项目施工实际进度影响到后续工作、影响总工期，需要对进度计划进行调整时，通常采取两种办法：①改变某些工作的逻辑关系；②缩短某些工作的持续时间。

这里以现代科学管理原理作为基础理论，采用工程进度管理的规划、控制和协调等方法对水利水电工程进度控制和管理进行了较全面的、系统的阐述，就是希望每一个项目管理者能够熟悉和加深项目进度管理基本的思路，使得项目进度管理的规划、控制和协调得以良好地运行。

第二节　水利水电工程进度管理存在的主要问题

一、水利水电工程进度管理对水电建设开发的影响

（一）水电开发的流域化管理

在我国水利水电工程建设中，各流域开发的模式呈现出多样性，有一个流域单个主体开发的模式，也有一个流域多个主体开发的模式。一般来说，大的流域有多个主体开发，小的流域则两种情况都有。

长江干流的开发主体除了三峡总公司外，在长江上游的金沙江中游由中国华电集团公司、中国华能集团公司、中国大唐集团公司、华睿投资集团有限公司和云南省开发投资有限公司等单位共同发起，成立了金沙江中游水电开发有限公司。黄河干流除了与小浪底水利枢纽建设管理局合署办公的黄河水利水电开发总公司外，也于1999年10月在黄河上游成立了黄河上游水电开发有限公司（由原国家电力公司、国电西北公司、青海省投资公司等10个股东共同出资组建），一些相对长江、黄河较小的流域大多成立了合资开发的流域公司：①1987年1月成立的湖北省清江开发公司，1995年8月改为湖北省清江水电投资公司，是我国第一家按现代企业制度组建的流域性水电开发公司，是国务院批准的第一家“流域、梯级、滚动、综合”开发试点单位；②1990年成立的贵州乌江水电开发有限责任公司，于1997年完成改制；③1991年成立了二滩水电开发有限责任公司；④2002年成立了澜沧江水电开发有限

公司；⑤2000年成立了国电大渡河流域水电开发有限公司；⑥2003年成立了云南华电怒江水电开发有限公司。

众多的水电开发公司均有共同的发展理念：①服从大局、服务经济、坚持科学发展，构建高效、和谐、平安的水电开发公司；②环保开发，和谐开发，加速开发，以人为本、全面协调、可持续的科学发展观；③“五位一体”的管理理念：设计是龙头，项目的成败、投资的高低很大程度上取决于设计的质量和投入；施工是关键，设计再好，施工不到位就是从理论到实践的桥梁断了，施工是连接理论和实践的桥梁；监理是保障，施工进度是赶出来的，不是监理出来的，但是监理作为独立的第三方起到监督保障作用，从工程质量、工程进度、安全控制、环保控制这些方面能对工程起到监督保障的作用；投资方是主导，能否以最低的成本、最快的速度、最好的资源把项目建设起来，投资方的想法很重要。投资方的想法必须符合科学、符合规律、符合法律，在整个建设中要起主导作用；在任何一个地方，能不能有一个好的建设环境，能不能处理好与当地的利益关系，有政府支持是非常重要的。

水利水电工程进度管理对水电建设开发的影响是巨大的，水利水电工程的进度管理属于工程项目管理的范畴。工程项目管理在我国已经推行了多年，并且已经形成了一套较为系统的理论、经验和方法，已经建成了一批项目管理较为成功的代表性大中型工程项目，比如二滩水电站、广州抽水蓄能电站、小浪底水电站、公伯峡水电站、桐柏水电站、丹江口水电站、龙滩水电站等。

（二）工程进度管理对水电开发的影响

水电工程进度管理对水电建设开发主要有以下几方面的影响：①进度计划控制是水电工程建设管理的关键环节，制订科学严密的工程进度计划是实现工程总体建设目标的前提和基础，总的工程进度计划的好坏直接影响到施工计划、机电物资计划、移民计划、资金筹集计划、资金使用计划和单个项目的水电建设开发，影响到流域水电开发计划的实现；②进度计划的执行同样是计划控制的重要环节，单个标段进度执行的好坏直接影响到整个项目开发目标的实现；③合理、科学的进度计划，必须有科学的管理方法和合同约束条件，投资方要以最低的成本、最快的速度、最好的资源把项目建设起来；

工程承包方要实现利益最大化的合同目标，双方的利益均要实现最大化；实现共赢是最佳的选择，以合同为依据、以合同为准绳，任何不严密（缺少约束）的条款都会导致履约双方的困难；④重要节点目标进度控制一旦失控，将会导致整体进度计划延误。水利水电是同洪水、汛期赛跑的建设项目，错过工期意味着损失一年，比如，大江截流必须在最枯水时段截流，否则，将会加大截流风险，严重的事件甚至会导致截流失败，工期滞后一年，损失巨大；坝体不能按期挡水，不能拦蓄洪水，将无法实现发电目标等。

二、水电建设进度管理存在的主要问题

（一）水利水电建设工程总进度计划的编制和执行

水利水电工程建设总进度计划的编制和执行是工程建设管理的重要环节，科学、合理、细致地编制总进度计划是项目建设的前提。这里探讨的重点是在合理的总进度计划的基础上，如何去执行以及如何执行好总进度计划。

1.进度计划控制和执行

根据总进度计划目标，编制年、季度投资计划，并根据投资计划编制好年、季、月施工计划、机电物资计划、移民计划、资金筹集和使用计划、招投标计划。

2.工程项目的招投标工作的有序开展

招投标工作是应用技术经济的评价方法和市场竞争机制的作用，通过有组织地开展择优成交的一种相对成熟、高级和规范化的交易方式，目的就是发包人选择一家报价合理、响应性好、施工方案可行、发包人投资风险最小的合格中标人中标。中标人必须能够最大限度地满足投标文件中规定的各项综合评价标准，能够满足招标文件的实质性要求，并且经评审的投标价格最低。

3.中标承包商实施阶段施工组织设计的编制审定和计划执行

实施阶段的施工组织设计就是针对施工安装过程的复杂性，用系统的思想并遵循技术经济规律，对拟建工程的各阶段、各环节以及所需的各种资源进行统筹安排的计划管理行为，努力使复杂的生产过程，通过科学、经济、

合理的规划安排，使建设项目能够连续、均衡、协调地进行施工，满足建设项目对工期、质量、安全、投资方面的各项要求，实现项目建设目标。

经过审定的施工组织设计在执行中，要切实做好施工组织设计的交底工作，制订各项规章制度，实行各种经济承包制度，搞好施工的统筹安排和综合平衡，在这个过程中发现问题并及时进行调整施工组织设计，使之更切合实际。

（二）目前水电建设进度管理中存在的主要问题

（1）资信（资质和信誉）管理力度不足，造成企业社会资信度不高。企业多种失信行为屡屡发生，主要包括拖欠款、违约、侵权、虚假信息、假冒伪劣产品、质量欺诈等；很多企业把诚信当成权宜之计，把合同关系当成隶属关系，以权、以势压人；有些企业利用占有国家垄断资源的有利条件要挟合作方；更有甚者为了蝇头小利，以假冒伪劣的产品来欺瞒，遗祸百年。

（2）招投标市场的竞争环境与公平竞争监管疲软，造成竞争有失公允，利用招投标平台搞关系平衡。2000 年 1 月 1 日我国颁布《中华人民共和国招投标法》，相应的招投标法规和实施细则使招投标工作取得了稳步、有序、深入的发展，逐步形成了公开、公正、公平的建筑市场的招投标的良好环境，并取得了较大的发展与进步。但是，个别企业和个人仍然无视法律法规，铤而走险，投招标监管不力为不法行为提供了滋生条件和温床，出现关系平衡决标和联合围标的现象，使得工程项目在投标阶段即出现“工程上马，干部下马”；投标成本挤占工程建设成本，施工中偷工减料，为降低成本使用劣质产品；施工中为降低成本，选择无资质、无信誉的合作分包商，以劣充好，降低资质等级，降低施工质量标准，恶意制造工程变更、拖延工期、要挟工程建设进度等问题。

（3）合同条件各方约束不足，履约中无相关条款或条款有漏洞导致履约困难，推诿扯皮。如，某工程合同中约定“项目经理每年在施工现场的工作时间不得低于 305 天，否则将按 5 万元/每天接受处罚”，这样的约定显得非常苛刻，但是它的真实目的是为了保证实现工程进度、质量、安全目标，这样的约定使得履约双方有了执行的标准。

（4）实施过程中施工组织设计进度调整的责任确定缓慢：这种情况出现的原因，一般是合同条款的约定不确定、含糊其辞；实施过程中缺少共同认定的规定条款，致使问题长时间搁置，时间长了大家只能靠回忆录去判断责任，靠意愿和需要去确定责任、处理工程变更。

（5）工程建设中进度、质量、安全、投资协调控制不足。这个问题的提出，主要是我们往往不能正确处理和协调进度、质量、安全、投资的关系，片面地强调某一方面重要，而忽视另一方面或多方面的影响。四个方面的控制应该是：重点突出、齐头并进、缺一不可。很多管理人员可能不理解，管安全的一定要“安全第一”、管质量的一定要“百年大计质量第一”。任何一个企业都必须建立以人为本、关爱生命的理念，但是我们必须清醒地认识到这四者是相互依存、相互支撑、协调发展、共同提高的整体，缺一不可。在水利水电工程建设中经常会出现工程进度滞后，管理者采取“大干××天、实现××目标”“努力拼抢、实现年内目标”等办法，实际上就是“赶工和抢工”。可以想象，在“赶工和抢工”的氛围中，要想保证安全和质量，有效控制成本是很难的。

（6）参建各方综合信心不足。信心不足实际上就是社会诚信不足，一是对社会诚信体系信心不足，二是对合作方的诚信不足产生质疑，三是对自己企业的竞争实力和诚信度产生怀疑。信心不足除了对工程的难易、复杂程度认识不足、对技术工艺水平谙熟差距判读不足、自身管理经验不足外，重要的就是对社会、企业诚信的认知不足。

第三节　水电建设进度控制的合同管理

水电建设进度管理属于工程项目管理的范畴，建设部于2002年颁布了《建设工程项目管理规范》（GB/T50326－2001），该规范的颁布实施对提高我国的工程项目管理水平起到了很好的推动作用。但随着近年来我国国民经济的不断快速发展，工程项目管理水平也得到了空前迅猛的发展与提高，特别是我国加入WTO后，国内建设工程市场逐步对外开放，这也对我国广大建筑工程施工企业提高自身的工程项目管理水平提出了更高的要求。原有的《建设工程项目管理规范》（GB/T50326－2001）已经不能满足工程项目管理发展的要求，建设部对《建设工程项目管理规范》（GB/T50326－2001）进行了修订，并于2006年6月21日正式颁布了新版《建设工程项目管理规范》（GB/T50326－2006），自2006年12月1日实施。我们就是要规范合同管理，通过实践到理论再到实践的过程，更加完善合同条款的约定，使得每一项工作内容都有款可查、有款可依、条款公正公平。

一、建设工程企业资信（资质和信誉）管理

资信管理问题是源头，这些问题的解决不仅限于某一部门，水利水电工程建设管理工作事关经济社会发展大局，国家高度重视，社会非常关注，群众也非常关心。要坚持求真务实，坚持改革创新，坚持规范执法，坚持关注民生，加强调查研究，创新工作机制，解决突出问题，不断提高工程建设管理水平。

（1）规范建筑市场秩序必须注重长效机制建设，要按照工程建设的规律，严格实施法定基本建设程序，抓住关键环节，强化建筑市场和施工现场的“两场”联动管理，实现属地化、流域化、动态化和全过程监管。

（2）逐步形成行政决策、执行、监督相协调的机制。要将涉及建筑市场监督管理的建筑业管理、工程管理、资质和资格、招标投标、工程造价、质量和安全监督以及市场稽查等相关职能机构进行协调，实现联动，相互配合。国家监督管理既分工管理又联动执法，既不重复执法又不留下空白，进行全过程、多环节的齐抓共管。

（3）将制度性巡查与日常程序性管理相结合，形成建筑市场监督管理的合力和建筑市场闭合管理体系，共同促进建筑市场的规范。

（4）要按照国务院新发布的《政府信息公开条例》，加快建筑市场监督管理信息系统建设，加大计算机和信息网络技术在工程招标投标、信用体系建设、施工现场监管、工程质量安全监管、施工许可、合同履约跟踪监管中的应用，并实现信息在建筑市场监管职能机构之间的互联、互通和信息共享，

强化政府部门对工程项目实施和建筑市场主体行为的监管，并逐步形成全国建筑市场监督管理信息系统；要加快电子政务建设，强化公共服务职能，方便市场主体，及时全面发布政策法规、工程信息、企业资质和个人执业资格等相关信息，全面推行政务公开，不断提高行政行为的透明度和服务水平。

（5）流域开发的建设更要建立和完善信誉评测制度和评测办法，建立“黑名单”“不良记录”。这个评测要有监督机制，建设各方均要在项目建设中阶段性地接受参建各方的评测和监督。评测的结果直接影响建设企业的资信评定。

（6）除了建设企业的资信评定，还要对企业的主要管理者建立资信评测制度，建立“责任人黑名单”“责任人不良记录”。

所以，我们必须对进入水利水电工程建设的建筑企业和达成相关合作协议的企业建立资信审核、评测制度。

二、招投标市场的竞争环境与公平竞争

我国实行建设工程项目招投标制度已经有多年，并取得了较大的发展与进步，2000 年 1 月 1 日我国推广实施《中华人民共和国招投标法》以后，各地也相应地制订了招投标法规和实施细则，这使管理工作取得了稳步、有序、深入的发展，逐步形成了公开、公正、公平的建筑市场的招投标的良好环境。但是受社会环境、经济环境、传统文化、法制建设、管理体制、精神文明程度等多种因素的影响，总是存在着这样或那样的问题，个别企业和个人仍然无视法律法规，铤而走险，投招标监管不力为不法行为提供了滋生条件的温床，导致出现关系平衡决标和联合围标的现象。

（一）监督管理不到位

1.招投标环境中存在同体监督

《中华人民共和国招投标法》条款清晰、定位准确、涵盖面广，是一部能够很好指导、规范和约束我国投招标工作的大法。但是在执行过程中，监督缺位的现象是普遍存在的，招投标监督管理部门对招投标过程中的违法违

规行为不履行或不正确履行其监管职责，在建设工程招投标后（或工程建成投产后），存在“工程上马、干部下马”的现象，说明我们的监督机构不能在过程中实施监督，在监督管理上存在监督管理体制混乱的现象；当前的招投标活动，省、市、县项目按行政隶属分别由各省、市、县的行业行政主管部门组织、管理、监督，而各地、各行业行政主管部门彼此没有联系，没有一个统一的、有权威的、强有力的、比较“超脱”的管理监督机构对各类招投标活动进行有效的监督管理。按现行的职责分工，对于招投标过程中出现违法活动的监督执法，分别由有关行政主管部门负责并受理投标人和其他利害关系人的投诉，也就是说，城建、水利、交通、铁道、民航、信息产业等行业和产业项目的招标投标活动的监督执法，分别由其行政主管部门负责，这实际上是一种同体监督的体制。

我们不能老去做“亡羊补牢”的事情，我们要做“防患于未然”的准备，要从源头抓起。这个源头是什么呢？

《中华人民共和国招投标法》第十二条规定：“招标人有权自行选择招标代理机构，委托其办理招标事宜。任何单位和个人不得以任何方式为招标人指定招标代理机构。招标人具有编制招标文件和组织评标能力的，可以自行办理招标事宜。任何单位和个人不得强制其委托招标代理机构办理招标事宜。依法必须进行招标的项目，招标人自行办理招标事宜的，应当向有关行政监督部门备案。”这个源头就是：完善的、具有市场运行环境和运行能力的招投标代理机构，或者是项目管理公司一类的专业的市场运行的公司。没有这样的一个市场，就会导致招标人自行办理招标事宜，而仅仅在有关行政监督部门备案。行政监督部门缺少专业的建设工程管理人员，很难做到过程中有效监督、管理。这种情况在招投标市场中表现得尤为明显。如：在某些地方和行业保护思想严重，公开、公正、公平竞争的招投标市场环境未完全建立，在招标的过程中存在着明显的倾向性，致使一些有实力的企业望而却步，被拒在竞争的行列之外。项目资金没有到位或者资金根本没有落实，手续不全就上项目的现象依然存在，严重违反了基本建设的程序和规律，扰乱了基本建设的市场秩序；招标主体碍于国企领导的颜面，有了打招呼、搞平衡等情况，搞平衡标；投标主体为了中标，采取非法手段买标的、买报价，搞围标报价等。

2.怎样规避同体监督问题

我们知道，全世界所有国家的体育比赛规则是公平公正的，体育赛事的监督管理体制是比较完善的；体育比赛倡导的是强、快、美。而招投标倡导的是质优、价廉、诚信；共同的特征是以其竞争机制为其本质属性。在体育比赛场上有三个主要角色：裁判员、运动员、运动场，还有运动会管理委员会和赛场上的观众。委员会是制定规则的人，同时也是监督人和仲裁人，裁判员是规则的执行人，运动员是比赛的主体，运动场是保障比赛公平公正的基础平台，运动场上的观众对比赛的公正性和艺术水平做出评判。在这个竞争激烈的比赛场上，每个角色都是非常重要、不可缺少的。招投标人好比运动员，完善的招投标市场和环境就是运动场，监督机构和社会公众好比是裁判员。在运动的比赛中，运动场和运动规则的建立是问题的关键。

在投招标活动中，建立完善的、具有市场运行环境、丰富运行能力的招投标代理机构（或者是项目管理公司一类的专业的市场运行的公司）和招投标规则平台，以及对此平台的监督管理机制的进一步完善，是解决投招标管理和监督问题的源头。

（二）领导干预或行业垄断决定招投标的现象仍然存在

大中型水利水电工程建设的参建各方基本是国企，我们称呼企业的领导为“国企老总”，他们是有很强的组织观念的。但总有一些“国企老总”“行政领导”，无视国家法律法规，打招呼、写条子，严重干扰投招标活动。

行业垄断是指政府或政府的行业主管部门为保护某特定行业的企业及其经济利益而实施的排斥、限制或妨碍其他行业参与竞争的行为。然而，行业垄断虽然与地区垄断有相似之处，但行业垄断毕竟有自身独特的特点，如果将其归入地区垄断之列，无论在理论上还是实践上均会显得牵强。行业垄断与地区垄断的区别在于：首先，行业垄断保护的是部门或行业利益，地区垄断保护的是地方利益。其次，行业垄断排斥的是不同部门或行业之间的竞争，甚至包括同一地区不同部门之间的竞争，地区垄断排斥的是不同地区之间生产同类产品的企业之间的竞争；再次，行业垄断的结果是形成行业封锁或部门封锁（即条状封锁），而地区垄断的结果则是导致地区封锁（即块状封锁）；最后，行业垄断的实施者主要是行业的政府主管部门，地区垄断的实施者则主要是政府。

1.行业垄断的表现形式

（1）限定他人购买其自己的或者其指定的其他经营者的商品（包括服务），其情形是多种多样的。

（2）以检验商品质量、性能或者以拒绝或拖延提供服务、滥用收费等方式，阻碍他人购买、使用其他经营者提供的符合技术标准要求的其他商品，或者对不接受其不合理条件的用户、消费者拒绝、中断或者削减供应相关商品，迫使他人购买其指定的商品。

（3）一些行业垄断者与行政机关或者公用企业等相互串通，借助他人的优势地位实施限制竞争行为。

（4）利用交叉补贴等手段排挤他人的公平竞争。

2.行业垄断和地区垄断的弊端

一是消费者的利益受到损害，二是影响内需的扩大，三是影响其他产业的发展。我国客观存在流域开发公司对国有流域水资源流域垄断的现实，其他行业投标、招标垄断也是客观存在的。中国已经加入了WTO多年，国际竞争国内化的态势已十分明朗，竞争也将日趋激烈。自然垄断部门多是国民经济中的基础性、命脉性部门，如果不能在较短的时期内克服自然垄断部门存在的上述问题，最终势必将严重影响到中国经济的国际竞争力。

三、关于进度的合同条件规定

（一）合同的含义

合同是指平等主体的双方或多方当事人（自然人或法人）关于建立、变更、消灭民事法律关系的协议。此类合同是产生债的一种最为普遍和重要的根据，故又称债权合同。《中华人民共和国合同法》所规定的经济合同，属于债权合同的范围。合同有时也泛指发生一定权利、义务的协议，又称契约。

合同是双方的法律行为。即需要两个或两个以上的当事人互为意思表示（将能够发生民事法律效果的意思表现于外部的行为）。双方当事人意思表示须达成协议，即意思表示要一致。合同是以发生、变更、终止民事法律关系为目的。合同是当事人在符合法律规范要求条件下而达成的协议，故应为合法行为。合同一经成立即具有法律效力，在双方当事人之间就发生了权利、义务关系；或者使原有的民事法律关系发生变更或消灭。当事人一方或双方未按合同履行义务，就要依照合同或法律承担违约责任。

（二）国内水利水电工程施工合同关于进度管理的合同条款约定与完善（未注明的均为专用条款）

在国内水利水电建设过程中，业主、设计、监理、政府、承包人都在强调：百年大计、质量第一，安全第一、预防为主，把质量和安全放在工程建设的首位。这样的理念和实际的做法是企业发展的生命，指导着我们质量和安全的工作。我们在这里重点叙述的是“进度”，在我们的工作中，我们常说：不能以牺牲质量、牺牲安全为代价去盲目追求进度，进度是可以抢回来的，失去了质量和安全就等于失去了企业发展的生命。很多项目就是在拼抢进度的时候忽视了安全，酿成了安全事故，终生遗憾，为此付出失去生命、人身自由的沉重代价；还有很多项目在拼抢进度的时候，不再重视质量，采取偷工减料、以次充好、以假代真、降低质量标准等各种办法，结果可想而知。

造成这样结果的原因有很多，有利益驱使、野蛮施工、树碑立传、歌功颂德等，但是赶工期、抢进度、大干快上是其中一个重要的原因。时常可以看到施工工地挂着这样的标语横幅“大干100天、实现年底生产目标”“努力拼抢、完成度汛目标”“精心组织、努力拼搏、实现大坝浇筑目标”等。实现年度目标靠的是精心的计划、科学的管理、严谨的工作、实事求是的态度。综合管理、均衡生产，向管理要综合效益，实现质量、安全、效益、进度共赢，是我们每一个管理者要思考和努力的大事。

1.合同进度计划

通用条款约定（专用条款：执行通用条款）：承包人应按本合同《技术条款》规定的内容和期限以及监理人指示，编制施工总进度计划报送监理人审批。监理人应在本合同《技术条款》规定的期限内批复承包人。经监理人批准的施工总进度计划（称合同进度计划），是控制本工程合同工程进度的依据，并据此编制年、季和月进度计划报送监理人审批。在施工总进度计划批准前，应按签订协议书时商定的进度计划和监理人的指示控制工程进展。

2.修订进度计划

（1）通用条款。不论何种原因在发生工程的实际进度与条款所述的合同进度不符时，承包人应按监理人的指示在28天内提交一份修订进度计划报送监理人审批，监理人应在收到该计划后的28天内批复承包商。批准后的修订进度计划作为合同进度计划的补充文件。

不论何种原因造成施工进度计划拖后，承包人均应按监理人的指示，采取有效的措施赶上进度。承包人应在向监理人报送修订进度计划的同时，编制一份赶工措施报告报送监理人审批，赶工措施应以保证工程按期完工为前提调整和修改进度计划。

（2）专用条款。修订后：不论何种原因发生工程的实际进度与条款所述的合同进度不符时，承包人应按监理人的指示在7天内提交一份修订进度计划报送监理人审批，监理人应在收到该计划后的7天内批复承包商。批准后的修订进度计划作为合同进度计划的补充文件。

说明：专用条款对通用条款进行修订，主要是对承包商上报时间和监理人批复时间的修订，即28天改为1天，这种修订更加强调工期的重要性和紧迫性。

3.工期延误

发包人工期延误（通用条款）：

在施工过程中发生下列情况之一使关键项目的施工进度计划拖后而造成工期延误时，承包人可要求发包人延长合同规定的工期。①增加合同中任何一项的工作内容；②增加合同中关键项目的工程量超过15%；③增加额外的工程项目；④改变合同中任何一项工作的标准或特性；⑤本合同中涉及的由发包人引起的工期延误；⑥异常恶劣的气候条件；⑦非承包商原因造成的任何干扰或阻碍。

若发生上面条款所列的事件时，承包人应立即通知发包人、监理人，并在发出该通知后的28天，向监理人提交一份细节报告，详细说明发生该事件的情节和对工期的影响程度，并按“修订进度计划条款”的规定修订进度计划和编制赶工措施报告报送监理人审批。若发包人要求修订的进度计划应保证工程按期完工，则应由发包人承担由于采取赶工措施所增加的费用。

若事件的持续时间较长或影响工期较长，当承包人采取了赶工措施而无法实现工程按期完工时，除应按上述2项规定的程序办理外，承包人应在事件结束的14天内，提交一份补充细节报告，详细说明要求延长工期的理由，并修订季度计划。此时发包人除按上述2项规定承担赶工费用外，还应按以下第3款规定的程序批准给予承包人延长工期的合理天数。

监理人应及时调查核实上述第2和第3项中承包人提交的细节报告和补充细节报告，并在修订进度计划的同时，与发包人和承包人协商确定延长工期的合理天数和补偿的合理额度，并通知承包人。

承包人要求延长的处理：

若发生1款所列的事件时，承包人应立即通知法定发包人和监理人，并在发出该通知后的14天，向监理人提交一份细节报告，详细说明发生该事件的情节和对工期的影响程度，并按“修订进度计划条款”的规定修订进度计划和编制赶工措施报告报送监理人审批。若发包人要求修订的进度计划应保证工程按期完工，则应由发包人承担由于采取赶工措施所增加的费用。

说明：发包人一般情况下是强势方，对强势方的合同约束要放在合同相应部位之前，以显示合同双方的公平地位。

承包人的工期延误：

由于承包人原因未能按合同进度计划完成预定工作，承包人应按“修订计划条款”的规定采取赶工措施赶上进度。若采取赶工措施后仍未能按合同规定的完工日期完工，承包人除自行承担采取赶工措施所增加的费用外，还应支付逾期完工违约金。逾期完工违约金额规定在专用条款中。若承包人的工期延误构成违约时，应按承包人违约规定办理。

承包人未能按合同规定的项目完工时间完成施工，则应按本款规定向业主支付逾期完工违约金。

说明：在国内的水电建设中，政府、业主、设计、监理、承包商组成的

“五位一体”中，处于弱势方地位的是承包商，这是不争的事实。在工期延误的条款中，发包人工期延误的界定比较全面，并且把因发包人工期延误造成的“赶工”实现合同目标的费用和“赶工”后无法实现合同目标费用的处理约定得要尽可能地详尽和全面。在专用条款中把处理时间缩短为14天，这样做是为了更好地使合同有利于处于弱势方的承包商，加快处理进程，减少工程建设的损失。

但是，在承包人的工期延误的合同约定中，体现的是专用条款的“承包人未能按合同规定的项目完工时间完成施工，则应按本款规定向业主支付逾期完工违约金”。这个预期违约金的累计额度不超过合同价格的10%，这个处罚的约定也必须详尽和全面，利于过程中操作。

我们知道，水电建设工期有其特殊的一方面，一旦控制工期不能按期完工，将会导致工程推迟一年。比如水电工程的导流、截流项目，下闸蓄水项目等，必须要在汛期到来前实现计划度汛目标。我们不妨来算一笔账，以5亿元人民币的合同价格为例：一旦因承包人延误工期，导致所有要求完工的项目滞后一年工期，按违约金表计算，承包人应受到预期违约金罚款，罚款额达8395万元，按照预期违约金不超过合同价格10%的处罚金额达5000万。这样的处罚结果在目前的国内水电施工企业中执行的可能性虽然很小，几乎不可能执行，但是，这样的条款是足以对承包人产生威慑作用的。

4.承包人违约

发生下列行为之一者属承包人违约。在本合同时实施过程中，发生承包人违约事件，承包人应按本合同规定向业主支付违约金。

（1）承包人无正当理由未按开工通知的要求及时组织施工和未按签订协议书时商定的进度计划有效地开展施工准备，造成工期延误，违约金按“逾期违约金表”的规定办理。

（2）承包人违反合同“承包人不得将其承包的工程以任何形式分包或转让出去，承包人确定要进行专业分包的，必须经监理人和业主同意”条款的规定，私自将工程或工程的一部分分包出去。取消分包并处以分包工程合同金额5%的罚金。

（3）未经监理人和业主批准，承包人私自将已按合同规定进入工地的工程设备、施工设备（包括业主提供的施工设备）撤离工地。违约金为每台 5 万元。

（4）承包人违反“不合格的工程、材料和工程设备的处理”条款规定：使用了不合格的材料或工程设备，并拒绝按监理工程师要求处理不合格的工程、材料或工程设备。违约金为所使用材料或工程设备价值的 2～3 倍。

（5）由于承包人原因拒绝按合同进度计划及时完成合同规定的工程，而又未按“承包人工期延误”条款规定采取有效措施赶上进度，造成工期延误，违约金按“预期违约金表”的规定办理。

（6）承包人在保修期内拒绝按“工程保修期”的规定和工程移交证书中所列的缺陷清单内容进行修复，或经监理人检验认为修复质量不合格而承包人拒绝再进行修补。业主将扣留质保金，并从保留金中支取款项修复缺陷。修复缺陷所需的金额超过保留金时，业主将向承包人追索超额部分。

（7）承包人否认合同有效或拒绝履行合同规定的承包人义务，或由于法律、财务等原因导致承包人无法履行或实质上已停止履行本合同的义务，业主可解除合同，并没收履约保证金。业主将依法向承包人追索其合同责任。

（8）承包人未按其投标承诺按期调遣主要施工设备及主要人员（项目经理、项目总工、地质专业负责人、安全工程师、施工安全检测技术负责人、总质检工程师和其他主要专业技术人员等）进场，或进场的施工设备不能满足工程质量和进度要求。发生本项所述的违约，承包人应按下表所列金额向业主支付相应的违约金。

（9）未经业主和监理人同意，更换项目经理或项目总工。违约金 50 万元/人次。

（10）承包人项目经理或项目总工未经业主或监理人同意擅自离开工地。违约金 1 万元/天。

（11）承包人违反合同中有关水保环保的规定弃渣或排放施工废水废浆等。违约金：弃渣 5 万元/车次；排放施工废水废浆：5 万元/次。承包人发生本项规定的违约行为后，应按监理人的指令在规定的时间内对弃渣和排放施工废水废浆进行清理，否则，业主有权委托其他承包人实施清理工作，所需费用由承包人承担。

（12）地下工程开挖施工中通风散烟不满足合同中有关环境保护的要求。违约金：2 万元/次（此项违约金不包括政府环保部门对承包人作出的罚款处罚的金额）。

（13）当项目不能满足合同工期要求，并且经业主、监理人判断工程存在潜在的重大节点不能实现的情况下，业主、监理人将要求承包人第一责任人到施工现场开展工作，在规定的时间承包人第一责任人不能到位开展工作。违约金：50 万元/人次。

（14）承包人拒不执行监理人“关键线路工期滞后增加资源”的指令。违约金：5 万元/次。

上述违约金从当月的工程结算款中扣除。

5.对承包人违约发出警告的合同条款

（1）承包人发生 4 款及其他规定的违约行为时，监理人应及时向承包人发出书面警告，限令其在收到书面警告后 7 天内予以改正。承包人应立即采取有效措施认真改正，并尽可能挽回由于违约造成的延误和损失。由于承包人采取改正措施所增加的费用，应由承包人承担。

（2）承包人的主要施工设备不能按其承诺及时进场，或所进场的施工设备不能满足工程质量和进度要求时，业主有权从承包人的履约保函中提取款项购买或租赁工程所需的施工设备供承包人使用，所需费用由承包人承担。

（3）承包人在收到书面警告后 7 天仍不采取有效措施改正其违约行为，继续延误工期或严重影响工程质量，甚至危及工程安全，监理人可暂停支付工程价款，并按“监理人停工指示的工作程序”的相关规定暂停其工程或部分工程施工，责令其停工整顿，并限令承包人在 7 天内提交整改报告报监理人。由此增加的费用由承包人承担。

（4）发生以上情况，业主或监理人立即将书面警告抄送承包人法人，承包人法人必须在 7 天内予以书面答复。

（5）监理人发出停工整改通知 7 天后，承包人继续无视监理人的指示，仍不提交整改报告，也不采取整改措施，则业主可通知承包人解除合同。业主发出通知 7 天后派员进驻工地直接接管工程，另行组织人员或委托其他承包人施工，但业主的这一行为不免除承包人按合同规定应负的责任。

（6）承包人主要施工设备或人员不能及时进场或不能满足施工质量或施工进度要求时，业主有权解除合同，并要求承包商立即退场。业主将派员进驻工地直接接管工程，使用承包商设备、临时施工材料，另行组织人员或委托其他承包人施工，但业主的这一行为不免除承包人按合同应负的责任。

（7）承包人在组织施工的过程中，严格按照年度、季度编制月进度计划，并将月进度计划分解成周计划、日计划；严格按照计划组织生产资源；严格执行月计划、周计划，当月无特殊情况，月计划实际完成产值、施工比例低于计划的 80%，业主对承包人项目经理处罚 5000 元/月，连续三个月实际月产值或施工低于月计划的 80%，业主将责成项目经理退场，承包人必须无条件地另选项目经理接任。新任项目经理必须在业主要求原任项目经理退场之日起 7 天内进场，新任项目经理的月计划考核时间从其进场的第三个结算月起计。

（8）承包人未完成月计划，业主将未完成计划部分产值的 5%的金额在结算时扣减，并将此费用纳入对承包人奖励的综合奖励基金。同时强调：合同中的其他罚款一并进入综合奖励基金。

说明：条款（7）主要是对项目进度情况的约定，项目经理是工程项目管理的关键，虽然在进度不能满足时对项目经理的处罚有些严厉，但对工程的管理是有益的，还可以适当增加工程进度最终结果满足合同要求的状况下的奖励措施。条款（8）主要是对处罚金额使用的约定，一定要把每个标段的处罚金额用于项目的综合奖励上，综合奖励的范围应该是以整个建设工程项目的目标为奖励对象。

6.发包人违约

（1）在履约合同过程中，发包人发生下述行为之一者属发包人违约。

发包人未能按合同规定的内容和时间提供施工用地、测量基准和应有发包人负责的部分准备工程等承包人施工所需的条件。

发包人未能按合同规定的期限向承包人提供应有发包人负责的施工图纸。

发包人未能按合同规定的时间支付各项预付款或合同价款，或拖延、拒绝批准付款申请和支付凭证，导致付款延误。

由于法律、财务等原因导致发包人已无法继续履行或实质上已停止履行本合同的义务。

（2）承包人有权暂停施工。

若发生第 6 款（1）中前两项违约时，承包人应及时向发包人和监理人发出通知，要求发包人采取有效措施限期提供上述条件和图纸，并要求延长工期和补偿费用。监理人收到承包人通知后，应立即与发包人和承包人共同协商补救办法。由此增加的费用和工期延误责任，由发包人承担。

发包人收到承包人通知后的 28 天内未采取措施改正，则承包人有权暂停施工，并通知发包人和监理人。由此增加的费用和工期延误责任，由发包人承担。

若发生第 6 款（1）中第三项的违约时，发包人应按规定加付逾期付款违约金，逾期 28 天仍不支付，则承包人有权暂停施工，并通知发包人和监理人。由此增加的费用和工期延误责任由发包人承担。

（3）发包人违约解除合同。

若发生第 6 款（1）中后两项的违约时，承包人已经按第 6 款（2）中的规定发出通知，并采取了暂停施工的行动后，发包人仍不采取有效措施纠正其违约行为，承包人有权向发包人提出解除合同的要求，并抄送监理人。发包人在收到承包人书面要求后的 28 天内不答复承包人，则承包人有权立即采取行动解除合同。

说明：这一条款的约定主要是对发包人的约束，同时强调违约情况下承包人采取暂停施工的合法性，解除合同后的经济赔偿和工程已经施工部分的付款问题在其他条款中会有明确的约定。

四、监理人在施工合同中的条款

（一）监理人和监理工程师

工程项目建设监理是监理单位受项目法人委托，依据国家批准的工程项目建设文件、有关工程建设法律、法规和工程建设监理合同及其他工程建设合同，对工程建设实施监督管理；总监理工程师受监理单位委托，代表监理单位对工程项目监理的实施和管理全面负责，行使合同赋予监理单位的权限，对工程项目监理的综合质量全面负责，并授权监理工程师负责某子项目监理工作。

（二）国内工程建设项目施工合同中对监理人责任和权限的专用条款

在这些权限中我们把众多的权限名称（审核权、评审权、核查权、审查权）共同用“评审权”予以替代，共同的表述为：调查核实并评定正确与否。以便于合同各方更加完整地理解和解释监理人的权限定义。

1.在施工合同实施中，业主赋予监理人以下权限：

（1）对业主选择施工单位、供货单位、项目经理、总工程师的建议权。

（2）工程实施的设计文件（包括由设计单位和承包人提供的设计）的评审权，只有经过监理人加盖公章的图纸及设计文件才成为承包商有效的施工依据。

（3）对施工分包人资质和能力的评审权。

（4）就施工中有关事宜向业主提出优化的建议权。

（5）对承包人递交的施工组织设计、施工措施、计划和技术方案的评审权。

（6）对施工承包人的现场协调权。

（7）按合同规定发布开工令、停工令、返工令和复工令。

（8）工程中使用的主要工艺、材料、设备和施工质量的检验权和确认权、质量否决权。

（9）对承包人安全生产与施工环境保护的检查、监督权。

（10）对承包人施工进度的检查、监督权。

（11）根据施工合同的约定，行使工程量计量和工程价款支付凭证的评审和签证权。

（12）根据合同约定，对承包人实际投入的施工设备有审核和监督权。

（13）根据施工合同约定，对承包人实际投入的各类人员（项目经理、项目总工、主要技术和管理人员、检测、监测、施工安全监督及质检人员等）的执业能力有评审权。

（14）危及安全的紧急处置权。

（15）对竣工文件、资料、图纸的评审权。

（16）对影响到设计及工程质量、进度中的技术问题，有权向设计单位提出建议，并向业主做出书面报告。

（17）监理人收到业主或承包人的任何意见和要求（包括索赔），应及时核实并评价，再与双方协商。当业主和承包人发生争议时，监理人应根据自己的职能，以独立的身份判断，公正地进行调解，并在规定的期限内提出书面评审建议。当双方的争议由合同规定的调解或仲裁机关仲裁时，应当提供所需的事实材料。

2.监理人在行使下列权利时，必须得到业主的书面批准或认可

（1）未经业主同意，承包人不得将其承包的工程以任何形式分包出去。对于合同工程中专业性强的工作，承包人可以选择有相应资质的专业承包人承担。无论在投标时或在合同实施过程中，承包人确定要进行专业分包的，必须经监理人和业主同意，并应将承担分包工作分包人的资质、已完成的类似工程业绩等资料（投标时应随同资格审核资料一起）提交监理人和业主评审。经监理人和业主同意的分包，承包人应对其分包出去的工程以及分包人的任何工作和行为负全部责任。分包人应就其完成的工作成果向业主承担连带责任。承包人应向监理人和业主提交分包合同副本。

承担合同压力钢管制造的分包人应具有政府主管部门核发的大型压力钢管生产许可证。除合同另有规定外，承包人采购符合合同规定标准的材料不要求承包人征得监理和业主同意。承包人应将所有劳务分包合同的副本提交监理人和业主备案。对于专业性很强的工作，必要时业主有权要求承包人选择专业分包人。因实施该专业分包工作引起的费用变化和风险由承包人承担。

（2）发生“工期延误”条款规定的情况，需要确定延长完工期限。

（3）发生“工程变更”条款规定的情况，需要做出工程变更决定。

（4）发生“备用金”条款规定的情况，需要办理备用金支付签证。

（5）做出影响工期、质量、合同价格等其他重大决定。

在现场监理过程中，如果监理人发现危及生命、工程或毗邻的财产等安全的紧急事件时，在不免除合同规定的承包人责任的情况下，监理人应立即指示承包人实施消除或减少这种危险所必须进行的工作，即使没有业主的事

先批准，承包人也应立即遵照执行。实施上述工作涉及工程变更的应按合同有关“变更”的规定办理。监理人无权免除或变更合同中规定的业主或承包人的义务、责任和权利。

五、及时处理工程变更，正确面对合同变更

变更分为工程变更和合同变更。工程变更主要是指在合同履约过程中，原合同清单工程量的增减、多少的变化，由于“设计文件”引起的不改变合同计价原则的新增项目价格（合同清单中没有）的变化；合同变更是由于合同边界条件发生重大变化，变化引起的费用已经是合同约定不能解决，需要合同双方共同协商、共同约定的变化。

（一）及时处理工程变更

1.工程变更

在工程项目实施过程中，按照合同约定的程序对部分或全部工程在材料、工艺、功能、构造、尺寸、技术指标、工程数量及施工方法等方面做出的改变。工程变更的表现形式：更改工程有关部分的标高、基线、位置和尺寸；增减合同中约定的工程量；增减合同中约定的工程内容；改变工程质量、性质或工程类型；改变有关工程的施工顺序和时间安排；为使工程竣工而必需实施的任何种类的附加工作。

工程变更在各种合同中均有相应的约定，通用条款、专用条款的约定均是合同双方容易理解和执行的，其处理程序易于操作。但是往往变更处理的时效得不到很好的落实和执行，直接的结果就是承包人的变更费用无法支付，积少成多，易造成承包人资金垫付，资金运转困难，还可能出现业主资金计划滞后，给工程进度带来不必要的掣肘。能否及时地处理和支付工程变更费用是工程建设中要引起重视的一个问题。在众多合同变更的条款中，为保证工程变更处理得更加及时，在专用条款约定中应增加如下内容：

（1）承包人向监理人提出书面变更请求报告 14 天内，监理人必须对承包人的变更申请予以确认：若同意作为变更，应按合同规定下发变更指令；

若不同意作为变更，也应在上述期限内答复承包人。若监理人未在 14 天内答复承包人，则视为监理人已经同意承保人提出的作为变更的要求。承包人应向监理人提交一份变更报价书，监理人应在变更已经成立的基础上 28 天内对变更报价进行审核后做出变更决定，并通知承包人。

（2）承包人在收到监理人下发的变更指令或监理人发出的图纸和文件后，28 天内不向监理人提交变更报价书，则认为承包人主动放弃变更权利。同时承包人必须按监理人的指令内容或已发出的图纸和文件完成施工任务。

（3）发包人和承包人未对监理人的决定取得一致意见，则监理人可暂定他认为合适的价格和需要调整的工期，并将其暂定的变更处理意见通知发包人和承包人，此时承包人应遵照执行。对已实施的变更，监理人可将暂定的变更费用列入合同规定的月进度付款中。若双方未执行，也未提请争议协调组评审，则监理人的暂定变更决定即为最终决定。

2.正确面对合同变更

合同变更是合同关系的局部变化（如标的数量的增减、价款的变化、履行时间、地点、方式的变化），而不是合同性质的变化（如买卖变为赠与，合同关系失去了同一性，此为合同的更新或更改）。《合同法》第 77 条第 1 款规定：当事人协商一致，可以变更合同。合同变更通常是当事人合议的结果。此外，合同也可能基于法律规定或法院裁决而变更，一方当事人可以请求人民法院或者仲裁机关对重大误解或显失公平的合同予以变更。

（二）案例

某电站高线公路施工由甲承包人施工，高线公路下方导流洞出口施工由乙承包人施工，两个项目为一家监理人监理。在甲承包人施工高线公路过程中，乙承包人开始进行导流洞施工，放线后得知：导流洞边坡开挖开口线将高线公路边坡开口线包括，业主随即将此边坡的开挖划入乙承包人施工合同。乙承包人在边坡开挖过程中因边坡地质原因边坡发生塌方，于是根据地质情况对边坡设计进行了优化，经优化的导流洞边坡开口线调整至高线公路路基以下。业主将高线公路路基以上的开挖划入甲承包人施工合同。

此时正值汛期，高线公路路基以上的塌方仍在继续，高线公路及以上的边坡开口线已经超出了导流洞边坡开口线。为了保证导流洞工程正常施工，高线公路路基以上的塌方开挖处理被业主和监理列为“汛期抢险项目”，并成立相应组织机构和编制抢险施工方案及各种应急预案：承包人在接手塌方段施工时曾经有过“对该塌方范围施工进行合同变更”的申请口头表示，但因种种利害关系一直未提出书面合同变更申请，直至塌方部位抢险结束一个月后，才提出合同变更申请。

施工合同专用条款规定：在合同实施期间，业主或承包人认为需要对合同进行变更时，应当向另一方发出书面的合同变更的意向，说明变更的事由和需要变更的内容，经业主和承包人就变更的内容进行协商达成一致后，双方签订合同变更协议。

在工程施工的 8 个月中，监理人就已经针对“合同变更”问题向合同双方进行了协调，监理人在协调没有结果的情况下，按工程变更下发了工程变更指令，并将其暂定的变更处理意见通知发包人和承包人，对已实施的变更，监理人将暂定的变更费用列入月进度款中进行了支付。此举有效地保证了承包人施工期间的资金，并且最大限度地减少了工程的安全风险。

但是，事情还没结束，工程结束后，承包人对已经支付的暂定结算费用约 4500 万元存在较大的意见分歧，承包人在分析成本后提出了约 10000 万元的合同变更的费用申请。至此，我们再来看合同变更的专用条款，为避免事后算账的被动，合同的专用合同条款应该补充如下内容：

①在本合同实施过程中，发生业主或承包人任何一方认为需要对合同进行变更时，合同双方必须对任何一方的合同变更意向进行协商，并要达成一致；如不能达成一致，则合同任何一方有权选择不再合作的意向；②在本合同实施过程中，业主或承包人任何一方在项目实施 28 天内未提出书面的“合同变更的意向书”，则认为永久放弃“合同变更意向和要求”；③在本合同执行过程中，业主或承包人就变更的内容进行协商不能达成一致意见，任何一方提请争议协调组评审时，监理人要向评审组提出公正的、独立的监理人意见；④在本合同实施过程中，业主或承包人任何一方在项目实施 28 天内提出书面的“合同变更的意向书”，但是另一方未做答复，则视为同意一方提出的“合同变更意向和要求”。

第四节　水利水电工程建设诚信体系管理

水利水电工程是国家基础设施建设的重要组成部分，也是经济社会发展的重要支撑。在水利水电工程建设过程中，建设诚信体系管理是关键因素之一，它能够帮助企业树立良好的形象，提高市场竞争力，增强企业的可持续发展能力。

一、水利水电工程建设诚信体系的意义

建设诚信体系是保障水利水电工程建设安全的基础。水利水电工程建设需要高质量的施工、设备和材料，同时还需要保证工程的安全性。建设诚信体系可以有效避免建设过程中的质量问题和安全隐患，提高工程的安全性。

建设诚信体系是提高企业形象和市场竞争力的重要手段。建设诚信体系可以树立企业的良好形象，增强企业的品牌价值和市场竞争力。消费者更愿意信任诚信企业，从而增加企业的业务量和利润。

建设诚信体系是促进水利水电工程可持续发展的关键。建设诚信体系可以促进企业的管理规范化、标准化和科学化，增强企业的创新能力和核心竞争力，从而实现可持续发展。

二、建设诚信体系的主要内容

（一）完善企业管理体系

企业需要建立科学、规范、有效的管理体系，包括组织架构、职责分工、流程规范、制度建设等。同时，还需要加强对员工的培训和教育，提高员工的职业素养和诚信意识。

（二）建立信用评价体系

企业需要建立客观、公正、可信的信用评价体系，对企业的信用状况进行评估和监督。信用评价体系可以帮助企业了解自身的信用状况，及时发现和纠正问题，提高企业的信用度和声誉。

（三）建立诚信守约机制

企业需要建立诚信守约机制，遵守合同和承诺，履行责任和义务。诚信守约是企业的基本道德规范，也是企业与客户、供应商和其他利益相关者之间的信任基础。

（四）建立信用记录和信用报告制度

企业需要建立完善的信用记录和信用报告制度，记录企业的信用状况和历史行为，及时向利益相关者公开企业的信用报告。信用记录和信用报告可以有效提高企业的透明度和可信度，增强利益相关者的信任。

（五）加强诚信宣传和文化建设

企业需要加强对诚信的宣传和教育，树立诚信文化，提高员工和社会大众的诚信意识和道德观念。同时，还需要积极参与社会公益事业，回馈社会，体现企业的社会责任和担当。

三、建设诚信体系的实施路径

（一）建立领导小组和专门机构

企业需要成立领导小组和专门机构，负责诚信体系建设和管理工作。领导小组和专门机构应该具有一定的权威和专业性，能够制定相关规章制度和工作方案，协调各部门的工作。

（二）推进诚信体系建设

企业需要逐步推进诚信体系建设，采取分类管理、分步实施的方式，逐步完善各项制度和机制。同时，需要对诚信体系的建设和管理进行监督和评估，及时发现和纠正问题，保持诚信体系的有效性和可持续性。

（三）建立激励和惩戒机制

企业需要建立激励和惩戒机制，对遵守诚信原则的员工和部门给予表彰和奖励，对违反诚信原则的员工和部门进行批评和惩处。激励和惩戒机制可以有效推动企业的诚信体系建设，树立良好的诚信文化。

（四）加强合作与交流

企业需要加强合作与交流，积极与其他企业、政府部门、行业协会和社会组织等开展合作，共同推进诚信体系建设和管理。合作与交流可以提高企业的资源共享和协同效应，实现共赢。

四、建设诚信体系的保障措施

（一）加强法制建设

企业需要遵守国家法律法规，建立健全的法律制度和规章制度。同时，还需要加强对法律法规的学习和理解，提高员工的法律意识和合规意识。

（二）强化内部控制和监督

企业需要建立内部控制和监督机制，对诚信体系的建设和管理进行有效监督和控制。内部控制和监督机制可以帮助企业及时发现和纠正问题，保持诚信体系的稳定性和有效性。

（三）完善风险管理体系

企业需要建立完善的风险管理体系，对可能影响诚信体系的风险进行评估和管控。风险管理体系可以帮助企业预防和化解风险，保障诚信体系的顺利运行。

（四）提高信息化水平

企业需要提高信息化水平，建立完善的信息化系统和数据管理机制，对诚信体系的数据进行有效管理和分析。信息化可以提高企业的效率和精度，为诚信体系建设和管理提供有力支持。

（五）加强人才队伍建设

企业需要加强人才队伍建设，培养一支专业化、高素质的诚信管理团队。人才队伍建设可以提高企业的诚信管理水平，保证诚信体系的稳定性和可持续性。

水利水电工程建设是一个涉及面广、复杂性强的领域，诚信体系建设是保证水利水电工程建设顺利推进的重要保障。企业需要以诚信为核心，积极推进诚信体系建设和管理，建立起诚信文化和信用体系，提高企业的透明度和可信度，为水利水电工程建设做出积极贡献。

第九章　价值工程在水利水电项目管理中的应用

第一节　价值工程基本理论及方法

价值工程（VE，Value Engineering）是以提高产品或作业价值为目的，通过有组织的创造性工作，寻求用最低的寿命周期成本，可靠地实现使用者所需功能的一种管理技术。

一、价值工程及其工作程序

（一）价值工程的基本原理

1.价值工程的特点

价值工程的数学表达式为：

$$V=F/C$$

式中 V——研究对象的价值；F——研究对象的功能；C——研究对象的成本，即寿命周期成本。

由此可见，价值工程涉及价值、功能和寿命周期成本 3 个基本要素，其具有以下特点：

（1）价值工程的目标，是以最低的寿命周期成本，使产品具备它所必须具备的功能。产品的寿命周期成本由生产成本（C_1）和使用及维护成本（C_2）组成。在一定范围内，产品的生产成本和使用成本存在此消彼长的关系，在寿命周期成本为最小值 C_{min} 时所对应的功能水平 F，产品功能既能满足用户的需求，又使得寿命周期成本比较低，体现了比较理想的功能与成本之间的关系。

（2）价值工程的核心，是对产品进行功能分析。功能是指对象能够满足某种要求的一种属性。企业生产的目的，也是通过生产获得用户所期望的功能，而结构、材质等是实现这些功能的手段。目的是主要的，手段可以广泛地选择。因此，价值工程分析产品，首先不是分析其结构，而是分析其功能，在分析功能的基础之上，再去研究结构、材质等问题。

（3）价值工程将产品价值、功能和成本作为一个整体同时来考虑。是在确保产品功能的基础上综合考虑生产成本和使用成本，兼顾生产者和用户的利益，从而创造出总体价值最高的产品。

（4）价值工程强调不断改革和创新，开拓新构思和新途径，获得新方案，创造新功能载体，从而简化产品结构，节约原材料，提高产品的技术经济效益。

（5）价值工程要求将功能定量化，即将功能转化为能够与成本直接相比的量化值。

（6）价值工程是以集体智慧开展的有计划、有组织的管理活动。价值工程研究的问题涉及产品的整个寿命周期，涉及面广，研究过程复杂。因此，企业在开展价值工程活动时，必须集中人才，包括技术人员、经济管理人员、有经验的工作人员，甚至用户，以适当的组织形式组织起来，共同研究，依靠集体的智慧和力量，发挥各方面、各环节人员的知识、经验和积极性，有计划、有领导、有组织地开展活动，才能达到既定的目标。

为了便于在具体工作中使用价值工程，价值工程的也可按下式表达：

$$V=C_1/C_2$$

式中 V——研究对象的价值；C_1——研究对象的功能评价值或目标成本；C_2——研究对象的现实成本或寿命周期成本。

2.提高产品价值的途径

价值工程的基本原理公式 $V=F/C$，不仅深刻反映出产品价值与产品功能和实现此功能所耗成本之间的关系，而且也为如何提高价值提供了有效途径。

提高产品价值的途径有以下5种：

（1）在提高产品功能的同时，又降低产品成本，这是提高价值最为理想的途径。

（2）在产品成本不变的条件下，通过提高产品的功能，达到提高产品价值的目的。

（3）保持产品功能不变的前提下，通过降低成本达到提高产品价值的目的。

（4）产品功能有较大幅度提高，产品成本有较少提高。

（5）在产品功能略有下降、产品成本大幅度降低的情况下，也可以达到提高产品价值的目的。

（二）价值工程的基本工作程序

价值工程的工作过程，实质是针对产品的功能和成本提出问题、分析问题、解决问题的过程。针对价值工程的研究对象，整个活动是围绕着7个基本问题的明确和解决而系统地展开的。这7个基本问题是：价值工程的研究对象是什么？这是干什么用的？其成本是多少？其价值是多少？有其他的方案能实现这个功能吗？新方案的成本是多少？新方案能否满足要求？这七个问题决定了价值工程的一般工作程序。

二、对象选择及信息资料收集

价值工程的对象选择过程就是逐步收缩研究范围、寻找目标、确定主攻方向的过程，因为生产建设中的技术经济问题很多，涉及的范围也很广，为了节省资金，提高效率，只能精选其中的一部分来实施，并非企业生产的全部产品，也不一定是构成产品的全部零部件。因此，能否正确选择对象是价值工程收效大小与成败的关键。

（一）对象选择的一般原则

价值工程的目的在于提高产品价值，研究对象的选择要从市场需要出发，结合本企业实力，系统考虑。

一般来说，对象选择的原则有以下几个方面：①从设计方面看，对产品结构复杂、性能和技术指标差距大、体积大、重量大的产品进行价值工程活动，可使产品结构、性能、技术水平得到优化，从而提高产品价值；②从生产方面看，对量多面广、关键部位、工艺复杂、原材料消耗高和废品率高的产品或零部件，特别是对量多、产值比重大的产品，只要成本下降，所取得的经济效果就大；③从市场销售方面看，选择用户意见多、系统配套差、维修能力低、竞争力差、利润率低的；选择生命周期较长的；选择市场上畅销但竞争激烈的；选择新产品、新工艺等；④从成本方面看，选择成本高于同类产品、成本比重大的，如材料费、管理费、人工费等。推行价值工程就是要降低成本，以最低的寿命周期成本可靠地实现必要功能。

根据以上原则，对生产企业，有以下情况之一者，优先选择为价值工程的对象：①结构复杂或落后的产品；②制造工序多或制造方法落后及手工劳动较多的产品；③原材料种类繁多和互换材料较多的产品；④在总成本中所占比重大的产品。

对由各组成部分组成的产品，应优先选择以下部分作为价值工程的对象：①造价高的组成部分；②占产品成本比重大的组成部分；③数量多的组成部分；④体积或重量大的组成部分；⑤加工工序多的组成部分；⑥废品率高和关键性的组成部分。

（二）对象选择的方法

价值工程对象选择往往要兼顾定性分析和定量分析，因此对象选择的方法有多种，不同方法适宜于不同的价值工程对象。应根据具体情况选用适当的方法，以取得较好的效果。常用的方法如下：

1.因素分析法

因素分析法又称经验分析法，是指根据价值工程对象选择应考虑的各种因素，凭借分析人员经验集体研究确定选择对象的一种方法。是一种定性分析方法，特别是在被研究对象彼此相差比较大以及时间紧迫的情况下比较适用。其缺点是缺乏定量依据，准确性较差，对象选择的正确与否主要决定于价值工程活动人员的经验及工作态度，有时难以保证分析质量。

2.ABC 分析法

ABC 分析法又称重点选择法或不均匀分布定律法，是应用数理统计分析的方法来选择对象，其基本原理为“关键的少数和次要的多数”，抓住关键的少数可以解决问题的大部分。在价值工程中，这种方法的基本思路是：把一个产品的各种部件（或企业各种产品）按成本的大小由高到低排列起来，绘成费用累计分布图，然后将占总成本 70%～80%而占零部件总数 10%～20%的零部件划分为 A 类部件：将占总成本 5%～10%而占零部件总数 60%～80%的零部件划分为 C 类部件：其余为 B 类。其中 A 类零部件是价值工程主要研究对象。

ABC 分析法抓住成本比重大的零部件或工序作为研究对象，有利于集中精力重点突破，取得较大效果，同时简便易行，因此广泛为人们所采用。但在实际工作中，有时由于成本分配不合理，造成成本比重不大但用户认为功能重要的对象可能被漏选或排序推后，而这种情况应列为价值工程研究对象的重点。ABC 分析法的这一缺点可以通过经验分析法、强制确定法等方法来补充修正。

3.强制确定法

强制确定法是以功能重要程度作为选择价值工程对象的一种分析方法。具体做法：先求出分析对象的成本系数、功能系数，然后求出价值系数，以揭示出分析对象的功能与成本之间是否相符。如果不相符，价值低的则被选为价值工程的研究对象。这种方法在功能评价和方案评价中也有应用。

强制确定法从功能与成本两方面综合考虑，比较适用、简便，不仅能明确揭示出价值工程的研究对象所在，而且具有数量概念。但这种方法是人为打分，不能准确地反映出功能差距的大小，只适用于部件间功能差别不大且比较均匀的对象，而且一次分析的部件数目也不能太多，以不超过 10 个为宜。在零部件很多时，可以先用 ABC 法、经验分析法选出重点部件，然后再用强制确定法细选；也可以用逐层分析法，从部件选起，然后在重点部件中选出重点零件。

4.百分比分析法

这是一种通过分析某种费用或资源对企业的某个技术经济指标的影响程度的大小（百分比）来选择价值工程对象的方法。

5.价值指数法

这是通过比较各个对象（或零部件）之间的功能水平位次和成本位次，寻找价值较低对象（零部件），并将其作为价值工程研究对象的一种方法。

（三）信息资料收集

当价值工程活动的对象选定以后，就要进一步开展情报收集工作，这是价值工程不可缺少的重要环节。通过信息收集，可以得到价值工程活动的依据、标准和对比的对象；通过对比又可以受到启发，打开思路，可以发现问题，找到差距，以明确解决问题的方向、方针和方法。价值工程所需的信息资料，应视具体情况而定。对于产品分析来说，一般应收集以下几方面的资料：

1.用户方面的信息资料

收集这方面的信息资料是为了充分了解用户对产品的期待、要求。包括用户使用目的、使用环境和使用条件，以及用户对产品性能方面的要求，操作、维护和保养条件，对价格、配套零部件和服务方面的要求。

2.市场销售方面的信息资料

市场销售方面的信息资料包括产品市场销售变化情况，市场容量，同行业竞争对手的规模、经营特点、管理水平，产品的产量、质量、售价、市场占有率、技术服务、用户反映等。

3.技术方面的信息资料

技术方面的信息资料包括产品的各种功能，水平高低，实现功能的方式和方法，企业产品设计、工艺、制造等技术档案，企业内外、国内外同类产品的技术资料，如同类产品的设计方案、设计特点、产品结构、加工工艺、设备、材料、标准、新技术、新工艺、新材料、能源及三废处理等情况。

4.经济方面的信息资料

成本是计算价值的必要依据，是功能成本分析的主要内容。应了解同类产品的价格、成本及构成（包括生产费、销售费、运输费、零部件成本、外构件、三废处理等）。

5.本企业的基本资料

本企业的基本资料包括企业的经营方针，内部供应、生产、组织，生产能力及限制条件，销售情况以及产品成本等方面的信息资料。

6.环境保护方面的信息资料

环境保护方面的信息资料包括环境保护的现状，“三废”状况，处理方法和国家法规标准。

7.外协方面的信息资料

外协方面的信息资料包括外协单位状况，外协件的品种、数量、质量、价格、交货期等。

8.政府和社会有关部门的法规、条例等方面的信息资料

政府和社会有关部门的法规、条例等方面的信息资料包括国家有关法规、条例、政策，以及环境保护、公害等有关影响产品的资料。

收集的资料及信息一般需加以分析、整理，剔除无效资料，使用有效资料，以利于价值工程活动的分析研究。

三、功能的系统分析

功能分析是价值工程活动的核心和基本内容。它通过分析信息资料，用动词+名词组合的方式简明、正确地表达各对象的功能，明确功能特性要求，并绘制功能系统图，从而弄清楚产品各功能之间的关系，以便于去掉不合理的功能，调整功能间的比重，使产品的功能结构更合理。通过功能分析，回答对象“是干什么用的”提问，从而准确地掌握用户的功能要求。

（一）功能分类

①按功能的重要程度分类：可分为基本功能和辅助功能；②按功能的性质分类：可分为使用功能和美学功能；③按用户的需求分类：可分为必要功能和不必要功能；④按功能的量化标准分类：可分为过剩功能和不足功能。

价值工程中的功能，一般是指必要功能。价值工程对产品的分析，首先是对其功能的分析，通过功能分析，弄清哪些功能是必要的，哪些功能是不必要的，从而在创新方案中去掉不必要的功能，补充不足的功能，使产品的功能结构更加合理，达到可靠地实现使用者所需功能的目的。

（二）功能定义

功能定义就是以简洁的语言对产品的功能加以描述。因此，功能定义的过程就是解剖分析的过程。

功能定义通常用一个动词和一个名词来描述，不宜太长，以简洁为好。动词是功能承担体发生的动作，而动作的对象就是作为宾语的名词。例如，基础的功能是“承受荷载”，这里，基础是功能，是承担体，“承受”是表示功能承担的基础，是发生动作的动词，“荷载”则是作为动词宾语的名词。

（三）功能整理

功能整理是用系统的观点将已经定义了的功能加以系统化，找出各局部功能相互之间的逻辑关系，并用图表形式表达，以明确产品的功能系统，从而为功能评价和方案构思提供依据。通过功能整理，应满足明确功能范围、检查功能之间的准确程度以及明确功能之间上下位关系和并列关系等几个要求。

功能整理的主要任务就是建立功能系统图，因此，功能整理的过程也就是绘制功能系统图的过程，其工作程序如下：①编制功能卡片。把功能定义写在卡片上，每条写一张卡片，这样便于排列、调整和修改；②选出最基本的功能。从基本功能中挑选出一个最基本的功能，也就是最上位的功能（产品的目的），排列在左边。其他卡片按功能的性质，以树状结构的形式向右排列，并分列出上位功能和下位功能；③明确各功能之间的关系。逐个讨论功能之间的关系，也就是找出功能之间的上下位关系；④对功能定义作必要的修改、补充和取消；⑤把经过调整、修改和补充的功能，按上下位关系，排列成功能系统图。

（四）功能计量

功能计量是以功能系统图为基础，依据各个功能之间的逻辑关系，以对象整体功能的定量指标为出发点，从左向右地逐级测算、分析，确定出各级功能程度的数量指标，揭示出各级功能领域中有无功能不足或功能过剩，从而为保证必要功能、剔除过剩功能、补足不足功能的后续活动（功能评价、方案创新等）提供定性与定量相结合的依据。功能计量又分对整体功能的量化和对各级子功能的量化。

四、功能评价

功能评价，即评定功能的价值，是指找出实现功能的最低费用作为功能的目标成本（又称功能评价值），以功能目标成本为基准，通过与功能现实成本的比较，求出两者的比值（功能价值）和两者的差异值（改善期望值），然后选择功能价值低、改善期望值大的功能作为价值工程活动的重点对象。功能评价工作可以更准确地选择价值工程的研究对象，同时，通过制定目标成本，有利于提高价值工程的工作效率，增加工作人员的信心。

（一）功能现实成本 C 的计算

功能现实成本在成本费用的构成项目上和一般的传统成本核算是完全相同的，但功能现实成本的计算是以对象的功能为单位的，传统的成本核算是以产品或零部件为单位。因此，在计算功能现实成本时，就需要根据传统的成本核算资料，将产品或零部件的现实成本换算成功能的现实成本。具体地讲，当一个零部件只具有一个功能时，该零部件的成本就是它本身的功能成本；当一项功能要由多个零部件共同实现时，该功能的成本就等于这些零部件的功能成本之和。当一个零部件具有多项功能或同时与多项功能有关时，就需要将零部件成本根据具体情况分摊给各项有关功能。

成本指数是指评价对象的现实成本在全部成本中所占的比率。其计算式如下：第 i 个评价对象的成本指数 C_i＝第 i 个评价对象的现实成本 C_i/全部成本。

（二）功能评价值 F 的计算

对象的功能评价值 F（目标成本）是指可靠地实现用户要求功能的最低成本，它可以理解为是企业有把握，或者说应该达到的实现用户要求功能的最低成本。从企业目标的角度来看，功能评价值可以看成是企业预期的、理想的成本目标值。功能评价值一般以功能货币价值形式表达。常用的求功能评价值的方法是功能重要系数评价法。

功能重要性系数评价法是一种根据功能重要性系数确定功能评价值的方法。这种方法是把功能划分为几个功能区（子系统），并根据各功能区的重要程度和复杂程度，确定各个功能区在总功能所占的比重，即功能重要性系数。然后将产品的目标成本按功能重要性系数分配给各个功能区作为该功能区的目标成本，即功能评价值。确定功能重要性系数的关键是对功能进行打分，常用的打分方法有强制打分法（0～1 评分法或 0～4 评分法）、多比例评分法、逻辑评分法、环比评分法等。功能评价值的确定分以下两种情况：

1.新产品评价设计

一般在产品设计之前，就已经根据市场供需情况、价格、企业利润与成本水平初步设计了目标成本。因此，在功能重要性系数确定之后，就可将新产品设定的目标成本按已有的功能重要性系数加以分配计算，求得各个功能区的功能评价值，并将此功能评价值作为功能的目标成本。

2.既有产品的改进设计

既有产品应以现实成本为基础来求功能评价值，进而确定功能的目标成本。由于既有产品已有现实成本，就没有必要再假定目标成本。

但是，既有产品的现实成本原已分配到各功能区中去的比例不一定合理，这就需要根据改进设计中新确定的功能重要系数，重新分配既有产品的原有成本。从分配结果看，各功能区新分配成本与原分配成本之间有差异。正确处理这些差异，就能合理确定各功能区的功能评价值。

（三）功能价值 F 的计算及分析

通过计算和分析对象的价值 V，可以分析成本功能的合理匹配程度。功能价值 V 的计算方法可分为两大类：功能成本法和功能指数法。

1.功能成本法

功能成本法又称绝对值法，其表达式如下：

$$\text{第 i 个评价对象的价值系数 } V_{\text{i}}=\frac{\text{第 i 个评价对象的功能评价值 } \mathrm{F_i}}{\text{第 i 个评价对象现实成本 } \mathrm{C_i}}$$

根据该表达式，功能的价值系数计算结果有以下 3 种情况：

（1）$V_i=1$。即功能评价值等于功能现实成本。这表明评价对象的功能现实成本与实现功能所必需的最低成本大致相当。此时，说明评价对象的价值为最佳，一般无需改进。

（2）$V_i<1$。即功能现实成本大于功能评价值。表明评价对象的现实成本偏高，而功能要求不高。此时，一种可能是由于存在着过剩的功能，另一种可能是功能虽无过剩，但实现功能的条件或方法不佳，以致使实现功能的成本大于功能的实际需要。这两种情况都应列入功能改进的范围，并且以剔除过剩功能及降低现实成本为改进方向，使成本与功能比例趋于合理。

（3）$V_i>1$。即功能现实成本低于功能评价值，表明该部件功能比较重要，但分配的成本较少。此时，应进行具体分析，功能与成本的分配可能已较理想，或者有不必要的功能，或者应该提高成本。

应注意一个情况，即 $V_i=0$ 时，要进一步分析。如果是不必要的功能，该部件应取消；但如果是最不重要的必要功能，则要根据实际情况处理。

2.功能指数法

功能指数法又称相对值法，其表达式如下：

$$\text{第 } i \text{ 个评价对象的价值系数 } V_{\text{i}}=\frac{\text{第 i 个评价对象的功能评价值 } \mathrm{F_i}}{\text{第 i 个评价对象现实成本 } \mathrm{C_i}}$$

价值指数的计算结果有以下 3 种情况：

（1）$V_i=1$。此时评价对象的功能比重与成本比重大致平衡，合理匹配，可以认为功能的现实成本是比较合理的。

（2）V_i<1。此时评价对象的成本比重大于其功能比重，表明相对于系统内的其他对象而言，目前所占的成本偏高，从而会导致该对象的功能过剩。应将评价对象列为改进对象，改善方向主要是降低成本。

（3）V_i>1。此时评价对象的成本比重小于其功能比重，出现这种结果的原因可能有三种：第一，由于现实成本偏低，不能满足评价对象实现其应具有的功能要求，致使对象功能偏低，这种情况应列为改进对象，改善方向是增加成本；第二，对象目前具有的功能已经超过其应该具有的水平，也即存在过剩功能，这种情况也应列为改进对象，改善方向是降低功能水平；第三，对象在技术、经济等方面具有某些特征，在客观上存在着功能很重要而需要消耗的成本却很少的情况，这种情况一般不列为改进对象。

（四）确定 VE 对象的改进范围

对产品部件进行价值分析，就是使每个部件的价值系数（或价值指数）尽可能趋近于 1。根据此标准，就明确了改进的方向、目标和具体范围。确定对象改进范围的原则如下：

1.F/C 值低的功能区域

计算出来的 Y<1 的功能区域，基本上都应进行改进，特别是 Y 值比 1 小得多的功能区域，应力求使 V=1。

2.C-F 值大的功能区域

通过核算和确定对象的实际成本和功能评价值，分析、测算成本改善期望值，从而排列出改进对象的重点及优先次序。成本改善期望值的表达式为：

$$\Delta C = C - F$$

式中 ΔC——为成本改善期望值，即成本降低幅度。

当 n 个功能区域的价值系数同样低时，就要优先选择 ΔC 数值大的功能区域作为重点对象。一般情况下，当 ΔC 大于零时，ΔC 大者为优先改进对象。

3.复杂的功能区域

复杂的功能区域，说明其功能是通过采用很多零件来实现的。一般地，复杂的功能区域其价值系数（或价值指数）也较低。

五、方案创造及评价

（一）方案创造

方案创造是从提高对象的功能价值出发，在正确的功能分析和评价的基础上，针对应改进的具体目标，通过创造性的思维活动，提出能够可靠地实现必要功能的新方案。从价值工程技术实践来看，方案创造是决定价值工程成败的关键阶段。因为前面所论述的一些问题，如选择对象、收集资料、功能成本分析、功能评价等，虽然都很重要，但都是为方案创造服务的。前面的工作做得再好，如果不能创造出高价值的创新方案，也就不会产生好的效果。

方案创造的理论依据是功能载体具有替代性。这种功能载体替代的重点应放在以功能创新的新产品替代原有产品和以功能创新的结构替代原有结构方案。而方案创造的过程是思想高度活跃、进行创造性开发的过程。为了引导和启发创造性的思考，可以采取各种方法，比较常用的方法有头脑风暴法（BS.Brain Storming）、歌顿（Gorden）法、专家意见法（又称德尔菲法—Delphi）、专家检查法等。

（二）方案评价

在方案创造阶段提出的设想和方案是多种多样的，能否付诸实施，就必须对各个方案的优缺点和可行性进行分析、比较、论证和评价，并在评价过程中进一步完善有希望的方案。方案评价包括概略评价和详细评价两个阶段。其评价内容包括技术评价、经济评价、社会评价以及综合评价。

在对方案进行评价时，无论是概略评价还是详细评价，一般可先做技术评价，再分别进行经济评价和社会评价，最后进行综合评价。

1.概略评价

概略评价是方案创新阶段对提出的各个方案设想进行初步评价，目的是淘汰那些明显不可行的方案，筛选出少数几个价值较高的方案，以供详细评价作进一步的分析。概略评价的内容包括以下几个方面：

（1）技术可行性方面，应分析和研究创新方案能否满足所要求的功能及其本身在技术上能否实现。

（2）经济可行性方面，应分析和研究产品成本能否降低和降低的幅度，以及实现目标成本的可能性。

（3）社会评价方面，应分析研究创新方案对社会利害影响的大小。

（4）综合评价方面，应分析和研究创新方案能否使价值工程活动对象的功能和价值有所提高。

2.详细评价

详细评价是在掌握大量数据资料的基础上，对通过概略评价的少数方案，从技术、经济、社会三个方面进行详尽的评价分析，为提案的编写和审批提供依据。

详细评价的内容包括以下几个方面：

（1）技术可行性方面，主要以用户需要的功能为依据，对创新方案的必要功能条件实现的程度作出分析评价。特别对产品或零部件，一般要对功能的实现程度（包括性能、质量、寿命等）、可靠性、维修性、操作性、安全性以及系统的协调性等进行评价。

（2）经济可行性方面，主要考虑成本、利润、企业经营的要求；创新方案的适用期限与数量；实施方案所需费用、节约额与投资回收期以及实现方案所需的生产条件等。

（3）社会评价方面，主要研究和分析创新方案给国家和社会带来的影响（如环境污染、生态平衡、国民经济效益等）。

（4）综合评价方面，是在上述三种评价的基础上，对整个创新方案的诸因素做出全面系统的评价。为此，首先要明确规定评价项目的范围，即确定评价所需的各种指标和因素；然后分析各个方案对每一评价项目的满足程度；最后再根据方案对各评价项目的满足程度来权衡利弊，判断各方案的总体价值，从而选出总体价值最大的方案，即技术上先进、经济上合理和社会上有利的最优方案。

3.方案综合评价方法

用于方案综合评价的方法有很多，常用的定性方法有德尔菲法、优缺点列举法等；常用的定量方法有直接评分法、加权平均法、比较价值评分法、环比评分法、强制评分法、几何平均值评分法等。

（1）优缺点列举法。把每一个方案在技术上、经济上的优缺点详细列出，进行综合分析，并对优缺点作进一步调查，用淘汰法逐步缩小考虑范围，从范围不断缩小的过程中找出最后的结论。

（2）直接评分法。根据各种方案能够达到各项功能要求的程度，按 10 分制（或 100 分制）评分，然后算出每个方案达到功能要求的总分，比较各方案总分，做出采纳、保留、舍弃的决定，再对采纳、保留的方案进行成本比较，最后确定最优方案。

（3）加权平均法，又称矩阵评分法。这种方法是将功能、成本等各种因素，根据要求的不同进行加权计算，权数大小应根据它在产品中所处的地位而定，算出综合分数，最后与各方案寿命周期成本进行综合分析，选择最优方案。加权平均法主要包括以下 4 个步骤：①确定评价项目及其权重系数；②根据各方案对各评价项目的满足程度进行评分；③计算各方案的评分权数和；④计算各方案的价值系数，以较大的为优。

方案经过评价，不能满足要求的就淘汰，有价值的就保留。

六、方案实施的检查验收

在方案实施过程中，应该对方案的实施情况进行检查，发现问题及时解决。方案实施完成后，要进行总结评价和验收。

第二节 价值工程在施工组织设计的应用

施工组织设计的主要任务是根据工程地区的自然、经济和社会条件确定合理的施工方案，包括：合理的施工导流方案；合理的施工工期和进度计划；合理的施工场地组织和布置；适宜的内外交通运输方式；切实、先进、保证质量的施工工艺；合适的施工场地临时设施与施工工厂规模，以及合理的生产工艺与结构物形式；合理的投资计划、劳动组织和技术供应计划，为确定工程概算，合理组织施工，进行科学管埋，保证工程质量，降低工程造价，缩短建设周期提供切实可行和可靠的依据。

一、在施工组织设计中应用价值工程的意义

施工组织设计是指导施工企业进行工程投标、签订承包合同、施工准备和施工全过程的技术经济文件，它作为项目管理的规划性文件，提出了工程施工中的进度控制、质量控制、成本控制、安全控制、现场管理、各项生产要素管理的目标及技术组织措施，它既解决施工技术问题、指导施工全过程，同时又要考虑到经济效果，它不断在施工管理中发挥作用，而且在经营管理和提高经济效益上发挥着作用。每一项施工组织设计都是保证工程顺利进行、确保工程质量、有效地控制工程造价的重要工具。

具体来说，在施工组织设计中应用价值工程的重要意义表现在以下几个方面：①可以有效合理地降低投标报价，增加施工企业中标的概率，有利于占有市场；②有利于节约使用人力、物力，能够更好地控制项目成本；③有利于确定先进合理的施工方案，保证工程项目如期竣工并发挥效益；④有利于采用科技新成果，更好地实现工程项目的功能要求；⑤有利于提高企业的技术素质，增加企业的核心竞争力。

二、在施工组织设计中应用价值工程的特点

施工组织设计的编制是实现投资费用价值形态向工程项目实物形态转化的重要过程，虽然在施工组织设计中应用价值工程与工业产品制造下应用价值工程有许多共同之处，但是由于施工组织所研究的对象——水利水电工程具有自己的特点，所以一方面增加了施工组织设计应用价值工程的难度，另一方面形成了有别于工业产品制造应用价值工程的特点。

（一）水利水电工程功能具有相对确定性和相对灵活性

功能的相对确定性是指：按照水利水电工程的建设模式和我国传统的项目管理模式，每个水利水电工程的功能一般在勘测设计阶段由勘测设计单位已基本确定，作为施工阶段进入的施工企业的主要任务是考虑怎样实现设计人员已设计出的产品，也就是说，采用什么样的施工方法和技术组织措施来保质保量完成工程施工。而功能的相对灵活性是指：为保证主体工程的顺利施工，需要大量的临建工程和辅企，临建工程和辅企是为主体工程施工服务的，它们的功能也是由主体工程分解和派生下来的，其功能是相对灵活的，如拌和系统不仅要拌制出满足设计规范要求的混凝土，同时也要满足施工强度要求，而施工强度要求根据不同的施工方案和不同工期安排而不同。在采用多方案报价法投标时，可在主体工程某些方面适当提高或降低主体工程的功能，如提高质量等级和加快工期或降低某些方面的标准等。因而施工组织设计应用价值工程提高价值的模式相对单一，常用的是在满足主体工程的必要功能的前提下降低工程的施工成本，以使项目的利益最大化。

（二）研究对象及功能、成本、目的等内容含义不同于产品制造应用价值工程

一般来说，产品制造中价值工程的研究对象是产品，功能是指用户要求的产品功用，成本是指产品生产成本和使用成本，目的在于以最低寿命周期成本可靠地实现用户要求的功能。而在施工组织设计中，研究对象是工程项目或工程项目的某一部分，功能是指国家对项目的使用要求（如规范、规程

及国家强制性规定等）和用户对项目的使用要求（如发电量、灌溉量等指标）。同时，还有项目交付使用的时间要求。成本是指整个工程项目或项目的某个部分的建造费，目的是指力图以最低的成本，实现国家和用户对工程项目的要求，实现企业的利益最大化。

（三）成本目标制订不同于产品制造应用价值

工业产品的价格一般由国家统一规定，从既定价格出发，扣除税金、利润和某些流通费用，就可计算出某种产品的社会成本。根据上述资料和企业的具体情况，应用适当的方法制订成本目标，从而指导和控制产品的方案。而水利水电工程具有单一性，生产地点不固定和生产过程长、环节多等特点，这决定水利水电工程的价格无法统一定价。在投标阶段，施工企业只能根据自身情况确定价格，为增大中标机会，还应综合分析当地所有的材料价格、设备价格、前期已开标标段中标单价或业主其他工程中标单价以及其他类似工程中标单价等资料来预测建设方可能接受的价格，最终确定投标价格，再扣除税金、利润和一些间接费用，作为成本目标；在中标后情况相对简单，可直接将合同价格扣除税金、利润和一些间接费用后作为成本目标，也可直接根据企业水平单独制订低于合同价格的成本目标。

（四）施工组织设计应用价值工程需要各专业公司统筹兼顾，力争协调一致

工程施工涉及多部门多专业工种，如某碾压混凝土重力坝的浇筑施工方案就要涉及模板设计、入仓方案设计、运输设备选择、拌和系统设计，而拌和系统设计又包括土建设计、机械设计等，需要土建工程师和机械工程师全力配合，若各个专业各自独立设计，势必造成从局部看是合理优良方案，但从全局看未必是合理优良方案。施工组织设计价值工程的任务不仅要保证每个工种专业的设计符合工程要求，做到成本低质量好，还要保证各个专业工种的设计相互配合，在满足工程要求的基础上，使整个工程项目的成本最低，质量最好。

（五）施工组织设计中应用价值工程需要工程建设相关方密切配合，共同完成

建设方作为工程的直接用户，在施工中对工程的优化，必然要征得建设方和设计方的同意。而当采用一项新技术或新材料时，要求不仅要征求建设各方的同意，还要与材料供应商、实验机构密切配合。同时价值工程强调对工程建设应以系统的观点对待，在满足功能的前提下应以工程寿命周期费用最低为追求目标。

（六）施工组织设计一次性比重大，效益体现在单件产品上

在制造工业中，价值改革的成果可在数万件产品中反复使用。通过价值工程活动，如果一件产品节约 1 元钱，那么就可以节约数万元。而水利水电工程具有的单件性，施工组织设计往往也是一次性，生产活动不重复进行。虽然施工组织设计价值工程所取得的经济效益局限地反映在本次工程建设中，但由于水利水电工程建设规模大，少则几千万，多则几十亿，因而价值工程效益非常可观。对于量大面广的一般项目，在某一项目上应用价值工程取得的成功，往往具有辐射全局的作用。

三、施工组织设计应用价值工程的一般要求

在工程施工中应用价值工程，同一般产品制造过程中应用价值工程有很多相似之处，但是，工程施工与制造产业又有自己独到之处。因此，在施工组织设计中应用价值工程，还应充分注意工程施工的特点。

（一）为做好施工组织设计的价值工程活动，在编制施工组织设计前应做的工作

1.施工现场考察

（1）发包工程的性质、范围，以及与其他工程之间的关系。

（2）发包工程与其他承包人或分包人在施工中的关系。

（3）工程地貌、地质、交通、电力、水源等情况，有无阻碍物等。

（4）工地附近的住宿条件、料场开采条件、其他加工条件、设备维修条件等。

（5）工地附近治安情况等。

2.设计文件

（1）熟悉各种设计图纸、施工文件。

（2）熟悉与设计文件相关的规范、规程及国家强制性规定等。

3.外部环境考察

（1）当地气象资料。

（2）工地位于偏远地区时的铁路、公路运输能力，需要转运时有无转运的仓储条件。

（3）跨地域承包时，了解有关的地方法规，如环保规定、地税政策等。

（4）当地的风土人情、环境等。

4.市场价格调查

（1）劳动力资源的水平和价格。

（2）可以在当地租赁设备的型号、数量和价格。

（3）施工材料的供应能力和价格。

（4）当地的生活物价水平等。

5.其他

（1）同地域同类型工程发包价格。

（2）发包方其他工程的发包价格。

（3）其他承包商类似工程的中标价。

（4）同类型或相似类型工程的最新技术。

（二）注意分析工程特点，围绕着项目的功用和指标要求，合理制订施工方案

在保证设计要求的前提下，应尽可能采用工期短、费用省的施工方案。要敢于对多年形成的施工程序和方法质疑，敢于分析现行的施工方案，并提出改进方案。充分发挥工程技术和经济管理人员的聪明才智，创造更多更好

的施工方案，从中比较评价，选择最优方案应用。

（三）注意从工程项目的功能要求出发，合理分配资源

分配资源应以满足工程项目功能要求为原则。应用功能分析的原理方法，以功能系统图的形式揭示施工内容，采取剔除、合并、简化等措施使功能系统图合理化，并结合具体施工方式，依据施工企业自身能力估算完成必要功能的工程量，相应地组织材料供应，配备设备、工具，安排人员施工。

（四）在施工组织设计中应用价值工程，注意采用新的科技成果

尽量采用新材料、新技术、新结构、新标准，在满足设计文件、设计图纸要求达到的功用、参数水平的情况下，尽可能地降低成本。

（五）要注意临建工程和施工辅企的功能分析

临建工程和施工辅企是为主体工程施工服务的，临建工程和辅企不仅自身需要一定的费用，而且决定了风、水、电、砂石骨料等基础单价，对主体工程的造价影响较大，因此，临建工程和辅企也应对价值工程活动进行优化，并尤其注意功能分析。临建工程的功能是由主体工程的功能所派生、分解出来的，它不仅需要满足主体工程的质量功能，还需满足其他社会功能的要求，如砂石加工系统不仅需要生产出满足规范要求的砂石骨料，其工艺还需要满足环境保护的要求，以及其生产能力也要满足混凝土浇筑强度要求，而混凝土的浇筑强度是由施工方案和施工进度安排决定的。

（六）在对施工方案进行价值分析时，为进一步改善施工方案而提出的问题

（1）方案最大限度地利用环境资源了吗？它考虑了环境效益、社会效益吗？
（2）方案能够实现工期、质量、成本的整体化吗？
（3）方案的局部或全部还能进一步完善吗？
（4）已定方案可能带来的效果如何？
（5）方案的可操作性如何？

四、施工组织设计价值工程的对象选取

因为水利水电工程施工的技术经济问题很多，涉及的范围也很广，为了节省资金，提高效率，只能精选其中一部分来实施，因此，能否正常选择对象是价值工程收效大小和成败的关键。根据对象选择的一般原则和水利水电施工项目的特点，一般主要在以下几个方面对施工组织设计进行价值分析：

（一）施工方案

通过价值工程活动进行技术经济分析，确定最佳施工方案。

（二）施工总体布置

通过价值工程活动，结合工程所在地的自然地理条件，确定最合理的施工布置，可以明显降低风、水、电、砂石骨料等基础单价，同时，可以确定最节约的场内二次转运费用等。

（三）工期安排

通过价值工程活动，确定合理的施工程序和工期安排，尽量做到均衡施工，合理配置资源。尤其在招标文件明确规定工期提前或延后的奖罚条款时，可以明确分析增加赶工措施的经济合理性。

五、价值工程在施工组织设计中的具体应用

为了进一步说明价值工程在施工组织设计中的应用程序和方法，本书将以价值工程在贵州省格里桥水电站大坝工程施工方案和四川省武都水库大坝工程施工布置优化的实际应用为例加以阐释。

（一）价值工程在施工方案选择的具体运用

贵州省格里桥水电站工程碾压混凝土重力坝施工中，大坝温控为总价包干项目，在合同谈判时，业主强行压价，合同价由投标报价的 390 万元降至

仅 150 万元，若按原投标施工方案实施，将造成严重亏损的问题，为减少亏损，施工企业技术、经济人员决定应用价值工程的原理和方法对温控措施进行优化。在项目立项后，经过课题准备、功能价值分析、方案创新、方案实施以及方案实施效果评价等阶段的活动，历时两年基本完成了全部课题活动。经评审验证，完全达到了预期目标，节约工程费用 92 万元，减少亏损 92 万元，经济效益明显。

1.对象选择

大坝温控项目为总价包干项目，合同价低，若按原投标方案实施将造成严重亏损，因此技术经济人员将大坝温控措施作为价值工程活动对象，以期减少亏损。

2.功能分析

大坝温控的功能是降低大坝混凝土的温度，使其最高温度控制在设计规定的温度以下，以防止大坝混凝土产生裂缝，影响大坝的正常运行。技术经济人员通过对比本工程与类似气候条件下同类型大坝的温控标准及实施情况，并经过计算后确定，本工程温控标准过高，存在功能过剩的情况，经过多次沟通，并经过专家咨询的方式，得到建设单位和设计单位认可，适当地降低了温控标准。

3.方案创造

借鉴其他碾压混凝土工程温度控制经验及影响混凝土内部最高温度的关键因素，提出了预冷混凝土、防晒、冷却通水、流水养护几种方案作技术经济分析评价，在实施过程采取一种或几种组合的方式以满足温控标准。具体方案如下：

（1）预冷混凝土。通过二次风冷等措施，降低粗骨料温度，控制水泥入罐温度，加制冷水或冰拌和，以降低混凝土出机温度，达到降低混凝土浇筑温度的目的。

（2）防晒。在混凝土运输和浇筑过程中用保温被覆盖，防止由于太阳辐射产生热量而使混凝土温度回升。

（3）冷却通水。在坝体内埋冷却水管，在高温时段通制冷水，低温时段通自然水以达到冷却混凝土、削减混凝土温升的目的。

（4）流水养护。在混凝土浇筑完成后，表面采用流水养护，改善混凝土外部散热条件，以达到散发混凝土内部热量降低混凝土温度的目的。

4.施工方案评价

对施工方案进行评价的目的是为了发挥优势，克服和消除劣势，做出正确的选择。首先，工程技术人员进行了大坝温度仿真计算，计算单独采用某种措施时平均降温幅度，以此计算各方案的功能指数。

计算结果表明采用预冷混凝土效果最好，其次是通冷却水、控制浇筑层厚度和流水养护方案，最差为防晒方案，但单独采用任何一个方案都不能满足温控要求，必须得多种方案组合才能满足温控要求。为选取合理的组合方案，需进一步确定各方案的价值指数，选取几种价值高的方案予以组合，方能取得最优方案。为此，需先计算出各方案的成本指数。

通过计算可以看出，流水养护价值指数最高，防晒和冷却通水次之，预冷混凝土最低，考虑到流水养护对相邻舱面施工干扰大，对施工进度影响大，不能作为主要措施，只能在部分有条件的部位采用，因此选定温控方案为防晒+冷却通水，辅以流水养护，并再次作大坝温度仿真计算，证明采取这种方案可以满足修改后的温控要求。

5.效果评价

通过运用价值工程，使该工程大坝温控方案逐步完善，大坝温度得到了有效控制，大坝没有产生一条温度裂缝，取得了良好的效果，得到建设单位、监理单位及设计单位的一致好评。从降低成本方面看，大坝温控实际费用为298万元，与原投标方案相比节约92万元，与原定预算费用相比，降低23万元，减少亏损92万元。

（二）价值工程在施工布置中的具体运用

在四川省武都水库大坝碾压混凝土施工中，工程技术人员针对临建设施进行了价值工程活动，也取得了优良经济效果。根据合同文件，临建工程属于总价包干项目，合同金额较大，对该部分项目采用价值工程优化，可以取得可观的经济效益。

1.对象选择

根据对象选择的一般性规则，优先选取合同金额大的项目进行价值分析。拌和系统总价为728万元，占临建工程总价的40%，因此选取拌和系统作为价值工程活动对象。

根据投标方案，在坝址下游左右岸各布置一个拌和系统。左岸拌和系统位于坝址下游0.55km处，设计生产能力为：四级配常态混凝土240m^3/小时，三级配碾压混凝土200m^3/小时，混凝土10.5万m^3/月，负责大坝基坑及左岸共100万m^{3}混凝土生产任务；右岸拌和系统位于坝址下游1km处，是本工程的辅助生产系统，设计生产能力为：四级配常态混凝土150m^3/小时，三级配碾压混凝土200m^3/小时，混凝土7万m^3/月，负责大坝基坑及右岸63万m^{3}混凝土生产任务；又因砂石系统位于左岸拌和系统旁，右岸拌和系统砂石骨料需通过跨江运输，需增加两座临时交通桥，总价约200万元。混凝土水平运输采用自卸汽车方式进行运输。

根据施工方案确定的大坝浇筑最大舱面面积和最大月浇筑强度，拌和系统生产能力达到300m^3/小时、12万m^3/月即可满足，说明拌和系统的配置有较大的富余，进行价值工程活动的意义很大。

2.功能分析

拌和系统的基本功能有两个，一是拌制出满足设计要求和施工要求的混凝土，二是生产能力需满足施工强度要求，其辅助功能为方便使用和外形美观。

3.方案创造

价值工程人员经过集思广益，提出了分别在左岸集中布置和右岸集中布置两种方案，与原投标方案进行对比，对三种方案作技术经济分析评价。

4.施工方案评价

价值工程人员根据一般情况下拌和系统布置对成本、工期、质量影响较大的因素运用给分定量法进行方案评价。

价值工程人员又通过计算各方案的预算成本和确定拌和系统布置方案的目标成本，进而确定各方案的价值指数，以价值指数高低为判别标准来选择最优布置方案。因为拌和系统的布置对混凝土成本构成影响，所以预算成本均应包含拌和系统本身建设费用和增加混凝土措施费用，否则将造成虽然拌和系统本身费用减少，而造成其他费用增加较多，最终费用增加，而得出错误的结论。

计算结果表明，左岸集中布置方案最优，原投标方案次之，右岸集中布置方案最差。左岸集中布置方案虽然增加了混凝土运距，但其本身费用降低较多，同时节省了部分沙石骨料运输费用，而且取消了下游临时桥，经济效益显著；而右岸集中布置方案虽然减少了本身建设费用，但混凝土运距和砂石骨料运输费用显著增加，因此最终成本增加较多。

5.效果评价

通过运用价值工程，优化了拌和系统的布置，同时由局部牵动全局，对其他布置也进行了一定优化，施工单位成本大大降低。左岸集中布置方案自身建设费用仅为500万元，较原投标方案节省228万元，取消了下游临时施工桥，节省费用200万元；同时在进行系统设计时，使拌和系统骨料仓紧邻砂石系统骨料仓，仅用一条不足100m长的胶带机实现了全部砂石骨料的输送，虽然混凝土平均运距有所增加，但最终混凝土措施费用减少136万元，成效显著。

第三节　价值工程在施工管理中的应用

施工是一个综合应用各种资源、各种技术进行有组织有活动的过程，施工管理是施工企业项目管理系统中的一个子系统。这一系统的具体工作内容包括：施工项目目标管理、项目组织机构的选择、分包方式的选择、内部分配方法选择等。

一、价值工程在施工管理中应用的意义

施工管理是项目施工日常管理，是对管理制度的管理，施工管理水平的高低往往决定着施工项目管理的成败，因此在施工管理中应用价值工程具有

重要的意义。具体表现在：①可以提高项目决策的正确率，有利于提高项目决策水平；②可以提高项目管理的效率，尽量少走弯路；③可以充分发挥集体智慧，使项目员工可以更好地参与项目管理；④可以使项目树立“用户第一”的观念，有助于施工企业适应买方市场。

二、价值工程在施工目标管理的应用研究

明确而合理的施工目标对施工项目的成功非常重要，因为它明确了项目及项目组成员共同努力的方向，可以使有关人员清楚项目是否处在通向成功的路上，使个人目标与项目整体目标相联系。

（一）施工项目目标的确定

在我国经济发展过程中，施工项目目标形成经历了两个阶段：

1.传统的施工项目目标

在计划经济时代，工程项目的施工过程中，管理的主要任务是通过科学地组织和安排人员、材料、机械、资金和方法这五个要素，来达到工期短、质量好、成本低的三大目标。与三大目标直接相关的是计划进度管理、质量管理、成本管理。虽然这三项管理内容各有各明确的目标，但它们并不是孤立的，而是互相密切联系的：若一味强调质量越高越好，则成本将大大提高，工期也会延长；一味地强调进度越快越好，成本会大大提高，也容易忽视工程质量；只要求降低成本，容易忽视工程质量，投入少了，工期也会延长。而过于忽视质量，可能会造成返工，反而会延长工期，增加成本。

可以看出，传统的三大目标具有相互对立而又相互统一的辩证关系。如何合理处理三者的关系一直是困扰项目管理人员的难题。

2.战略上的施工项目目标

施工项目是施工企业进行生产和营销等活动的载体，是施工企业生存的基础，是施工企业战略的具体实施单位。项目的目标与企业战略目标必然有着十分密切的联系，项目目标的实现是为实现企业战略目标而服务的，它们之间的关系可以用一个金字塔结构来说明。

根据平衡计分卡理论，施工企业战略可以从至少以下 4 个视角来识别：

（1）客户视角（客户如何看待我们）。客户关心的问题可以分为四类：时间（工期）、质量、性能和服务、成本，此处的成本是指业主的发包价格和最终结算价格。

（2）内部视角（我们必须在何处追求卓越）。管理者需要把注意力放在那些能够确保满足客户需要的关键内部经营活动上。内部衡量指标应当来自对客户满意度最大的业务流程。

（3）创新与学习视角（我们能否提高并创造价值）。企业创新、提高和学习的能力直接关系到企业的价值。因为只有通过推出新产品，为客户创造更多价值，并不断提高经营效率，这样企业才能发展壮大。

（4）财务视角。财务评价指标显示了企业战略及实施是否促进了利润的增加。

财务、客户、内部流程和创新学习四个方面的因果关系是：员工的素质决定产品质量、销售渠道等，产品、服务质量决定顾客满意度和忠诚度，顾客满意度和忠诚度及产品、服务质量等决定财务状况和市场份额。

项目目标也可以通过这四个视角来判别是否符合企业战略目标，同样，项目的目标也可以根据项目在企业中的战略定位通过这四个视角来确定，即在不同战略定位的项目，这四个视角的指标所占比重各有不同。如某施工企业为了在新的地区拓展市场，在投标过程中，对项目目标制订时，一般应首先考虑客户视角，保证工期，甚至提前工期，保证质量，并降低报价，那么必然会牺牲部分利润；如为了提高在某类型工程的领先水平，那就必然要求重视创新与学习视角。

传统的三大目标单纯地重视质量、进度、成本，没有与企业的持续发展联系在一起，它的目标具有片面性，甚至在某些时候与企业战略是相悖的。而通过战略上确定的施工项目目标更符合企业长远发展的需要，它的体系更完善。

（二）施工项目目标权重的确定方法

根据平衡计分卡理论，项目目标从战略角度可以大致分为质量、进度、服务、创新、学习、成本，其中质量、进度、服务是为了满足客户需求的，而创新、学习、成本是为了满足企业自身成长、持续发展需要。确定目标权重的目的是正确确立各目标之间的关系，用于指导日常施工管理。从价值工程的角度解释，各目标即是项目的功能区，确定项目各目标权重即是对项目进行功能分析，确定各功能区的功能指数或功能评价值。因为对项目目标分析是为了节约成本，成本目标不作为分析对象，只作为评价依据。

因此，确定项目各目标权重的步骤和方法是：①应根据企业战略确定项目所处的地位，明确项目的具体任务。一般应在投标时项目策划阶段或项目初始阶段完成；②根据项目在企业战略中的定位和具体任务，采用环比评分法、多比例评分法、逻辑评分法、强制打分法（0～1 评分法或 0～4 评分法）确定各目标的功能指数；③根据各目标的功能指数大小，确定项目各目标的权重，功能指数越大的，项目目标越重要，就越需要全力去实现。

（三）施工项目目标价值分析

当项目各目标权重确定后，为便于指导具体管理工作，应进一步对各目标作价值分析。

对施工各目标作价值分析前，应先计算出为实现各目标的现实成本，以计算各目标的成本指数。计算现实成本应一一列举出为实现该目标而采取的措施，以及该措施所需的费用。然后，用该目标的功能指数与该目标的成本指数相比较，得出该评价对象的价值指数，再根据价值指数进行分析。

①当价值指数等于 1，说明该目标的功能成本与现实成本大致相当，合理匹配，可以认为该目标的现实成本是合理的；②当价值指数小于 1，说明实现该目标的现实成本大于其功能成本，目前所占的成本偏高，应将该目标列为改进对象；③当价值指数大于 1，说明实现该目标的现实成本小于其功能成本。

出现这种情况的原因可能有 3 种：①由于现实成本偏低，不能满足该目标的要求，这种情况应列为改进对象，改善方向是增加成本；②该目标提得过高，超过了其应该具有的水平，也即存在过剩功能，也应列为改进对象，改善方向是降低目标；③该目标在客观上存在功能很重要而实现其目标的成本却很少的情况，这种情况一般不应列为改进对象。

（四）应用实例

某施工企业为了打进四川省雅砻江流域梯级电站开发市场，经过多方努力，成功承接了该流域官地水电站拦河坝施工任务，拦河坝为百米级碾压混凝土重力拱坝，该施工企业在国内碾压混凝土筑坝技术处于领先地位，该施工企业决定利用官地工程作为进军该流域梯级电站开发市场的桥头堡，同时通过该工程进一步提高碾压混凝土筑坝技术水平。在中标后，立即采用价值工程对项目目标进行了策划。

价值工程人员同企业战略管理人员一起，首先采用强制评分法中0～4法计算各目标的功能指数。

实现各目标的措施主要如下：

1.质量

加强辅料、碾压等工艺的现场控制，采用进口维萨板作为模板面板，以做到大坝外光内实。

2.工期

采用斜层碾压技术，以减小坝基固结灌浆对大坝混凝土施工的干扰。

3.服务

加强同业主、监理、设计等相关单位的沟通，积极响应、满足各方对工程的具体要求，同时加强竣工后保修的保障。

4.创新

引进、消化满管溜筒输送混凝土、大倾角胶带机输送砂石骨料等新技术。

5.学习

加强对员工新技术的培训，组织到类似工地参观学习，邀请国内知名专家到工地进行指导。

计算结果表明，质量目标的价值指数远小于1，其现实成本偏大，应列为改进对象，进度目标、服务目标、创新目标的价值指数均略大于1，其现实成本与其功能成本大致相当，可不必改进，学习目标远大于1，主要是因为该企业在碾压混凝土筑坝技术优势明显，有着一大批熟练、高素质的管理人员、技术人员和施工人员，对新技术接受快，使得客观上其现实成本较低，因此也不需要改进。

工程技术人员通过对实现质量目标的措施分析发现，采用国外进口的维萨板价格较高，是其现实成本过高的主要因素，经过对国外进口维萨板和国内生产价格较低的维萨板对比试验，国产维萨板上涂刷专门的脱模剂可以达到与进口维萨板同等效果，因此采用国产维萨板作为模板面板，节约成本约100万元，经济效益明显。

官地大坝工程目前已完成二枯施工，其工程形象面貌满足节点工期要求，外观质量好，混凝土质量据检测结果分析，一致认为达到了国内领先水平，得到了国内外专家、业主、监理、设计等单位的一致好评，为该企业树立了光辉形象。同时，熟练掌握了满管溜筒输送混凝土技术和大倾角胶带机输送砂石骨料技术，取得了良好的技术经济效益，总体达到了预定目标。

三、价值工程在组织设计中的应用研究

组织是施工项目管理的工具，合适的组织是施工项目高效运行的前提。这里所说的组织设计，是指当组织机构运行了一段时间后，因施工项目所承担施工任务的改变、环境改变，为适应新的需要而对组织机构进行的一种调整和重新设计。

（一）在组织设计中开展价值工程的必要性和可行性

组织是项目功能实现的首要保证，而组织设计是组织能够精简高效运行的前提。国内外大量的研究和实践证明，价值工程在提高对象价值方面效果显著，所以把价值工程的管理思想和技术引入到组织改进设计中应该是非常有意义和必要的。

组织机构设立的过程，实际上是一个功能与成本转换的过程，在这个转换过程中，功能的实现与成本的支出是动态相关而又对立统一的两个方面，而功能与成本的确定是在组织设计中进行的。组织设计的基本目标是要设立一个精简高效的组织，以更低的成本实现更高或基本的功能，与价值工程的基本原理是基本一致的。组织机构设计的基本目标，从价值工程的角度来说

就是设计一个价值最高的组织机构体系。这种内在的一致性，决定了在组织设计中开展价值工程活动和进行相应的研究是完全可行的。

（二）应用价值工程进行组织设计的程序

1.组织的功能与成本

应用价值工程进行组织设计，就是实现组织功能与组织成本的转换过程。如前所述，施工项目是施工企业进行生产和营销等活动的载体，其目标的实现是通过向买方（业主）提供某种或几种产品和服务，这是施工项目作为一个组织的基本功能，或称之为整体功能。项目的整体功能可以再分为基本功能和专业功能，基础功能一般是许多项目共有的，对完成整体功能起支持作用的，如财务、人力资源、技术等；而专业功能是为项目提供特色产品和服务起支持作用的，根据项目所承担施工任务及合同条件有所差别。

项目的组织成本是指项目的人力资源成本，即项目所需付给项目员工的所有报酬及根据企业规定需缴纳的相关费用。而项目其他方面的成本与组织设计关系不大，如项目财务成本、采购成本、制造成本等并不会因为组织机构设置的改变而改变，所以在此不必考虑。另外需要注意的是，价值工程只是组织设计的一种方法和手段，不能代替组织设置的原则和部门化原则，所以在组织设计中实施价值工程时还需作一个假定：组织机构设计是按其原则进行的一种相对最优设计，故组织的制度成本在此也不予考虑。

2.对象选择

在组织设计中实施价值工程，其对象选择一般以整个项目组织为对象，也可以选择其中的一部分为对象。当选择组织的一部分为对象时，对象选择的一般原则是：在经营上迫切需要改进的部门；功能改进和成本降低潜力比较大的部门。

3.功能分析

在分析信息和资料的基础上，简明准确地描述组织功能，明确功能特性前要绘制功能系统图，通过功能分析，明确该组织的主要作用。

4.功能评价

水利水电工程施工项目一般时间跨度大，往往由多个不同阶段组成，每一个阶段项目施工的重点不一样，组织设计的目的就是调整组织以满足不同阶段的施工任务要求。如果采用功能成本法对某一阶段的组织功能进行评价，需将组织的总成本按不同阶段进行分解，所需时间较长，其工作量较大，不便于项目在组织中开展价值工程活动；而采用功能指数法，只需求出本阶段功能指数阶段成本指数比值，即为价值指数，根据指数大小即可确定改进对象。功能指数是相对指数，根据本阶段施工任务确定本阶段各功能的相对权重即可，简单易操作，工作量小。因此，这里推荐在阶段性的组织设计中采用功能指数法进行功能评价。

5.选择改进对象

选择改进对象时，考虑的因素主要是价值系数大小，以价值系数判断是否要进行改进。改进的幅度以成本改善期望值为标准，即：

（1）当价值系数等于或趋近于 1 时，功能现实成本等于或趋近于功能目标成本，说明功能现实成本是合理的，价值比较合理，无需在组织中增加或减少人员。

（2）当价值系数小于 1 时，表明功能现实成本大于功能评价值，说明该功能现实成本偏高，应考虑在组织减少人员以降低成本、提高效率。

（3）当价值系数大于 1 时，表明功能现实成本小于功能评价成本，说明功能现实成本偏低。原因可能是组织人员不足而满足不了要求，则应增加人员，更好地实现组织要求的功能；还有一种可能是功能评价值确定不准确，而以现实成本就能够实现所要求的功能，现实成本是比较先进的，此时无需再增加或减少人员。

（三）组织的功能指数和现实成本指数的计算方法

1.组织功能现实成本的计算

组织的成本是以部门为对象进行计算的，功能的现实成本的计算则与此不同，它是以功能为单位进行计算的。在组织中部门与功能之间一般呈现一种相互交叉的复杂情况，一个部门往往具有几种功能，一种功能也往往通过多个部门才能实现。因此计算功能现实成本，就是采用适当的方法将部门成本分解到功能中去。分解的方法如下：

（1）当一个部门只实现一项功能，且这项功能只由这个部门实现时，部门的成本就是功能的现实成本。

（2）当一项功能由多个部门实现，且这多个部门只为实现这项功能服务时，这多个部门的成本之和就是该功能的现实成本。

（3）当一部门实现多项功能，且这多项功能只由该部门实现时，则按该部门实现各功能所起作用的比重将成本分配给各项功能，即为各功能现实成本。

（4）更普遍的情况是多个部门交叉实现多项功能，且这多项功能只能由这多个部门交叉地实现。计算各功能的现实成本，可通过先分解再合并的方法进行。首先将各部门成本按部门对实现各项功能所起作用的比重分解到各项功能上去，然后将各项功能从有关部门分配到的成本相加，便可得出各功能的现实成本。

（5）确定部门对实现功能所起作用的比重，可通过头脑风暴法、哥顿法、德尔菲法或采用评分法等方法确定。

（6）各功能的现实成本计算出来，再求出各功能成本占功能总成本的比值即为该功能的现实成本指数。

2.功能指数的计算

功能指数即为功能重要性系数，是指所评价功能在整体功能中所占的比率。确定功能指数的关键是对功能进行打分。常用的打分方法有强制打分法（0～1 评分法或 0～4 评分法）、多比例评分法、逻辑评分法、环比评分法等，常用的是强制打分法。

（四）应用实例

贵州省格里桥水电站大坝工程施工项目于 2007 年 5 月开始，该项目合同工作内容为挡水大坝土建及安装工程，包括大坝坝基开挖、大坝混凝土浇筑、溢流表孔闸门安装等内容。在工程开工之初，主要以大坝坝基开挖为主，还有拌和系统等主要临建工程设计与施工。项目设置有合同部、财务部、安全部、技术部、质量部、施工部、开挖部、机电物资部、综合部 9 个部门，以及机电工段、拌和工段、机械工段 3 个作业工段，其组织机构设置能满足工程施工需要。但到 2008 年 1 月，开挖施工进入尾声，临建工程全部完成，项目工作任务重心进入混凝土浇筑，部分部门设置不再满足工程施工需要。为保证项目运作的稳定性，提高效率，项目领导决定采用价值工程活动对组织机构进行调整。

1.功能整理

企业原组织机构设置与部门实现功能。

2.功能评价

价值工程小组根据项目的历史数据进行统计、分解、计算，得出各部门的现实成本，除物资部仅对应一个功能，其部门的成本就为各功能的现实成本外，其余部门均对应着多项功能，需作分解摊派，另行政、人事统称行政。

功能评价值采用功能重要程度评价法。首先根据确定的施工项目目标的权重确定现阶段各功能重要性系数，功能重要性系数采用强制评分法中 0～4 法计算各功能重要性系数。

3.确定组织改进方案

有关资料表明，成本、财务、进度、安全、行政几项功能价值系数均略大于 1，说明功能成本大致与现实成本相当，因此可认为目前功能成本是比较合理的，无需列为改进对象；而质量功能价值系数远大于 1，根据具体分析，是由于目前成本偏低，不能满足其应有的功能要求，故应考虑增加投入，即增加人员；而技术和开挖价值指数远低于 1，说明其现实成本远大于功能成本，也需要改进，即减少人员。

据此，项目领导决定撤销开挖部，除了将开挖部并入工程部以满足日常工作需要外，其余人员分流至其他需要的项目，并将技术部和质量部合并为技术质量部，在不增加人员的前提下，很好地满足了质量功能。

4.实施效果评价

目前，格里桥水电站大坝工程目前已完成大部分施工任务，根据改进后的项目组织，能很好满足施工需要。

第四节 价值工程在工程材料选择中的应用

工程材料是指施工过程中耗费的构成工程实体的原材料、辅助材料、构配件、零件、半成品等，材料费是工程成本的重要组成部分，一般情况，材料费要占工程成本的50%～70%。因此，工程材料的选择直接关系到工程质量的好坏和工程造价的高低，而部分辅助材料的选择更是关系到施工项目成本的高低。

一、在工程材料选择中应用价值工程的意义

在工程材料选择中应用价值工程的意义主要体现在以下几方面：

（一）有利于在保证工程质量情况下降低工程造价

如前所述，工程材料是构成建筑物的物质基础，材料费又在工程成本中占着很大比重，同时，工程材料的质量直接影响着工程质量。因此正确地选择工程材料是保证工程质量和降低工程造价的重要途径。

但在人们的普遍观念中，人们往往把高质量建筑产品与高造价等价起来，以至于在工程设计和施工中主要选用质量好价格高的材料，阻碍了在工程项目中进行科学合理的材料选择，同时也造成一定的浪费。价值工程认为，满足一定的工程功能要求的材料是有多种替代方案的。在众多方案的比较中，一定可以得到一种既可以满足功能要求又能使费用较小的方案。因此，在工程材料选择中应用价值工程分析技术，可以根据研究对象的功能要求，科学合理地选择既满足功能要求同时费用又相对低廉的材料，大幅度提高工程价值，使工程质量的保证和工程造价的降低有机地结合起来。

（二）可以增强工程技术人员的经济观念，提高施工企业的经营管理水平

受过去计划经济体制的影响，仍有很多工程技术人员存在着重技术轻经

济的思想，在工程施工中往往片面强调技术的适用性、安全性，而不考虑或很少考虑企业的经济性，或者忽视用户的利益不愿意做深入细致的调查研究工作，不愿意多提出几个工程材料选择的方案进行比较，导致工程的功能过剩，造价过高。通过在工程材料的选择中应用价值工程，能够使工程技术人员从功能和成本两个方面去分析评价工程材料，根据具体的工程功能要求，优先选用价值较高的材料。工程技术人员通过在应用价值工程的实践中逐步增强经济观念，在客观上起到了促进施工企业经营管理水平提高的作用。

（三）有利于促进工程建筑材料生产现代化，为工程材料选择创造了更加丰富的物质条件

在工程材料选择中应用价值工程，施工企业根据具体研究对象的功能分析，可以进一步优化工程材料的技术经济结构，并且把这种优化结果通过市场机制反作用于建筑材料的生产过程，从而影响到建筑材料的生产结构和方向，促进建筑材料行业加快革新和科技成果转化的步伐。从这方面来说，价值工程在工程材料选择中的应用客观地为建筑材料的科技成果与工程项目相结合架设了沟通的桥梁，促进了新型材料和构件等的科研、生产与实际应用的联系机制，促进了我国建筑材料生产的现代化。建筑材料生产的现代化，又为下一轮工程选材中应用价值工程创造了丰富的物质条件，提供了更大的选择范围，形成建筑材料的生产发展与工程选材的良好循环。

二、在工程材料选择中应用价值工程的一般要求

对于施工企业来说，在工程施工中应用价值工程对材料选择进行价值优化有如下一些要求：

（1）施工人员必须与建设各方进行沟通，尤其是建设方（业主）和设计单位进行沟通，充分领会工程设计中建筑结构功能对材料的功能要求，并根据材料功能要求选用符合功能要求的材料，否则应用价值工程进行材料选择优化将无从谈起。在工程施工中施工企业进行材料选择必须满足建设各方对材料的功能要求，同时也不能随意地提高其功能。

（2）施工人员必须熟悉各种材料的不同性能、特点。在材料功能得到满足的前提下，应尽量考虑有无可代用材料。如今材料工业的高速发展，为在工程中进行材料优选提供了更广阔的空间，实现一种功能可以有多种材料。这就需要施工工程技术人员掌握信息技术，熟悉各种材料的性能和优缺点，根据工程结构要求的材料功能进行科学合理地选择。

（3）在进行材料选择时应注意对材料供应过程的影响。建筑材料的选择要尽量选择本地产品，尽量选用国内产品，要尽量选用易储存保管的产品。

（4）在工程材料选择中应用价值工程，施工企业还应注意材料信息的收集和积累，可根据企业的自身情况建立材料信息库，并不断进行材料信息的更新，以保证信息具有及时性、高效性、准确性、广泛性，以便于工程技术人员随时查阅。施工人员应利用各种渠道进行信息的收集和积累，具体来说进行材料信息收集主要有以下途径：①各种报刊和专业商业情报所刊载的资料；②有关学术、技术交流会提供的资料；③各种供货会、展销会、交流会提供的资料；④广告资料；⑤各政府发布的计划、通报及情况报告；⑥采购人员提供的资料及早先调查取得的信息资料；⑦充分利用网络信息技术。网络具有大容量、高速、快捷、更新速度快、低成本等特点。有效地利用网络技术可以使我们方便、快捷地了解到国内甚至国外建筑行业最新的发展信息，为价值工程的应用创造更好的条件。

三、在工程材料选择中应用价值工程的实例

为了进一步说明价值工程在工程材料选择中的应用程序和方法，本书以价值工程在四川省武都水库大坝工程选择混凝土减水剂的实际应用为例加以阐释。

该施工项目合同工作内容为武都大型水库碾压混凝土挡水坝施工，坝型为重力坝，坝高为 110m，碾压混凝土方量为 142 万 m^3，常态混凝土方量为 25 万 m^3。施工技术人员在进行混凝土配合比设计时，应用价值工程原理和方法选择混凝土减水剂，大大减少了胶凝材料用量，降低了混凝土材料费用在总成本中的比重，有效地降低了成本。

（一）对象选择

在混凝土配合比设计时除了应保证在规定的龄期达到设计规定的强度和耐久性指标，还应保证混凝土拌和物具有一定的和易性，便于施工时能碾压或振捣密实，以及经济合理，尽量降低成本。

混凝土基本构成为水泥、粉煤灰、水、砂及石子，为节约胶凝材料（水泥+粉煤灰）和改善混凝土某些性能，常常需要添加一些外加剂和掺和物，一般情况下，胶凝材料占碾压混凝土材料费的50%～55%，占常态混凝土材料费的60%～70%。

根据本工程合同条件，水泥、粉煤灰和砂石骨料等主材均由业主以固定价格统供，其他材料由承包商自行购买，根据设计要求，本工程所需的外加剂主要有减水剂、引气剂、缓凝剂等。减水剂的作用是在保证强度和和易性不变的前提下，显著减少水和胶凝材料用量；引气剂的主要作用是提高混凝土的耐久性，同时也可以提高混凝土的和易性；缓凝剂的作用是延长混凝土的凝结时间。由于主材由业主统一提供，能显著降低胶凝材料用量，降低混凝土成本的是减水剂，因此工程技术人员选定减水剂为价值工程活动对象。

（二）功能分析

减水剂的主要功能是在保证强度和和易性不变（或提高）的前提下，显著减少水和胶凝材料的用量，不但可以节约成本，还可以减少混凝土内部的发热量，简化温控措施，经济效果明显。

虽然减水剂在混凝土内掺量极小，但对混凝土成本影响大，仅将减水剂本身费用作为功能评价值和现实成本本身意义不大，甚至还可能造成虽然减水剂的费用降低了，而混凝土成本降低不多，未达到预期效果的错觉，因此，这里取混凝土材料费用计算减水剂功能评价值和现实成本。

（三）功能评价

1.计算功能现实成本和目标成本

经过对提供减水剂厂家质量、信誉和价格等方面考察，初步选定甲、乙、丙三家生产不同减水剂的厂家，要求这三家厂家分别提供样品供承包商进行混凝土配合比试验，以便最终确定采购减水剂品种和厂家。甲、乙减水剂为缓凝高效减水剂，丙减水剂为高效减水剂，其供货价分别为每吨 7200 元、6400 元、5800 元。

承包商根据甲、乙、丙三个厂家提供的减水剂分别做碾压混凝土和常态混凝土配合比，根据该配合比计算出各种配合比情况的单位方量材料费作为功能的现实成本。

根据合同文件中的招、投标文件，将碾压混凝土和常态混凝土中标单价分解，取其材料费作为功能的目标成本，碾压混凝土目标成本为每立方米 68.37 元，常态凝土目标成本为每立方米 80.92 元。

2.计算功能价值指数

根据已计算出的减水剂现实成本和目标成本，计算出各种减水剂的价值指数。

碾压混凝土：

$V_{甲}$＝碾压混凝土目标成本/甲减水剂现实成本＝68.37/64.47＝1.06

$V_{乙}$＝碾压混凝土目标成本/甲减水剂现实成本＝68.37/67.23＝1.02

$V_{丙}$＝碾压混凝土目标成本/甲减水剂现实成本＝68.37/70.15＝0.97

常态混凝土：

$V_{甲}$＝常态混凝土目标成本/甲减水剂现实成本＝80.92/79.89＝1.03

$V_{乙}$＝常态混凝土目标成本/甲减水剂现实成本＝80.92/80.15＝1.01

$V_{丙}$＝常态混凝土目标成本/甲减水剂现实成本＝80.92/74.77＝1.08

3.选择确定采购品种

根据计算出的价值指数，在碾压混凝土中，$V_{甲}>V_{乙}>V_{丙}$；在常态混凝土中，$V_{丙}>V_{甲}>V_{乙}$。因此，决定采购甲减水剂作为碾压混凝土的外加剂，采购丙减水剂作为常态混凝土的外加剂。

（四）效果评价

采用甲减水剂作为碾压混凝土的外加剂，虽然其供应价格最高，但其具有缓凝效果，可以满足碾压混凝土覆盖时间长的要求，不用像丙减水剂需要另添加缓凝剂；同时，在满足混凝土同样的要求前提下，甲减水剂的掺量仅为乙减水剂的 2/3，因此，具有显著的经济效益。

而采用丙减水剂作为常态混凝土的外加剂，是因为根据试验结果，丙减水剂更适合常态混凝土，不仅供货价格最低，而且掺量也略低于甲、乙两种减水剂，因此也具有显著的经济效益。

根据理论计算，本工程可节省材料费用 707.55 万元，经济效益显著，实际节省材料费用 600 余万元，主要是由于碾压混凝土施工强度大，业主提供的砂石骨料质量不稳定，砂子的石粉含量经常低于规范允许范围，同时砂子偏粗，为保证碾压混凝土的和易性，承包商不得不采用粉煤灰部分替代砂子，导致实际节省费用偏小。

第五节　价值工程在施工机械设备管理中的应用

设备是企业生产的重要物质技术基础，是生产力的重要标志之一。现代化企业设备水平日趋大型化、自动化、连续化和高效化。连续的流水生产过程生产环节多，前后工序复杂，其中任何一个环节的设备发生故障，就会打乱生产节奏，使整个企业生产发生波动。因此，企业设备运行的技术状态直接影响到企业产品产量、质量、成本和企业的综合经济效益，还危及企业的安全和环保工作。把握现代企业的发展趋势，结合具体情况探索加强企业设备管理的有效方法，对提升企业设备管理水平，增强企业竞争能力，提高企业经济效益具有重要作用。企业设备管理的基本任务是在保证企业最佳综合经济效益的前提下提供优良的技术装备，对设备进行全过程综合管理，使企业的生产活动建立在最佳的物质技术基础上。因此，合理地选择、经济地使用、及时地维修设备，适时进行技术改造和设备更新，成为企业设备管理中十分重要的问题。

一、在施工机械设备管理中应用价值工程的意义

在施工机械设备管理中应用价值工程的意义主要体现在以下几方面：

（一）有利于项目合理选择施工机械设备

市场和企业所拥有的各种类型的施工机械设备具有各种不同的功能，项目需要采取切实可靠的方法进行选择。价值工程作为一种系统的功能分析方法，它分析施工机械设备的功能状况，比较施工机械设备的生产率、可靠性、安全性、耐用性、维修性、节能性等方面，是一种简单易行、科学高效的手段。同时，通过价值工程的功能分析方法，项目可以更好地系统分析本工程生产对施工机械设备的具体功能要求，寻求最适合本项目实际情况的施工机械设备，科学合理地选择施工机械。

（二）有利于节约投资，提高其投资效果，大幅度提高企业技术装备的整体价值

在对具体的施工机械设备投资进行分析研究中，施工企业可以应用价值工程的功能成本分析方法，从施工机械设备的功能和成本两个方面的相互作用、相互联系中寻求最合理的投资方案，可以避免片面追求高功能施工机械设备而带来的不必要浪费，同时克服过分强调低成本，盲目减少施工机械设备投资而导致施工机械设备功能不足，从而造成一系列相关的经济损失。由于价值工程强调在可靠实现施工机械设备功能基础上达到施工机械设备的投资最小的目标，所以通过应用价值工程，施工企业可以节约施工机械设备投资，提高施工机械设备投资效果，使施工企业拥有的施工机械设备在功能和成本上达到较为完美的匹配，从而大幅度提高施工企业技术装备的整体价值。

（三）有利于提高施工机械设备的利用效率，降低其费用在工程成本中的比重，从而降低施工企业成本

一般在水利水电工程施工中，施工机械设备投资占到了施工总成本的60%～70%。通过应用价值工程系统地分析企业对施工机械设备的功能要求，比较市场上的各种功能水平的施工机械设备，选择最适合本企业和本工程情况的施工机械设备，可大大提高施工机械设备的利用效率，降低机械设备的寿命周期成本，那么机械设备费用在工程成本中的比重也会随之减小，即降

低施工机械设备费用在单位建筑安装工程量的分摊额，从而降低施工企业的施工成本，使施工企业获得良好的经济效益。

（四）有利于加强施工项目机械设备的有效管理，提高管理水平，促进施工企业发展壮大

在施工机械设备管理中应用价值工程有助于实施优良的项目内部管理、生产经营活动以及提高经济效益。机械设备是企业从事生产活动三个基本要素之一，是生产力的重要组成部分，也是企业重要的物质财富。有效的设备管理不仅有助于产品的生产，同时与项目内部的其他各项管理活动也有着重要的联系。项目的生产经营活动首先要建立在产品的生产上，产品的生产要以优良而又经济的机械设备为基础，机械设备的有效运行又要以有效的设备管理为保障。有效的设备管理能够使项目的生产经营活动建立在最佳的物质技术基础上，保证生产设备的正常运行，保证生产出符合质量要求的产品，帮助减少生产消耗，降低生产成本，能够提高资源的利用率和劳动效率，提高项目的经济效益。

二、在施工机械设备管理中应用价值工程的一般方法

（一）价值工程在施工机械设备管理中具有的特点

①价值工程的目标是以最低的寿命周期成本，使设备具备所必需的功能，通过降低成本来提高价值的活动应贯穿于设备采购、维修、更新的全过程；②价值工程的核心，是对设备进行功能分析；③价值工程将设备价值、功能和成本作为一个整体同时来考虑，不能片面、孤立地只追求设备的功能，而忽略了设备的价值和成本；④价值工程强调不断改革和创新，企业在只有通过不断开拓新构思和新途径，才能提高设备的综合经济效益。

（二）提高施工机械设备价值的途径

从价值工程的定义，可以得出提高施工机械设备价值的 5 种典型途径：

①功能不变，降低成本（节约型）；②成本不变，提高功能（改进型）；③提高功能，降低成本（改进、节约双向型）；④功能略降，成本有更大幅度的下降（牺牲型）；⑤增加较少成本，促使功能有更大的提高（投资型）。

就整个施工企业管理来讲，可将价值工程的定义分解为：价值（企业综合效益）＝功能/成本＝（设备功能+经营管理功能+劳动智力功能）/（设备成本+劳动生产成本+原材料辅料成本）。

（三）施工机械设备的功能分析

功能分析是价值工程的核心。企业对设备的采购、维修、更新是通过购买设备获得所期望的功能，应用价值工程理论分析设备功能的意义在于准确评价设备的功能和价值，为合理选购设备和维修、改造、更新设备提供科学的依据，从而提高设备的功能，降低成本，达到提高价值即企业的经济效益的目的。

1.生产性

指设备的生产率，一般以设备在单位时间内的产品出产量来表示。成本相同，生产性好的设备，其产生的价值就高，反之就低。

2.可靠性

从广义上讲，可靠性就是精度、准确度的保持性与零部件的耐用、安全、可靠性等。指在规定的时间内和使用条件下，确保质量并完成规定的任务，无故障地发挥机能的概率。优良的可靠性保证了设备的正常使用寿命和所产产品的质量，因而有利于价值的较大提高。

3.灵活性

指设备在不同工作条件下生产加工不同产品的适应性。灵活性强的设备，其价值就高。

4.维修性

指设备维修的难易程度。维修性的好与差直接影响设备维护保养及修理的劳动量和费用。维修性好一般指结构较为简单，零部件组合合理，维修时容易拆卸，易于检查，通用化和标准化程度高，有互换性等。

5.安全性

指设备对生产安全的保障性能。如是否安装有自动控制装置，以提高设备操作失误后防止事故、排除故障及降低损耗的能力，达到降低成本、提高价值的目的。

6.节能性

指设备节约能源的性能：能源消耗一般用设备在单位开动时间内的能源消耗量来表示，如每小时的耗电量、耗油量等，也可以用单位产品的能源消耗量来评价。

7.节料性

指设备节约原料、辅料的性能。节料性好的设备生产成本低，价值高。

8.配套性

指设备的配套性能。设备要有较广泛的配套性。配套大致分为和单机、机组、项目配套3类。配套性好的设备其使用价值就高。

9.环保性

指设备对于环境保护的性能。环保性的优劣决定设备综合价值的优劣。

10.自动性

指设备运转的自动化水平。设备运转自动化水平越高，其功能价值越高。

（四）价值工程在施工机械设备选购中的应用

设备采购是设备管理的一项重要工作。选购设备必须要对设备全寿命周期成本进行经济分析，通过全寿命周期成本的研究对所有费用单元进行分解、估算。用最小的总成本获得最合理的效能，提高设备的价值，是选购设备的原则。在选购设备时应用价值工程理论主要应把握好以下3点：

1.性能好，技术先进，维修便利

对可供选择的各种设备进行全面、认真的功能分析，互相比较，尽可能选购功能好、多、高、技术先进、产品质量好、维修便利的设备。

2.适用性强，效率高

切勿贪大求洋，盲目追求设备的先进性和自动化水平。最先进的设备所具备的高、多功能不一定适合本企业。自动化水平特别高的先进设备还易因受到企业投资规模、经济环境、市场、原材辅料供应、配套能力、职工素质及管理水平等因素的制约，发挥不出其先进的功能，甚至使企业背上沉重的经济包袱，严重影响企业的发展。因此，选购的设备不仅要功能好、技术先进，还要适用性强，符合本地区、本项目的客观实际，才能够充分发挥其功能，为企业创造出理想的经济效益。

3.经济上合理，成本低

选择设备时，应进行经济评价，通过几种方案的对比分析，选购价值较高的设备，以降低成本，用较小的投入获得最合理的效益。当然价值较高不一定最便宜，多数情况下，设备功能的高低与相对成本的大小成正比。

（五）价值工程在施工机械设备维修中的应用

设备管理的社会化、专业化、网络化以及设备生产的规模化、集成化使得设备系统越来越复杂，技术含量也越来越高，维修保养需要各类专业技术和建立高效的维护保养体系才能保证设备的有效进行。在各种可能情况出现下，如何提高设备维修工作的价值，设备维修工作的功能是使设备的技术状态适应生产活动的需要，同时尽可能缩短维修时间，提高设备利用率。在设备维修工作中开展价值工程的目的，是以尽可能少的维修费用和设备使用费用来实现设备维修工作的功能。要想提高设备维修工作的价值，必须根据不同设备的使用要求和技术现状，合理确定设备的维修方式，如确定应实行大修、项修还是改良性修理，力争以最低的寿命周期费用，使设备的技术状态符合生产活动的需要。

在设备维修中开展价值工程，主要有以下几种途径：①对原出厂时设备的性能、精度、效率等不能满足生产需要的设备，结合技术改造进行改善修理；②对生产活动中长期不使用某些功能的设备，侧重进行项目修理，替代设备的大修，则可节约维修费用，缩短维修时间，提高设备利用率；③对设备实行项修所需要的维修时间、维修费用都接近大修时，对设备进行全面修理，即设备的大修。通过大修可以全面恢复设备的出厂功能，有利于在生产条件发生变化时发挥设备的适应性。

设备是采用改善修理、维修或大修，这需要通过实践去积累经验，并通过技术进行分析、比较，逐步探索出合理划分改善修理、项修、大修界限的定量的参考数据。

（六）价值工程在施工机械设备更新中的应用

设备的磨损是设备维修、改造、更新的重要依据。设备磨损有两类，一是有形磨损，造成设备技术性陈旧，使得设备的运行费用和维修费用增加，效率降低，反映设备的使用价值降低；二是无形磨损，包括由于技术进步，社会劳动生产水平的提高，同类设备的再生产价值降低，致使原设备相对贬值；由于科学技术进步，不断创新出性能更完美、效率更高的设备，使原有设备相对陈旧落后，其经济效益相对降低而发生贬值。

设备更新是对旧设备的整体更换，也就是用原型新设备或结构更合理、技术更加完善、性能和生产率更高、比较经济的新设备，更换已经陈旧了的、在技术上不能继续使用，或在经济上不宜继续使用的旧设备。就实物形态而言，设备更新是用新的设备替代陈旧落后的设备，就价值形态而言，设备更新是设备在运动中消耗掉的价值的重新补偿。设备更新是消除设备有形磨损和无形磨损的重要手段，目的是为了提高企业生产的现代化水平，尽快形成新的生产能力。

当设备因磨损价值降低到一定水平时，就应考虑及时更新。特别是对那些效率极低、消耗极大，确无修复价值的陈旧设备，应予以淘汰，确保企业设备的优化组合。

进行设备更新时应考虑以下几点。①不考虑沉没成本，即已经发生的成本。不管企业对该设备投入多少，产出多少，这项成本都不可避免地发生了，因而决策对它不起作用的；②不能简单地按照新、旧设备方案的直接现金流量进行比较，而应该立于一个客观的立场上，同时对原设备目前的价值或净残值应考虑买卖双方及机会成本并使之实现均衡；③逐年滚动比较，是指确定最佳更新时机时，应首先计算比较现有设备的剩余经济寿命和新设备的经济寿命，然后利用逐年滚动计算方法进行比较。

三、价值工程在机械设备选择中的应用实例

以贵州省思林水电站大坝工程施工项目选择混凝土浇筑用门（塔）机中

应用价值工程为例来阐述价值工程在工程机械设备选择中的应用程序和使用效果。

（一）应用背景

根据施工技术方案，思林水电站工程大坝表孔常态混凝土施工需布置一台工作幅度不小于45m、端头起重量不小于10t的塔机或门机作为常态混凝土的垂直运输设备，该设备属特种大型设备，市面上一般无货出租，只能从该施工项目所属施工企业拥有的大型设备选择。根据调查，该施工企业有三种型号的门机或塔机满足本工程要求，三种型号的门（塔）机分别是MD900型塔机、MQ900型门机和MQ1260门机，机电物资部门在取得三种型号的门（塔）机技术经济资料后，与技术经济人员一起进行价值工程活动，以便在三种型号的门（塔）机中选择最经济合理的门（塔）机。

（二）调查研究、收集资料

项目价值工程人员详细查阅三种型号门（塔）机的技术资料：三种门（塔）机都具备工作幅度、最小吊重、小时浇筑强度三项基本功能。MD900型塔机工作幅度为70m，最小吊重为10t，在45m范围内可吊20t；MQ900型门机工作幅度为50m，最小吊重为10t；MQ1260门机工作幅度为45m，最小吊重为10吨。根据该企业内部管理流程，项目使用企业设备采用租赁形式，三种型号的门（塔）机租赁费用分别为：MD900型塔机租赁费用为12.5万元/月，MQ900型塔机租赁费用为10.8万元/月，MQ1260门机租赁费用为11.7万元/月。塔机工作效率较门机低，一般为门机的70%～80%。

根据投标概算，分解混凝土单价，分摊给混凝土垂直输送系统的总价为35万元，即作为目标成本。

技术人员根据三种门（塔）机的技术参数，分别针对每一种设备作了进度规划：MQ900型门机和MQ1260型门机工作幅度刚好满足要求，受最小吊重所限，只能吊$3m^3$混凝土，所需使用时间为3个月；MD900型塔机虽然效率较门机低，但在45m范围其吊重可达到20吨，可以吊$6m^3$混凝土，所需使用时间为2个月。根据该施工企业内部经营管理规定，设备安装运杂费用由使用项目承担，因此各种设备的现实成本不仅应包含租赁费用（含操作人员工资），还应包含设备安装运杂费用。由于三种设备本身不同，同时所处地方不同，根据测算，MD900型塔机安装运杂费为8万元，MQ900型门机安装运杂费用为8.5万元，MQ1260型门机安装运杂费用为10万元。

（三）功能分析

工作幅度、最小吊重、小时浇筑强度是三种型号的门（塔）机所必须具备的功能，进行功能分析的目的，是要在保证必要功能的前提下搞清每项费用，尽量用最低的费用实现必要的功能。施工企业设备费用是由租赁费用和安装运杂费用两部分构成的。租赁费用或称使用费用，包括设备的出租费用、操作设备人员工资以及在使用过程中的维修、保养、更换易损件、环境保护等。安装运杂费包括设备的安装、拆除费用及设备的运输费用等。

（四）效果评价

选择MD900型塔机具有显著效益。原因有三点：其一，虽然MD900型塔机的月租赁费用最高，效率略低，但其有效吊重是其他两种门机的两倍，相对这两种门机，其综合效率大大提高，节省了工期，节约了总的租赁费用。其二，MD900型塔机所在地距离本工程较近，处于同省，其他两种门机均在省外，较远，所以MD900型塔机安装运杂费用最低。其三，MD900型塔机属新型设备，符合我国技术发展政策，技术上先进，节能效率提高，意味着企业效益的增加和社会效益的增加。

综上所述，应用价值工程的原理和方法进行门（塔）机的选型，无疑是一条提高效益降低消耗的捷径。实践证明，该项目选择的MD900型塔机在生产施工中发挥了相当大的作用，获得了各方面的好评。项目应用价值工程的原理和方法选择门（塔）机的成功做法，为价值工程在施工项目管理中的推广和应用做了一次有益的探索。

第十章　山东黄河区域概况

第一节　自然地理

黄河流经山东省西北部，其范围为东经 114° 51'～119° 15'，北纬 34° 59'～38° 10'。大堤以北为黄海平原，属海河流域；大堤以南为黄淮平原，属淮河流域。沿黄两岸大部分为黄泛冲积平原，地面高程一般在 50.0m 以下（黄海基面）。地势西南高、东北低，地面坡降 1/10000 左右。

黄河山东段处于暖温季风气候区，年平均气温约为 12.9℃，自西南向东北递减，最高气温多发生在 7 月，最低气温多发生在 1 月。多年平均降水量 650mm，年内降水分布不均，季节差异较大，雨季 7～9 月份占全年降雨量的 70%左右。同时，降雨量的年际变化也较大，最大为 1000mm 以上，最小不足 400mm。因此造成大部分地区春旱、秋涝、涝后又旱、旱涝交替的气候特点。

黄河自东明上界流入山东省，至东营市垦利县注入渤海湾，流程长 617km，途经菏泽、济宁、泰安、聊城、德州、济南、淄博、滨州、东营 9 市的 25 个县（市、区），流域面积 1.83 万 km^2，总人口 4600 万，耕地 46700km。

黄河山东段多年平均水、沙量（黄河干流高村水文站）分别为 425 亿 m^3、10.7 亿 t，有引黄涵闸 60 余座，虹吸管 49 条，设计引水能力 2121m^3/s，一般引水量 500～600m^3/s，高峰期引水达 950m^3/s，年均引水量 55 亿 m^3，最高达 123 亿 m^3。

第二节　河道现状

黄河山东段现行河道是1855年（咸丰五年）从河南省兰考县铜瓦厢（今东坝头）决口改道后形成的。

黄河山东段河道是上宽下窄，纵比降上陡下缓。自东明县上界至高村断面长56km，属于游荡型河段，两岸堤距5～20km，河槽宽1.3～3.3km，纵比降约为1/6000；高村至陶城铺长164km属于过渡型河段，两岸堤距2～8km，河槽宽0.5～1.3km，纵比降约为1/8000；陶城铺至利津长325km，属于弯曲型河段，两岸堤距0.5～4.0km，河槽宽0.3～1.0km，纵比降约为1/10000；利津以下河段为相对稳定的尾闾段，泥沙不断堆积，年平均填海造陆27km^2。因泥沙不断淤积，下游河床逐年抬高，目前，河床平均高程一般高出两岸3～5m，个别地方已超过5m，成为举世闻名的地上悬河。

黄河山东段为“地上悬河”，除清河门至娘娘庙以外，两岸均属大堤控制，黄河干流在山东境内主要排污口有翟庄闸、老王府等。其中翟庄闸排污口位于济南市平阴县城关西北边翟庄村，不定期通过附近的田山泵站抽排进入黄河；老王府位于济南市长清区北沙河，污水主要是长清区工业生活污水，所有污水通过渠道进入北沙河，由北沙河排入黄河。

第三节　河流水系

黄河在山东境内有大汶河、浪溪河、玉带河、南大沙河、北大沙河、玉符河6条一级支流，这些支流的入黄口都集中在清河门至娘娘庙之间，在这6条支流中除大汶河外，其余五条河流均为较小的季节性河流，其中大汶河水系为黄河流域十二大水系之一。

一、支流大汶河流域概况

（一）自然地理状况

大汶河发源于泰沂山区，流域范围东经116° 20'～118° 00'，北纬35° 40'～36° 30'。流经莱芜、泰安的8个县（市、区）进入东平湖，由陈山口闸出湖汇入黄河，属于季节性河流。全长221km，流域面积9069km^2，其中泰安市境内6093.2km^2。大汶口以上为上游，分南北两支，北支为干流，南支为最大的支流柴汶河。上游占流域面积的65%，源流众多，为大汶河的主要集水区；大汶口至戴村坝为中游，两岸有堤防控制，河道顺直，河槽宽浅；戴村坝至东平湖为下游，即大清河，两岸有堤防控制。大汶河流域多年平均径流量19.0亿m^2，多年平均降水量674mm。除大汶河外，浪溪河、玉带河、南沙河、北沙河、玉符河于济南平阴县、长清区等县（区）临黄滩区注入黄河。

大汶河流域地形自东北向西南倾斜，东部为鲁中山区的一部分，山脉呈“E”型分布，向西延伸，河谷平原交错其间，中部为广阔平原，西部多低山丘陵，西南部为平原，间有洼地，湖泊。山区集中分布于市域的北部和东部，占泰安市总面积的18.3%，一般海拔在400～800m，最高处为“五岳独尊”的泰山，其主峰玉皇顶海拔1545m，相对高度1391m。丘陵主要分布在新泰市西南部、宁阳县东部、岱岳区西北部、肥城盆地边缘及东平县北部，占泰安市总面积的41.4%，一般海拔高度在120～140m。平原主要分布在山麓及河流沿岸，占泰安市总面积的36.1%，海拔在60～120m。洼地主要分布在东平县境内的东平湖及稻屯洼，海拔37.5m。

地貌的形成是泰山山脉受弧形大断裂控制，形成太古界变质岩系裸露低山丘陵区。第四纪以来，一直受上升运动的影响，断裂构造及岩层剥蚀作用发育强烈，形成南北二面环山、西高东低地貌形态，它是地质构造、地层岩性、水义气象等因素综合作用的结果，而地质构造是形成地貌特征的主导因素。长期以来处于缓慢上升的各断块凸起部分在地貌上表现为正地形，而断块凹陷区则为丘陵谷地。因此由于块状断裂的影响，断块地貌是本区地貌的主要特征。

（二）自然气候与降雨概况

大汶河流域属暖温带大陆性半干旱半湿润季风型气候区，春季干燥多风，夏季高温多雨，秋季天高气爽，冬季寒冷少有雨雪，四季分明，光照充足。泰安市多年平均降水量为727.9mm，折合水量55.9亿m^3，其中，汛期6～9月降水量占年降水量的80%，具有春旱、夏涝、晚秋又旱的特点。

泰安市年平均气温12.9℃，7月份平均气温最高为26.4℃，1月份最低平均气温为-2.6℃，极端最高气温42.5℃，极端最低气温-22.6℃。有霜期一般为159～179天，初霜期一般在10月中旬，终霜一般在4月上旬。冻土冻深一般在30cm左右，肥城1968年1月最大冻土深为48cm。风向和风力随季节变化很大，冬季多偏北风，夏季多偏南风，风速为1.9～2.0m/s。泰安市相对湿度3月份最小为57%，8月份最大为80%。泰安市各代表站多年平均水面蒸发量（E601）一般在1000～1220mm，东部山丘区小于西部丘陵平原区，蒸发量年际变化小，最大年水面蒸发量为最小年水面蒸发量的1.5倍左右。蒸发量年内变化一般较大，多数代表站以6月为最大蒸发月份，12月份蒸发量最小。

济南莱芜气候属暖温带大陆性半湿润季风气候，四季分明，寒暑适宜，光温同步，雨热同季。全年辐射总量为117.9kcal/cm^3。3～11月份作物生长期间，有102亿kcal/cm^3的能量可供利用。年均日照时数2582.3小时，年日照百分率58.3%。最大日照百分率在5月、10月份，为62%～63%；最小日照百分率在7月份，为50%～55%。年均光能辐射总量为129～125kcal/cm^3。流域内春季干燥多风，夏季高温多雨，秋季天高气爽，冬季寒冷少雪，多年平均降水量719.0mm，年均气温13℃。月平均最低气温发生在1月份，一般为-1.8～3.4℃；月平均最高气温多发生在7月份，一般为26.1～27℃。区域不同有所差异，据常年观测，东部略低，西部略高。年平均气温自东向西为12.4～13.5℃，最高气温自东向西为39.1～42.2℃。

二、流域水系概况

大汶河发源于东部莱芜、沂源、新泰一带的山区，主要发源于沂源县松崮山南麓的沙崖子村，迂回西流，途经济南市莱芜区、泰安市（六个县市）、济宁的汶上县，在东平县马口村注入东平湖，经陈山口和清河门闸出东平湖，经小清河进入黄河。大汶河自源头至东平湖口，全长208km，自然落差362m，总流域面积9069km^2，其中泰安市境内6093.2km^2。

大汶河流域水系复杂，支流众多，长5km以上的支流有266条，其中一级支流56条。大汶河汶口坝以上为大汶河上游，是大汶河的主要集水区，分南北两大支流。北支称牟汶河，流域面积3711.5km^2，其中泰安境内1572km^2，主要有瀛汶河、石汶河和泮汶河；南支称柴汶河，流域沿途有平阳河、光明河、羊流河、禹村河汇入。汶口坝至戴村坝为大汶河中游，戴村坝以下至东平湖为大汶河下游，中下游主要有漕河和汇河汇入。

三、天然文岩渠与金堤河

河南省的天然文岩渠、金堤河也注入黄河。

（一）天然文岩渠概况

天然文岩渠位于黄河右岸河南省长垣县境内，黄河左岸为山东菏泽市东明县，其中部大堤呈北东走向，长65km、宽120m、深4m。天然文岩渠主要排除上游延津、封丘、长垣三县的涝水，同时在干旱季节引水灌溉农田，由于近年来延津、封丘两县的造纸厂将大量污水排到渠内，导致渠内水质恶化，对黄河下游用水造成严重污染，其中濮阳市城市居民用水曾因水源受天然文岩渠污染而几度告急。

最近几年黄河一级支流天然文岩渠水体严重威胁着下游濮阳（河南省）、菏泽（山东省）两市人民群众的生产生活用水安全，从2004年开始黄河水利委员会山东水文水资源局在丰、平、枯三个水期进行了现场实地考察并进行采样分析，结果表明天然文岩渠入黄口渠引黄闸水质不容乐观，为确保下游用水安全，必须加强天然文岩渠沿岸的“十五小”“新五小”等企业实现达标排放废污水，确保下游大、中城市生产生活用水安全。

（二）金堤河概况

金堤河发源于新乡县荆张庄，流向东北，经豫、鲁两省，至濮阳市台前县张庄入黄河，由张庄闸控制，不定期排入黄河。该河为季节性泄洪、灌溉河流，河长159km，平原坡水河道，平均河宽260m，比降0.91～0.59（‰）。流域狭长，面积4869km^2，流经河南省新乡、延津、卫辉、浚县、封丘、濮阳、长垣、滑县、范县、台前和山东的莘县、阳谷等12县（市），总人口288万，耕地约3533.33km^2。流域面积60%在范县五爷庙以上，40%在五爷庙以下。流域内年平均气温13.7℃，无霜期210天，年平均降水量606.4mm，上游略丰于下游；年降水量大小相差5倍；70%雨量集中在6～9月份，常以暴雨的形式出现，最大24小时雨量达310.6mm。金堤河为季节性河流，河水来源除流域降水外，还有引黄灌溉区弃水、退水和黄河干流侧渗补水等。该河中下游为黄河滞洪区，滞洪区面积为2316km^2，约占流域面积的46%，人口125万，耕地面积1613.33km^2。

第四节 山东沿黄地区社会经济

山东省矿藏资源十分丰富，而且种类多、储量大、分布广泛。其中黄金、金刚石产量均居全国首位，石油、重晶石、菱镁矿、石膏、石墨、铜矿、铅土矿等也居全国前列；山东还是我国著名的温带水果产区，如烟台苹果、莱阳梨、肥城桃、青州山楂、乐陵金丝小枣等著名特产，可谓是家喻户晓。山东沿黄地区是全省粮、棉的主要产区，在山东农业生产中占有极其重要的地位，粮食总产量约占全省粮食总产量的三分之二。

根据山东统计年鉴，2020年末山东人口数为10165万人，土地面积15.67万km^2，常住人口城镇化率达到63.05%，实现全省生产总值（GDP）73129亿元。2021年，山东省工业总产值首次突破10万亿大关，排名全国第三。2020年，山东省农林牧渔业总产值10190.6亿元，成为全国首个突破万亿元大关的省份。2021年，山东人均GDP为81845元，总量高居全国第3位，人均第11位。

山东沿黄主要城市有菏泽市、聊城市、济宁市、泰安市、德州市、济南市、滨州市、淄博市、东营市等9个城市，目前山东沿黄总人口为5032万人，占全省总人口的53.5%。沿黄各地现有耕地总资源3746017km^2，占全省耕地总资源的53.9%，其中常用耕地面积为3605334km^2，临时性耕地面积为140683km^2。黄河作为山东沿黄城市最主要的客水资源，其水资源质量的优劣和多少，将对沿黄各市社会经济的可持续发展占有举足轻重的战略地位，特别是黄河水为唯一淡水资源的滨州和东营，就显得尤为重要。山东沿黄各地地下资源丰富，蕴藏着巨大的石油资源，在黄河三角洲有全国性的大油田胜利油田；另外，山东菏泽市及河南省濮阳市境内有中原油田，大汶河流域有多处国有大型煤矿、莱芜钢铁厂等特大型企业。黄河在基本满足山东沿黄各城市的供水外，每年还通过引黄济青干渠向青岛市供水，聊城河务局位山闸、德州河务局潘庄闸还承担着引黄入卫、引黄济淀（河北省白洋淀）、引黄济津跨流域调水的重任。因此，黄河山东段的水资源开发利用，不仅对山东国民经济的发展和社会稳定起着举足轻重的作用，而且对天津市、河北省的经济发展和社会稳定也起着十分重要的作用。从2000年以来，已连续多年引黄济津（天津市）、引黄入冀（河北省），黄河水利委员会山东水文水资源局承担了黄河干流调水期间的水量、水质监测，为科学调水提供了决策数据，为沿黄国民经济的发展做出了重要贡献。

第五节　山东黄河区域水资源现状

一、山东黄河水资源概况

黄河上游来水量年际变化很大，年内分配集中，年际径流量变化大，水沙异源，水小沙多及连续出现枯水年份，下游河道蒸发、下渗量大为主要特征。

山东省是全国重点缺水省份之一，当地人均水资源占有量仅为全国平均水平的16%。黄河是山东省主要的客水资源，在经济、社会发展中占有重要战略地位。1951～1999年黄河进入山东河段年均径流量为382亿m^3（高村水文站）。20 世纪 80 年代高村站年均径流量为 462 亿 m^3，到 20 世纪 80 年代减少为 380 亿 m^3，20 世纪 90 年代高村站年均径流量只有 212 亿 m^3，较多年平均偏少 44.5%。

自 20 世纪 80 年代至今，山东黄河曾出现几次大的断流，其中 1997 年黄河山东利津断面断流 226 天，断流河段上延至河南开封附近。2000 年、2001 年、2002 年又连续出现特枯年份，2001 年黄河山东来水量为 129.5 亿 m^3，2002 年来水量 156.38 亿 m^3（含调水调沙），2002 年来水较多年均值偏少 58.74%，加之山东省遭遇了春夏秋三季连旱，山东用水十分紧张，2003 年春夏季节，黄河全流域遭遇特枯水期，为保证黄河不断流，加强对山东供水，黄河水利委员会水量调度局在全河实施水量集中统一调度。

黄河流域水沙年内分布具有夏秋季水沙均丰、冬春季水枯沙小的特点。根据山东各基本水文站水沙资料统计，高村水文站（黄河进入山东把口站）实测最大年径流量为 873 亿 m^3，最小为 129.5 亿 m^3，实测最大沙量为 25.7 亿 t（1958 年），最小为 1.69 亿 t。据该站资料统计，年径流量及沙集中在汛期的 7～10 月份，汛期径流量占 57.9%，来沙量占 82.5%。

二、区域黄河水资源开发利用现状

黄河流域地表水资源具有地区分布不均匀、径流年际变化大、河川径流含沙量大、连续枯水年时段长等特点。黄河水资源比较贫乏，居全国七大江河的第四位（少于长江、珠江、松花江）。资料统计，黄河多年天然径流 580 亿 m^3，每人平均及每亩耕地平均水量都很低，分别为全国的 25%和 17%。特别是近年来，随着流域经济高速发展，水资源利用量大量增加，据 1998～2002 年资料统计，黄河供水地区引用黄河河川径流量 395 亿 m^3，耗用水量 307 亿 m^3，占天然径流量的 53%，水资源利用率属较高水平。而山东地处黄河下游，沿黄各地市对黄河水的依赖程度高，特别是地处黄河末端的滨州、东营及胜利油田几乎完全依靠黄河水，黄河来水的多少直接影响到沿黄各地市的工农业经济可持续发展及居民日常生活，黄河对山东社会经济稳定与安全有着十分重要的意义。

黄河下游年平均降水量650mm左右，且年内分布不均，主要农作物的生长期可利用的雨量只有60～90mm，不足需水量的五分之一，大部分需要靠引黄河水来解决；再是胜利油田及城市工业生活用水也不断增加，同时还承担着引黄济津（天津市）、引黄济青、引黄入冀（河北省）、引黄济淀（白洋淀）的任务，引黄水量每年持续上升。

根据2011年山东省黄河河务局水调处统计，目前山东黄河有大型引黄闸70余座，虹吸及扬水工程120处，总计引水量2429.5亿m^3，实际灌溉面积约19333km^2。山东自20世纪50年代以来，引水量和灌溉面积逐年增加，20世纪70年代和20世纪80年代引水量增至48.2亿m^3，长期以来，黄河水为山东省经济社会可持续发展发挥了巨大作用。初步统计，仅“十一五”期间，不包括引黄济津在内，山东省平均年引黄河水48亿m^3（“十五”期间数据），2011年引水76亿m^3，占全省年淡水资源消耗总量的1/4。

第十一章　山东黄河水资源保护

第一节　水污染调查的目的、意义和必要性

一、水污染调查意义

2009年，国家提出将实行最严格的水资源管理制度，国务院《关于加快水利改革发展的决定》明确指出："建立水功能区限制纳污制度。确立水功能区限制纳污红线，从严核定水域纳污容量，严格控制入河排污总量。各级政府要把限制排污总量作为水污染防治和污染减排工作的重要依据，明确责任，落实措施。对排污量已超出水功能区限制排污总量的地区，限制审批新增取水和入河排污口。"这对新时期水资源保护工作提出了更高的要求，也是今后一个时期入河排污口监督管理等水资源保护工作的依据和指南。同时，全国水利普查把入河排污口和废污水入河量调查作为一项重要内容。

开展黄河流域入河排污口核查工作，是按水利部总体部署，认真贯彻落实中央一号文件精神，依法履行职责的基础工作。做好该项工作，全面、准确地掌握流域入河排污口基本情况，有利于我们正确研判流域水污染形势，科学制订流域水资源保护规范和规划；有利于我们践行最严格的水资源管理制度，切实做好水功能区限制纳污红线管理，严格控制入河排污总量；有利于提高流域水资源保护水行政执法整体水平，及时、准确、快速应对处置突发水污染事件；同时也有利于促进流域经济结构调整，优化流域水资源配置，推进资源节约型、环境友好型社会建设。

二、水污染调查必要性

黄河是我国西北和华北地区的重要水源，承担着全国12%的人口、15%耕地的生活、生产供水，承担着流域内50多座大中城市和众多工矿企业的城市和工业供水，并向天津、青岛等城市远距离调水。近年来，随着流域社会经济的快速发展，沿河新增大量工业园区，黄河流域废污水入河量持续维持在42亿t左右，部分城市废污水未经处理就直接排放入河，入河污染物总量超过水环境承载能力，黄河水污染趋势未能得到有效控制，各类突发性水污染事件时有发生，对流域供水安全构成严重威胁，水污染已成为制约水资源可持续利用的重要因素。

目前，黄河水资源的开发利用程度和入河污染物总量，已超出黄河干流的水资源承载能力。在西线南水北调对黄河上游实施外水补给之前，黄河在供水和纳污两方面均不堪重负的局面还将持续相当长的一段时间。黄河流域生态环境天然脆弱，加之人为活动破坏严重，水生态保护与修复工作亟待加强。其他流域已完成流域入河排污口普查工作，而黄河流域前几次仅开展了黄河干流入河排污口普查，部分省（区）根据工作需要对部分重要入河排污口进行了调查，现有成果尚不能系统反映黄河流域的整体和实际情况，与国家及水利部对入河排污口管理的有关要求相差甚远。因此，尽快开展系统、全面的流域入河排污口核查是水资源保护监督管理工作的当务之急。

第二节　黄河山东段污染源调查

一、调查范围

根据近几年黄河水体的变化趋势，认真研究分析黄河山东段的地形特点，黄河山东段主要污染来源于上游来水污染、长平滩区（长清、平阴）排污入黄污染、支流大汶河来水污染，以及其他污染源共四部分。

此次调查范围主要重点在黄河干流入黄排污口，以及大汶河流域入河口调查。大汶河为山东入黄最大的支流，为黄河十二大支流之一，戴村坝水文站多年平均水量10.9亿m^3，东平湖入黄量多年平均10.5亿m^3。

二、调查内容及技术路线

根据分析研究需要，按照近几年排污口资料统计分析，确定有代表性的调查时间、监测频次，对重要排污口进行现场取样分析。其中入河排污口应根据企业生产周期确定采样时间，以保证监测成果的代表性和科学性。

（一）调查内容

调查内容主要包括入河排污口、流域社会经济概况及水资源开发状况。对入河排污口的污染源数量、经纬度、地理位置进行调查登记，核查入河排污口排入的水功能区及排污特性——排污类型、排放方式、排放规律、废污水排放量及入河量、主要污染物排放量、排放浓度及入黄量、入河浓度等。

（二）技术路线

入河排污口调查采取现场实地勘测和走访相结合的方法进行，现场核查各个入河排污口的地理位置和经纬度以及所在的行政区、排入的水功能区，走访了附近及当地的居民，收集了第一手基础资料。对收集到的基础资料仔细甄别、去伪存真，并结合现场实测数据、实验室分析结果等进行科学的分析和合理性验证。

（三）技术标准及技术文件

入黄排污口和支流口流量的测定，严格按水利部颁发的《水文测验规范》和《水文测验手册》规定执行。准确流量的测定，是入河排污口核查的重点工作之一，流量监测的准确与否对入河排污量的多少起了决定性的作用。流量测定一般采用流速仪法，对无法使用流速仪的排污口采用浮标法测流，每次取样时，水质水量同步测定。

主要通过对黄河下游重要排污口和支流入黄口进行实地调查，选取典型污染物代表因子，根据黄河来水情况，选择在丰、平、枯不同水期现场采样监测分析，真实掌握黄河下游水污染现状，结合下游实际情况对水质污染的主要原因和影响进行深入分析探讨，在此基础上提出了控制黄河下游河段水质污染的主要对策与建议。

三、调查工作概况

（一）调查的范围和重点

山东段黄河干流长平（长清、平阴）滩区入黄排污口、重要支流大汶河是本次调查的重点。

（二）调查方法和内容

按照黄河流域入河排污口核查实施方案的要求，结合山东测区的实际情况，具体调查时间及监测频次应根据排污口实际情况灵活掌握。其中入河排污口应根据企业生产周期确定采样时间，以保证监测成果的代表性和科学性。

本次入河排污口调查采取现场实地勘查和走访相结合的方式进行，现场核查了各个入河排污口的地理位置和经纬度以及所在的行政区、排入的水功能区，走访了附近及当地的居民；对平阴翟庄闸、长清老王府等重点排污口进行了核查，排污口核查采取追踪溯源的方式进行，即从入河排污口处，沿着沟渠方向往上徒步对进入沟渠或明渠的污水进行现场追踪调查，基本查清了入河排污口废污水的来源；同时我们还专门组织技术人员对平阴县自来水公司、平阴县水务局、平阴县污水处理厂、平阴县田山电灌排水处、济南市长清区水务局水资源办公室、长清区郭庄排水站、长清西区污水处理厂等单位进行走访，收集了第一手基础资料。对收集到的基础资料仔细甄别、去伪存真，并结合现场实测数据、实验室分析结果等进行科学的分析和合理性验证。

（三）技术标准及技术文件

入黄排污口和支流口流量的测定，严格按水利部颁发的《水文测验规范》和《水文测验手册》规定执行。流量测定一般采用流速仪法，每次取样时，水质水量同步测定。

污染物监测分析方法的选择，严格按照《水环境分析方法标准工作手册》及《水和废水监测分析方法》（第四版）的要求进行分析。

第三节　质量保证措施

排污口调查采取的质量保证措施主要包括两个方面：一是加强外业采样的代表性、时效性，严格按照操作规范的要求实施采样；二是加强实验室质量控制措施的实施，保证监测数据的准确、可靠。

一、采样垂线布设及水样处理

根据入河排污口情况，按照《水环境监测规范》（SL-219）要求合理布设采样垂线，现场采样后及时添加保护剂，并在规定时间内安全运到实验室进行处理、及时分析，需要低温保存的，水样到实验室后存放在冷藏柜中。

二、实验室质量控制措施

（1）实验室分析严格采用国家标准分析方法，采取做平行双样、加带标准物质、加标回收、对曲线进行截距检验等质量控制措施。

（2）在水质监测过程中，若发现数据异常应立即进行复测，同时采取仪器比对、人员比对或者加带标样等质量措施加以控制。

（3）每批水样均要带有现场试剂空白，现场试剂空白在实验室内用纯水充满空白样品瓶、密封，带到采样现场，并同现场采集的样品一同添加保护剂，带回实验室。

第四节　入河排污口现状调查与评价

黄河干流入河排污口主要有济南市平阴县翟庄闸、长清区老王府。

一、平阴县翟庄闸排污口

济南市平阴县翟庄闸入河排污口位于平阴县城关镇翟庄村，地理位置东经 116° 26'14"，北纬 36° 19'16"，系以工业为主的综合排污口。该入河排污口分布在黄河的右岸，目前平阴县城区的部分工业废水、生活污水及处理后的废污水全部集中在城西洼的明渠内，再由一条排污渠道经翟庄闸排入黄河。排放方式为明渠间断性泵站排放。

2005 年 9 月，随着平阴翟庄闸污水处理厂的投入使用并运行，平阴县翟庄闸的水质状况已得到明显改善，治污工作已见成效。通过对近几年的实测监测资料统计分析，可发现入河排污口各污染物浓度都有明显降低。同时在调查时得知，为适应城市长期综合发展需要，提高城市防洪度汛安全，于 2005 年在城西洼地规划建造了万亩湿地工程，为改善、治理城西大水环境发挥了重要作用。该排污口排入的水功能区为黄河山东段开发利用区中的聊城工业农业用水区。

平阴工业园区情况：通过调查发现，平阴县城主要的污染企业大都分布在工业园区内。山东省平阴工业园区规划于 2001 年，目前已基本建设完毕。平阴工业园区的范围：东起县城青龙路，西至平阴镇堡子村，北起县城翠屏街，南至 105 国道，内辖 6 个行政村，分别为南土村、大佛寺、尹庄村、堡子、于庄村和葛庄村。规划期限为 2001～2010 年，总规划面积为 4km^2，规划人口 3 万人。山东平阴工业园区系省级开发区，开发性质是重点引进发展机械制造、食品加工、化工医药等支柱产业。目前园区内的主要企业有济南市琦泉热电有限责任公司、山东齐发药业有限公司、济南裕腾制药有限公司、济南金银花味精有限公司、济南玛钢钢管有限公司、济南济锅华源有限公司、山东济南温泰食品添加剂有限公司、鲁西化工第三化肥厂有限公司等。工业园区的污染源大都为工业污染源且属于点源污染，所排放废污水主要是工业废水和生活污水。主要污染物为有机污染（主要是 COD、BOD5）和氨氮等。

平阴污水处理厂调查情况。在调查平阴工业园区的同时还对平阴污水处理厂的运行情况进行了调查、参观和走访，并与该厂负责人进行了沟通与交流。通过走访和交流得到如下信息：平阴污水处理厂位于平阴县青龙路的北面，地理位置为东经 116° 26'15"，北纬 36° 19'15"，隶属于济南市平阴县水务局管理，于 2002 年经省计委以鲁计投资（2002）1020 号文件批准立项，工程建设规模为日处理污水 40000t，采用强化型倒伞表面曝气氧化沟工艺，具有脱氮除磷设施，采用紫外线消毒。规划敷设污水收集管网 44.37km。平阴县目前累计建成城市污水收集管网 37km，其中老城区污水收集管网 23km，西部新区污水收集管网 14km。目前平阴县的整个废污水大都通过管网的方式汇集到污水处理厂集中处理，其中生活污水占污水处理的 1/3 左右，其余 2/3 均为工业废水，通过污水处理厂处理污水的企业约为 30 多家。目前县城日排放污水量 25000t，污水处理厂日处理污水能力 23000t，处理率为 90%以上。

平阴县为了治理城西大水环境，污水处理厂对厂西侧 33.33km^2 洼地进行了改造管理，目前成为与污水处理厂紧密相连的第二深度处理区，经处理后的中水直接排放到 33.33km^2 湿地内。

为了更好地收集工业园区的废污水，平阴县于 2008 年年初建设了工业园提水泵站 1 座，该泵站是平阴县的第一座污水提升工程，位于县城翠屏街西段路南，占地 1460m^2，建设规模为日提水 1 万 m^3，提水高度 6m。包括提水泵房一座、污水泵 3 台套，总装机 60kW，管理房三间。架设输电线路 350m，安装 50KVA 变压器 1 台，总投资 150 万元。该泵站主要收集县城西部工业园区内的所有工业废水和生活污水约每日 0.3 万 m^3，经提升后通过翠屏街西段管网输入青龙路污水干管进入场内处理，实现了园区污水全部收集处理，不再流入万亩湿地，消除了对下游水体的污染，更好地改善了园区生态环境。

根据调查情况得知，平阴翟庄闸入河排污口的排放规律仍然是不定期通过泵站向黄河集中排放一次，只是污染物浓度有了很大的变化。从统计结果（平阴翟庄闸污染物浓度变化情况统计资料）可以明显看出，平阴翟庄闸入黄排污口主要污染物浓度有了不同程度的降低，而且变化趋势明显，其中化学需氧量、氨氮和石油类浓度变化最为明显，污染物浓度在降低。

二、长清老王府排污口

长清老王府入黄排污口位于济南市长清区平安店镇老王府村附近，地理位置东经 116° 31'51"，北纬 36° 22'56"，系以生活污水排放为主的综合排污口，主要排放长清老城区内的生活工业废污水。长清区生活工业废污水 1996 年以前直接排入北沙河，由北沙河从老王府村自流进入黄河，主要污染物为化学需氧量、氨氮及其他有机污染物；2005 年前后，为了防止北沙河内废污水直接排入黄河，在长清区驻地与老王府村之间的北沙河河道内修建了溢洪坝，污水在平、枯水期存积在河道内，丰水期溢流进入黄河。目前，该入河排污口通过明渠将废污水排入黄河。该排污口排入的水功能区为黄河山东开发利用区中的聊城工业农业用水区。

通过对济南市（长清）西区污水处理厂进行调查发现，北沙河上游（长清区内）的水量非常少，目前长清老王府入河排污口接纳的废污水主要来源于三个地方：第一个是直接和间接排入长清北沙河中的废污水（包括济南市西区污水处理厂处理后的水质）；第二个是郭庄排水站不定期向北沙河排放的老城区内的废污水（包括雨水和老城区内大量生活污水），郭庄排水站至入河排污口的距离全长约 4.2km；第三个是城关排水站不定期向北沙河排放的雨水，原因是长清区的地势是东南高、西北低的倾斜地势，一旦发生强降雨，大量的雨水都囤积在地势较低的西北方向（靠近入河排污口）。

长清西区污水处理厂是长清区唯一的污水处理厂，该污水处理厂坐落于长清区文昌办事处北沙河以南，紧邻长清区新建的滨河公园，位于叶庄村东，地理位置为东经 116° 44'29"、北纬 36° 34'17"，该厂设计总规模 5 万 t/d，一期工程 2.5 万 t/d，占地约 33000m^2，于 2004 年 11 月开工建设，2006 年 11 月竣工并投入运行。一期工程总投入 5300 万元，其中水厂建设 3800 万元，管网建设 1500 万元。2009 年 2 月，按照国家、省市对黄河流域污染治理的要求，对工程进行了升级改造，并于 2009 年 7 月竣工完成，升级改造工程总投资 2100

万元。该污水处理厂采用“A20法+混凝沉淀过滤消毒处理工艺”对污水进行处理。

目前济南市西区（长清）污水处理厂主要处理长清老城区、长清开发区及大学城（部分大学有自己的污水处理设备，处理后的水用于灌溉树木、浇花等绿化）内的废污水，长清区的整个废污水（包括工业废水和生活污水）大都通过管网的方式汇集到污水处理厂集中处理，污水以生活污水为主，其中生活污水占废污水排放的90%，工业废水仅占10%，处理达标后废污水直接排放到长清滨河公园内的湖中（属于北沙河），目前长清日排放污水量2.1万t左右，污水处理厂日处理污水能力1.5万t。

第五节　污染物入河量核算

一、入河排污口污染物入黄量计算公式

$Gd=1/m$（$\sum Qi \times Ci \times 86.4$）

式中：Gd——污染物日入量（kg/d）；

m——污染物浓度实测次数；

Qi——排污口第 i 次实测流量（m^3/s）；

Ci——第 i 次实测污染物浓度（mg/L）；

86.4——换算系数。

二、平阴翟庄闸入河排污口污染物入河量

根据调查和监测计算可知，济南市平阴县翟庄闸入河排污口日排放废污水量为2.30万 m^3，年排放废污水量为840万 m^3。

三、老王府排污口污染物入河量

根据调查和监测计算可知，济南市长清区老王府排污口日排放废污水量

为 1.06 万 m³，年排放废污水量为 388 万 m³。

从数据可以看出，黄河山东段开发利用区中的聊城工业农业用水区每年接纳排污口废污水量约 1228 万 m³，年接纳入河排污口各类污染物 1503.8t。

第六节　现状评价

一、评价标准

评价标准采用 GB8978—1996《污水综合排放标准》中的一级标准值。评价具体标准值见表 13-1。

二、评价因子选取

根据核查实施方案要求，结合辖区内入河排污口实际情况，选取 pH、化学需氧量（COD）、氨氮、石油类、挥发酚、氰化物、六价铬、铅、镉、总汞等作为评价因子，详见表 11-1 所示。

表 11-1　入河排污口评价标准值（单位：mg/L）

序号	评价因子	标准值
1	COD_{cr}	100
2	氨氮	15
3	挥发酚	0.5
4	氰化物	0.5
5	石油类	10
6	总砷	0.5
7	总汞	0.05

续表

序号	评价因子	标准值
8	六价铬	0.5
9	总铜	0.5
10	总铅	1.0
11	总镉	0.1

三、评价方法

评价方法采用等标污染负荷法。

其评价方法公式如下：

（1）$Pi=(Ci/Coi)\times Qi\times 10^{-2}$

（2）$Pn=\sum Pi$（i=1，2，……n）

（3）$Pm=\sum Pn$（n=1，2，……m）

（4）$Ps=\sum Pm$（m=1，2，……s）

（5）$Kn=Pn/Pm\times 100\%$

式中：Pi——某污染物 i 的等标污染负荷；

Ci——某污染物 i 的浓度（mg/L）；

Coi——污染物 i 的评价标准绝对值；

Qi——含 i 污染物的废水排放量（万 m^3/a）；

Pn——某排污口的等标污染负荷；

Pm——某水系、河段的等标污染负荷；

Kn——某排污口在水系、河段的等标污染负荷比。

四、评价结果及分析

统计、计算入河排污口废污水各评价因子的平均浓度，与评价标准值对照，看其是否符合评价标准。若排污口废污水有一项因子超过评价标准，该排污口即为超标。

依据入河排污口评价标准，翟庄闸和老王府两个入河排污口均实现达标排放，无一超标项目。同时根据黄河流域及西北内陆河水功能区划标准可知，干流两个入河排污口均分布在黄河山东段开发利用区中的聊城工业农业用水区内。按照评价方法要求，两个入河排污口平阴翟庄闸和长清老王府均已实现达标排放，无一超标项目出现。

第七节　评价结果及分析

一、入河排污口总体评价

具体评价结果见表 11-2，从评价结果可以明确确定各污染源和污染物的排列顺序。从表中可以看出，黄河山东辖区内等标污染负荷最大的排污口是翟庄闸，污染负荷比达 70.53%；其次是老王府排污口，污染负荷比为 29.47%。由此看出，长平滩区（长清、平阴）内的平阴翟庄闸入河排污口对黄河山东段贡献量最大；污染物 COD、氨氮和六价铬的等标污染负荷比分别达 65.9% 和 28.7%，分列各污染物的前两位，是影响黄河山东段水污染的主要因子。

表 11-2　各入河排污口等标污染负荷评价表

统计年份		2010 年				2005 年	
排污口名称		翟庄闸	老王府	合计	污染物顺序	排污口合计	污染物顺序
主要污染物等标污染负荷	COD	5.225	2.669	7.894	1	97.1429	1
	氨氮	3.06	0.424	3.484	2	29.4755	2
	挥发酚	0.016	0.016	0.032	7	0.6601	4
	石油类	0.050	0.054	0.104	4	1.6011	3
	总砷	0.022	0.028	0.050	6	0.0888	7
	氰化物	0.034	0.034	0.068	5	0.040	5
	总汞	0.0017	0.0016	0.0033	8	0.0032	8
	六价铬	0.134	0.342	0.476	3	0	10
	总铜	0	0	0	9	0.1596	6
	总铅	0	0	0	9	0.0021	9
	总镉	0	0	0	9	0	10
等标污染负荷		8.5427	3.5686	12.1113		129.1733	
污染负荷比（%）		70.53	29.47	100			
污染源顺序		1	2				

二、按各水功能区入河排污口评价

从评价结果可以看出，黄河山东段开发利用区中的聊城工业农业用水区最大排污口是平阴县翟庄闸，其等标污染负荷占该功能区污染负荷的 70.53%（即污染负荷比）；其次是长清老王府入河排污口（其污染负荷比为 29.47%）。

三、按不同性质入河排污口评价

从具体评价结果可以发现，以工业污水为主混合的入河排污口是山东黄河辖区内最主要排污口，其等标污染负荷占总污染负荷的 70.53%（污染负荷比），以生活污水为主混合的入河排污口等标污染负荷比为 29.47%。

表 11-3　各水功能区入河排污口评价结果表

名称	排污口	等标污染负荷	污染负荷比%	名次
聊城工业农业用水区	平阴翟庄闸	8.5427	70.53	1
	长清老王府	3.5686	29.47	2
合计		12.1113	100	

表 11-4　不同性质入河排污口评价结果表

排污口性质	等标污染负荷	污染负荷比%	名次
工业污水为主混合	8.5427	70.53	1
生活污水为主混合	3.5686	29.47	2
合计	12.1113	100	

四、按入河排污口主要污染物评价

通过计算可以看出，两个入河排污口中，等标污染负荷最大的污染物是化学需氧量（COD），其次分别是氨氮、六价铬和石油类，其中污染物化学需氧量和氨氮累计的污染负荷比达到 93.95%，其他各类污染物的污染负荷比仅占 1.98%。

第八节　水功能区纳污量分析

黄河山东段目前共有两个大的排污口和一条一级支流口，且辖区内的两个排污口和一个入黄支流口均分布在黄河山东段开发利用区中的聊城工业农业用水区内。

一、水功能区纳污量评价方法

用黄河水功能区的接纳量与纳污能力对比，看其是否符合纳污能力的要求。纳污能力以《黄河干流水域纳污能力及限制排污总量意见》为准，黄河干流重点水功能区纳污能力以表 11-5 数据为准。

表 11-5　黄河干流水功能区纳污能力表

一级功能区名称	二级功能区名称	纳污能力（kg/d）	
		COD	氨氮
黄河托克托缓冲区		15916	658
黄河万家寨调水水源保护区		28978	1265
黄河晋陕开发利用区	黄河天桥农业用水区	22161	1392
	黄河府谷保德排污控制区	5539	330
	黄河府谷保德过渡区	13497	155
	黄河碛口农业用水区	52542	2947
	黄河吴堡排污控制区	6922	677
	黄河吴堡过渡区	8608	10
	黄河古贤农业用水区	78408	3951
	黄河壶口景观用水区	5089	255
	黄河龙门农业用水区	18728	921
黄河三门峡水库开发利用区	黄河渭南运城渔业农业用水区	90395	4618
	黄河三门峡运城渔业农业用水区	59021	2884
	黄河三门峡饮用水工业用水区	15372	696

续表

一级功能区名称	二级功能区名称	纳污能力（kg/d）	
		COD	氨氮
黄河小浪底水库开发利用区	黄河小浪底饮用水工业用水区	50229	2291
黄河河南开发利用区	黄河焦作饮用农业用水区	77211	3528
	黄河郑州新乡饮用工业用水区	124851	5533
	黄河开封饮用工业用水区	33526	1531
黄河豫鲁开发利用区	黄河濮阳饮用工业用水区	84515	3865
	黄河菏泽工业农业用水区	60955	2797
黄河山东开发利用区	黄河聊城工业农业用水区	37189	1684
	黄河济南饮用工业用水区	30671	1404
	黄河滨州饮用工业用水区	19599	898
	黄河东营饮用工业用水区	19809	909
黄河河口保留区		0	0

二、水功能区纳污量评价分析

通过计算可以明显看出，黄河山东段开发利用区中的聊城工业农业用水区日接纳主要污染物，与2005年黄河干流水功能区纳污量评价结果相比，变化不明显，COD和氨氮两污染物的纳污能力仍未实现达标排放，相差较大，两污染物的消减量比2005年分别减少了1.15%和2.05%。

第九节　干流纳污量趋势分析

2001年，平阴县翟庄闸和长清区老王府共向黄河干流排放各类污染物1503.80吨（其中平阴翟庄闸排放各类污染物的1093.2t，长清老王府排放各类污染物的410.6t)，与2005年统计的两入河排污口污染物排放量相比，污染物排放量有很大的变化，污染物排放量减少了87.3%。其中，平阴翟庄闸排污口污染物排放量明显减少；长清老王府排污口污染物排放量有所增加，增长趋势明显，排放量增加了220%。从上面的数据分析可以看出，平阴翟庄闸入河排污口经过几年的整治和治理，治污工作已得到明显改善，这与政府对环保工作的重视程度是密不可分的；而长清老王府将成为值得关注且应引起高度重视的入河排污口，对该排污口的监督性监测工作将有所提升。

纳污量变化的原因，从数据分析可以看出，通过几年的努力，黄河干流山东段的治污工作取得了很大的成效和成果，排污量和污染物输出量均有大幅度的降低，究其原因主要包括以下几个方面：一是国家对新时期的水资源保护工作提出了更高的要求，对水资源保护工作提出了明确要求及更加具体的落实措施，保证了各级政府对水资源保护工作的执行力；二是各级政府真正从思想上把限制排污总量作为水污染防治和污染减排贯彻落实到自己的实际工作中，进一步促进了水资源保护工作的开展；三是加大了对水资源保护的投资力度，使陈旧的设施和设备能够及时得到更新和改进，保证了设施设备的正常运行。就平阴翟庄闸入河排污口而言，污染物输出量之所以有如此大的变化，与平阴污水处理厂的生产运行及管网发展建设有不可分割的关系。

参考文献

[1]崔冠英，朱济祥. 水利工程地质[M]. 北京：中国水利水电出版社，2008.

[2]堤防工程地质勘查规程（SI 188-2005）[S]. 北京：中国水利水电出版社，2005.

[3]工程岩体分级标准（GB/T 50218-2014）[S]. 北京：中国计划出版社，2014.

[4]混凝土重力坝设计规范（SL 319-2005）[S]. 北京：中国水利水电出版社，2005.

[5]建筑边坡工程技术规范（GB 50330-2013）[S]. 北京：中国建筑工业出版社，2013.

[6]李钰. 建筑工程概论[M]. 北京：中国建筑工业出版社，2014.

[7]林彤，谭松林，马淑芝. 土力学[M]. 武汉：中国地质大学出版社，2012.

[8]刘佑荣，唐辉明. 岩体力学[M]. 北京：化学工业出版社，2009.

[9]马淑芝，汤艳春，孟高头，等.孔压静力触探测试机理方法及工程应用[M]. 武汉：中国地质大学出版社，2007.

[10]水电水利工程边坡工程地质勘察技术规程（DL/T 5337-2006）[S]. 北京：中国电力出版社，2006.

[11]水电水利工程边坡设计规范（DL/T 5353-2006）[S]. 北京：中国电力出版社，2006.

[12]水力发电工程地质勘察规范（GB 50287-2016）[S]. 北京：中国计划出版社，2016.

[13]水利水电工程边坡设计规范（SL 386-2007）[S]. 北京：中国水利水电出版社，2007.

[14]水利水电工程等级划分及洪水标准（SL 252-2000）[S].北京：中国水利水电出版社，2000.

[15]水利水电工程地质勘察规范（GB 50487—2008）[S].北京：中国计划出版社，2008.

[16]唐辉明.工程地质学基础[M].北京：化工出版社，2008.

[17]项伟，唐辉明.岩土工程勘察[M].北京：化学工业出版社，2012.

[18]岩土锚杆与喷射混凝土支护工程技术规范（GB 50086—2015）[S].北京：中国计划出版社，2015.

[19]杨坤光，袁晏明.地质学基础[M].武汉：中国地质大学出版社，2009.

[20]杨连生.水利水电工程地质[M]. 武汉：武汉大学出版社，2004.

[21]张人权，梁杏，靳孟贵，等.水文地质学基础[M].北京：地质出版社，2011.

[22]张咸恭，王思敬，张倬元，等.中国工程地质学[M].北京：科学出版社，2000.

[23]张有良.最新工程地质手册[M].北京：中国知识出版社，2006.

[24]中小型水利水电工程地质勘察规范（SL 55-2005）[S].北京：中国水利水电出版社，2005.

[25]左建，郭成久，等.水利工程地质学原理[M].北京：中国水利水电出版社，2013.

[26]孙海兵，张安录.论农地的外部效益与补偿[M].生态经济，2006（4）：66-67.